통신공학 기초

이 수 일 저

도서출판 상 학 당

머리말

최근 전세계적인 국제통신시장의 관심이 광통신, 이동통신, 위성통신의 기술 발전에 따른 디지털화의 추세와 정보처리의 고속화, 통신망의 지능화 등에 집중되고 있으며, 현재 우리나라에서도 선진국 진입을 앞두고 CDMA 기술을 이용한 디지털 이동통신 서비스가 확대되고 있다. 이와 같이 급속도로 발전하는 정보통신사회에 능동적으로 대처하기 위해서 아날로그 통신기술뿐만 아니라 디지털 통신기술의 원리를 이해하고 이를 응용해야 할 필요성이 더욱 절실하게 되었다.

따라서 이 책은 이러한 분야에 종사하거나, 하게 될 전문인력에 꼭 필요한 지식을 습득할 수 있도록 다음과 같은 점들을 유의하여 집필하였다.

(1) 통신분야를 전공하는 학생들과 현장에 근무하는 실무자를 대상으로 독자 스스로의 자율학습으로 내용을 이해하도록 통신공학의 입문서형태로 집필하였다.

(2) 각 장마다 통신공학의 기본이론을 상세히 설명하고, 내용의 거의 대부분을 망라하여 연습문제를 수록하여 독자들이 스스로 배운 내용을 복습하도록 하였다.

(3) 대학에서 교재로 사용할 경우 주당 3시간씩 1학기에 강의할 수 있도록 구성하였으나, 시간이 부족할 경우에는 각 전공분야별로 취사선택할 수 있도록 배려하였다.

부족하나마 이 책이 통신공학을 공부하고자 하는 분께 다소 도움이 되기를 바라며, 미흡한 부분에 대해서는 독자여러분의 충고와 조언을 바탕으로 좋은 교재가 될 수 있도록 앞으로 수정보완할 것을 약속드린다.

끝으로 이 책이 나오기까지 여러 모로 도움을 주신 상학당 사장님과 편집부 여러분께 감사드린다.

저자 씀

차 례

제1장 기초개념

제2장 신호의 해석

제3장 전송매체와 잡음

제4장 진폭변조

제5장 각 변조

제6장 디지털통신의 기초

제7장 디지털 전송

제8장 다중화 방식

제9장 위성통신

제10장 이동통신

제11장 데이터통신

부 록

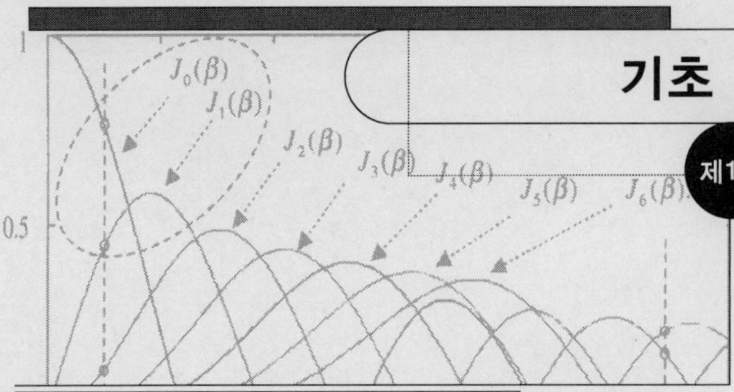

제1장 기초 개념

1-1 통신의 발달

1. 통신의 시초

통신(communication)이란 사람과 사람사이의 정보를 전달하는 것으로부터 발전해왔기 때문에 통신의 원점은 태고의 시대까지 거슬러 올라갈 수가 있다. 예컨대, 눈앞에 있는 사람이나, 조금 떨어져 있는 사람이라도 소리가 미치는 범위라면 직접 대화함으로써 정보를 전달할 수가 있다. 그러나 사람의 음량에는 한계가 있어서 어느 정도 떨어져 있으면 들을 수 없다. 그래서 옛날부터 사람들은 여러 가지를 고안하여 종, 북, 봉화 등으로 정보를 전달하게 되었다.

이들은 그 후 수기신호, 봉수제도, 우역제도 및 파발제 등으로 형태가 바뀌었지만 정보를 전달하는 수단의 기본적 발상은 태고적부터 전기통신이 개시되기 전, 즉 19세기 전반까지의 긴 기간동안 거의 변하지 않았다.

2. 전 신

전기통신(telecommunication)의 역사는 1837년 미국의 **모르스**(S.F. Morse)에 의해서 **전신기**(telegraph)발명과 함께 시작되었다.

전신의 최초 통신은 1845년 미국의 워싱턴과 볼티모어간에 유선에 의해 이루어졌다. 한국에서는 1885년(고종25년) 한성전보총국이 창설되어 한성과 제물포간에 최초로 전신이 시작되었으며, 그 후 1910년 인천 월미도와 광제호(우리나라 최초의 군함)간에 최초로 **무선전신**(wireless telegraphy)이 개시되었다.

모르스에 의한 전신의 특징은 전류가 흐르는 시간의 장단을 이용해서 만든 장음과 단음의 부호의 조합체계이다. 모르스 부호는 지금도 아마추어무선이나 선박무선통신분야 등에서 현존하여 사용되고 있다.

3. 전 화

모르스 전신이 발명된 지 40년 뒤, 1876년 미국의 **벨**(A.G. Bell)에 의해서 **전화기**(telephone)가 발명되었다. 모르스의 전신기와 크게 다른 것은 모르스의 전신기에서는 전송하려고 하는 문자나 기호 등의 정보를 인간의 손에 의해서 부호화하여 전신기에 의해서 송출하는 데 비해, 전화기는 인간의 음성을 그대로 전기신호의 강약으로 바꾸어서 멀리 전송하는 것으로서 당연히 대표적인 아날로그 신호라고 말할 수 있다.

4. 데이터 통신

한편, 모르스에 의해 전신기가 등장한지 1세기 이상이 지난 1946년에 세계 최소의 **컴퓨터**(computer)가 탄생되었다. 이것이 ENIAC으로 미국의 펜실바니아 대학에서 개발한 것이다. 당시의 컴퓨터는 40평 정도의 설치면적을 필요로 하는 크기였다.

그러나 현재의 개인용 컴퓨터 이하의 능력밖에 없었다. 그 후 진공관으로부터 트랜지스터로 더욱이 LSI, VLSI로 비약적으로 기술 진보가 있었으며, 또한 컴퓨터의 이용 기술도 진보되었다. 그 결과 현재는 컴퓨터가 통신시스템에서 중심적인 역할을 담당하게 되었다.

데이터전송(date transmission)이란 **국제전기통신연합**(ITU : Inernation Telecommunications Union)의 정의에 의하면 기계에 의해 처리되거나 처리된 정보의 전송이라고 정의되어 있으며, **데이터처리**(data processing)란 컴퓨터에 의한 정보의 처리라고 정의되어 있다.

그러므로 **데이터통신**(data communication)이란 먼 거리에 떨어져 있는 단말장치를 컴퓨터에 접속하는 데이터전송 기술과 컴퓨터의 데이터처리 기술을 결합한 것이라고 말 할 수 있다.

이와 같은 데이터통신은 거리와 시간을 극복하고 대형 컴퓨터의 대용량 파일을 공용이용 등 여러 가지의 기능을 가지고 고품질의 서비스를 위한 **종합정**

보통신망(ISDN)과 언제 어디에서든 거리와 시간, 위치의 제약이 없는 이동통신으로의 발전이 급속히 이루어지고 있다.

1-2 통신시스템의 구성

통신이란 한 지점에서 다른 지점으로 정보를 전송하는 것이다.

이것은 정보를 전자기에너지의 형태로 바꾸어서 진공, 공기, 전선, 광섬유 등을 통해 전송함으로써 이루어진다. 예를 들면 전화, 라디오, TV, 위성통신, 이동통신 등이 통신에 속한다.

이러한 통신의 시스템은 일반적으로 **송신기**(transmitter), **전송채널**(transmission channel), **수신기**(receiver)의 3가지로 구성되며 그 계통도는 [그림 1-1]과 같다

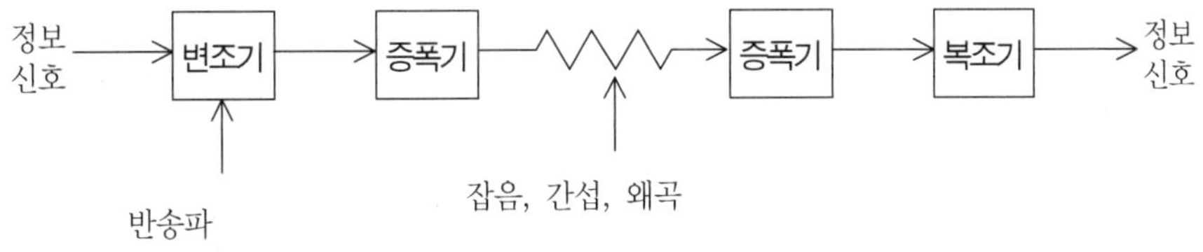

[그림 1-1] 일반적인 통신시스템

전송되는 정보는 음성이나 화상처럼 아날로그신호이거나 컴퓨터데이터, 디지털화된 음성처럼 디지털신호일 수도 있다. 이러한 저주파신호를 직접 전송하기에는 안테나의 길이, 장거리 전송, 신호간의 간섭 등의 관점에서 통신에 적합하지 않다.

따라서 주파수 발진기에서 발생시키는 고주파신호인 **반송파**(carrier)에 실어서 전송하는데, 이 과정이 **변조**(modulation)이다. 이 변조된 신호는 수신기까

지 도달할 수 있도록 증폭된 후 전파매질 채널을 통하여 수신측으로 전송된다.

수신기가 하는 역할은 수신하려는 신호를 선택하고 증폭시킨 후에 복조기에서 고주파신호인 반송파에 실려오는 신호성분만을 추출해 내는 것이다. 이러한 **복조**(demodulation)는 변조의 반대과정으로 이해할 수 있으며, 통신에서의 변조와 복조는 통신을 가능하게 하는 필수요건으로 이른바 변복조과정이라고 한다. 통신시스템의 성능은 송신전력, 주파수대역폭 등에 제한을 받는다.

통신시스템에서 송수신간의 전송채널에서 발생하는 원치 않는 방해요소로서 잡음, 간섭, 왜곡 등이 있다. **잡음**(noise)은 통신시스템 내·외부에서 자연적으로 발생하는 매우 무작위(random)적이고 예측 불가능한 필요치 않은 전기신호를 말한다.

간섭(interference)은 전화의 혼선과 마찬가지로 원래는 잡음이 아니라, 다른 곳에서 사용되고 있는 또 다른 신호로서, 다른 송신기, 전력선, 교환기 등에서 오는 외부신호의 영향을 말한다.

왜곡(distortion)은 전송선로의 거리가 멀어져서 고주파부분에 감쇠가 일어나거나, 주변환경 등의 영향으로 원래의 신호파형이 변형되어 불안전하게 전달되는 파형의 손상을 말한다. 전파는 주파수가 높을수록 직진성이 높으며, 주파수가 낮을수록 회절이 많다.

1-3 시스템의 분류

시스템(system)이란 어떤 목적을 달성하기 위한 수단으로서 입력과 출력의 응용을 할 수 있도록 구성된 단위이다.

시스템의 입력신호를 $x(t)$, 출력신호를 $y(t)$라고 하면, 시스템은 입력과 출력을 연결시키는 연산자 또는 변환기로서

$$y(t) = T\{x(t)\} \tag{1.1}$$

로 나타낸다.

만약 두 시스템이 종속적으로 연결되어 있다면 첫 번째 시스템의 출력신호가 두 번째 시스템의 입력신호가 되므로 두 시스템을 합하여 새로운 시스템을 형성하면 출력신호 $y(t)$는 아래 식과 같다.

$$y(t) = T_2\{T_1[x(t)]\} = Tx(t) \tag{1.2}$$

신호해석에 있어서 시스템의 근본 특성에 의하여 시스템을 분류하는 것이 아주 편리하다. 일반적으로 시스템은 선형시스템과 비선형시스템, 시불변시스템과 시변시스템, 실현시스템과 비실현시스템, 기억시스템과 비기억시스템, 안정시스템과 비안정시스템 등으로 분류한다.

실제의 통신시스템은 비선형이고, 시불변이며, 비안정시스템 등인 경우가 많다. 그러나 이러한 시스템을 해석하기 위해서는 매우 난이한 수학과정을 거쳐야 한다. 따라서 일반적으로 통신시스템은 선형, 시불변, 실현, 안정시스템 인 것으로 간주한다.

1. 선형시스템과 비선형시스템

선형시스템(liner system)에서는 다음과 같이 선형성을 갖는 중첩의 원리를 만족해야 한다. 입력신호 $x_1(t)$에 대한 출력신호 $y_1(t)$, 입력신호 $x_2(t)$에 대한 출력신호 $y_2(t)$라 할 때, 즉

$$y_1(t) = T\{x_1(t)\}, \quad y_2(t) = T\{x_2(f)\}$$

일 때,

$$T\{a_1 x_1(t) + a_2 x_2(t)\} = a_1 y_1(t) + a_2 y_2(t) \tag{1.3}$$

여기서 a_1, a_2는 상수이다.

위의 식이 성립하면 선형시스템이고 성립하지 않으면 **비선형시스템**(nonlinear system)이다.

2. 시불변시스템과 시변시스템

입력신호의 시간지연이 출력신호에서도 똑같은 시간지연으로 나타나는 시스템을 **시불변시스템**(time invariant system)이라고 한다. 즉, 시불변시스템에서는 어떠한 시간지연 t_0에 대해서

$$y(t-t_0) = T\{x(t-t_0)\} \tag{1.4}$$

인 관계가 성립된다. 만약 이 식이 성립하지 않으면 **시변시스템**(time varying system)이다.

3. 실현시스템과 비실현시스템

물리적으로 실현할 수 있는 시스템은 입력이 가해지기 전에 출력응답을 갖지 않는 시스템이다. 달리 표현하면 **실현시스템**(causal system)에서는 $t \le t_0$인 입력에 의해서만 $t = t_0$에서의 출력응답 $y(t_0)$이 존재한다. 이러한 성질을 갖지 않는 시스템을 **비실현시스템**(non-causal system)이라고 한다.

4. 기억시스템과 비기억시스템

현재의 출력은 오직 현재 시간의 입력에 의해서만 결정되는 시스템을 **비기억시스템**(memoryless system)이라고 한다. 예컨대, 저항을 통하여 흐르는 전류(출력)는 오직 현재 시간에 저항양단에 가해진 전압(입력)에 의해서만 결정되므로 저항으로 구성된 시스템은 비기억시스템이다.

반면에 현재의 출력이 현재 입력뿐만 아니라, 과거의 입력에도 관계가 있는 시스템을 **기억시스템**(memory system)이라고 한다. 콘덴서의 저장 능력이 그

좋은 예이며 기억시스템은 실현시스템이다.

5. 안정시스템과 비안정시스템

유한한 입력을 인가했을 때, 유한한 출력이 나오는 시스템을 **안정시스템**(stable system)이라고 하며, 그렇지 않은 시스템을 **비안정시스템**(unstable system)이라고 한다.

1-4 전파의 특성

송신기로부터 신호를 수신기로 전달할 때 채널을 통하여 이동되는 신호를 **전자기파**(electromagnetic wave), 간단히 줄여서 **전파**(electric wave)라고 하다.

오늘날 이동통신, 방송 등에서 활발하게 이용되고 있는 전파의 존재를 최초로 예언한 사람은 영국의 **맥스웰**(J.C. Maxwekk)이다.

맥스웰은 패러데이의 법칙에 변위전위를 추가하여 전계가 시간적으로 변하면 자계가 생기고, 자계는 또한 전계를 발생시켜 파동(전파)이 발생한다고 1871년 발표했다. 이와 같은 전파는 오래 전부터 존재하고 있었지만 우리 인간이 인지하지 못하고 있었을 뿐이다.

전파의 특성은 빛의 성질과 매우 유사하다. 전파는 일반적으로 **직진성**(direction)을 가지고 진행하게 된다. 전파가 진행하면서 어떤 매질의 경계면에서는 **반사**(reflection)가 일어나고, 서로 다른 매질의 경계면을 지날 때는 진행경로가 휘어진다. 이것을 **굴절**(refraction)이라고 하는데 물컵에 잠긴 젓가락이 휘어보이는 것과 같은 현상이다. 또한 어느 공간을 콘크리트 벽으로 단단히 막았을 때 벽의 진동 주파수가 보통 수Hz 이하로 안정되어 있기 때문에, 벽을 사이에 두고 이야기하는 사람의 목소리에 벽이 진동되지 않아 소리가 전달되지 않는다. 그러나 콘크리트 벽의 상단이 뚫려 있다면, 사람의 목소리는 벽의 상단에 닿아 콘크리트 벽의 상단이 새로운 음원이 되어 상대방에게 음성을 전달한다. 이와 같이 전파는 경계면에 도달하면 새로운 **전파원**(electric wave source)이 되어 진행하는 **회절**(diffraction)현상을 일으키기도 한다.

전파가 전달된다는 것은 바로 전자기에너지가 전달되는 것을 말한다. **파장**(wavelength)은 주기적으로 진동하는 에너지파의 최고값(peak value)이 되는 구간사이의 공간적인 거리를 말한다. 바꾸어 말하면 한 주기동안 파가 진행한 거리이다. 또 **속도**(velocity)는 전자기파가 전선, 진공, 광섬유 등을 진행하는 빠르기이며, 초(sec)당 파의 진동수를 **주파수**(frequency)라고 한다. 이 때 주파수의 단위는 **헤르쯔**(hertz)이고 기호는 [Hz]이다.

파장(λ), 속도(v), 주파수(Hz) 사이에는 아래와 같은 관계식이 성립한다.

$$\lambda = \frac{v}{f}, \quad v = f\lambda \tag{1.5}$$

전파속도는 파가 통과하는 물질 즉, 매질에 의존한다. 진공일 때 속도가 가장 빠른데, 이 때의 전달속도는 빛의 속도와 같이 $C = 3 \times 10^8$[m/sec]이다. 매질에 따라서 달라지는 전파의 속도를 $C = 3 \times 10^8$[m/s]에 대한 비율로 소수점이나 %로 표시하여 **전파인자**(propagation factor)라고 부른다. 일반적으로 공기의 전파인자는 95~98%이고, 케이블의 전자인자는 75%이다.

[예제 1-1] 주파수가 100[MHz]인 전파의 진공 중에서 파장은 얼마인가?

◀풀이▶ 파장 λ는

$$\lambda = \frac{c}{f} = \frac{3 \times 10^8}{100 \times 10^6} = \mathbf{3}\text{[m]}$$

[예제 1-2] 주파수가 200[MHz]인 신호가 케이블을 통과할 때 신호의 파장은 얼마인가?

◀풀이▶ $$\lambda = \frac{c}{f} = \frac{3 \times 10^8 \times 0.75}{200 \times 10^6} = \mathbf{1.125}\text{[m]}$$

1-5 주파수 대역

무지개의 빛의 분광처럼 여러 종류의 전자기파를 파장이나 주파수의 분포에 따라서 나누는 것을 **전자기스펙트럼**(electromagnetic spectrum)이라고 한다. 전자기스펙트럼은 통신시스템에 이용되는 주파수분포를 보다 편리하게 구분하기 위한 경계표시로서, 여러 개의 **주파수대역**((frequency band)으로 나누어진다.

〈표 1-1〉 주파수대역 명칭과 용도

주파수대역	파장범위	명 칭	용 도
300Hz~3kHz	1000km~100km	VF(Voice Frequency) 음성파	음성신호
3kHz~30kHz	100km~10km	VLF(Very Low Freq) 저장파	장거리 선박통신
30kHz~300kHz	10km~1km	LF(Low Freq) 장파	장거리 고정통신
300kHz~3MHz	1km~100m	MF(Medium Freq) 중파	AM 방송, 조난신호
3MHz~30Mhz	100m~10m	HF(High Freq) 단파	대륙간통신, 항공통신
30MHz~300MHz	10~1m	VHF(Very High Freq) 초단파	FM 방송, TV 방송
300MHz~3GHz	1m~100cm	UHF(Ultra High Freq) 극초단파	TV방송, 이동통신
3GHz~30GHz	100cm~10cm	SHF(SUuper High Freq) 마이크로파	위성통신, 레이더
30GHz~300GHz	10cm~1cm	EHF(Extremely High Freq) 밀리미터파	우주연구, 전파전문

〈표 1-1〉에서 통신시스템에서 사용되는 주파수대역과 이에 해당하는 파장분포로서 전자기스펙트럼 명칭과 영역을 나타내었다.

주파수의 단위 Hz 앞에 K(Kilo), M(mega), G(Giga), T(Tera)를 붙여 KHz, MHz, GHz, THz로 표시하는데 이는 10^3Hz, 10^6Hz, 10^9Hz, 10^{12}Hz를 각각 의미한다.

각 주파수대역간의 **대역폭**(band width)의 크기는 고주파대역으로 갈수록 10배씩 커진다. 주파수대역을 파장대역으로 표현하는 경우도 있는데, 예를 들면 30GHz~300GHz 사이의 파장 mm단위가 되므로 이 대역의 신호를 **밀리미**

터파(millimeter wave)라고 한다. **마이크로**(micro)는 아주 작다는 뜻으로 마이크로파(microwave)는 3GHz~30GHz의 대역을 말하나, 경우에 따라서는 UHF, SHF, EHF를 묶어서 300MHz~300GHz를 마이크로파대역에 포함시키기도 한다.

[예제 1-3] 240[kHz]를 [Hz]와 [MHz]로 변환하여라.

◀풀이▶ $240[\text{kHz}] = 240 \times 10^3 = \mathbf{24 \times 10^4}[\text{Hz}]$

$= 0.24 \times 10^6 = \mathbf{0.24}[\text{MHz}]$

[예제 1-4] UHF 대역폭은 VHF 대역폭의 몇 배인가?

◀풀이▶ $\frac{\text{UHF BW}}{\text{VHF BW}} = \frac{3000-300}{300-30} = \frac{2700}{270} = \mathbf{10}$

1-6 주파수대역폭

통신시스템에서 신호가 전달되기 위해서 사용하는 주파수폭을 신호의 **주파수대역폭**(frequency bandwith)이라고 한다. 통신시스템에서 요구되는 대역폭과 보내고자 하는 정보량과의 관계는 수도관의 직경과 물의 양으로 비교할 수 있다. 즉, 많은 양의 물을 빠른 시간 안에 보내기 위해서는 직경이 큰 수도관이 필요하듯이 요구되는 전송속도를 유지하기 위해서는 넓은 주파수대역폭이 필요하게 된다.

사람의 귀로 들리는 **가청주파수**(HF, Audio Frequency)대역을 만족시키려면 20Hz~20kHz, 음성신호의 경우 3kHz 정도의 대역폭으로 통신이 가능하지만, 초당 30장의 화상을 전송해야 하는 TV신호는 6MHz 정도의 대역폭이 필요하게 된다. 물론 변조방식에 따라 요구되는 대역폭이 달라지나 많은 양의 정보를 보내기 위해서는 근본적으로 넓은 대역폭이 필요하다.

주파수와 공간이 한정된 천연자원이라는 인식이 확산되면서 나라마다 전파법으로 변조형식, 주파수대역, 대역폭 등을 규정하고 있다.

국제규약은 **국제연합**(UN : United Nations) 산하기관인 **국제전기통신연합**(ITU : International Telecommunications Union)에서 전 세계 각 지역의 주파수 스펙트럼의 계획과 조정을 담당하며 통신의 기술기준 및 규약을 정하고 있다.

ITU의 표준화분야는 현재 **전파통신부분**(ITU-R), **전기통신부문**(ITU-T), **정보통신개발부문**(ITU-D)이며, ITU의 국제표준화활동으로 만들어지는 표준을 ITU 권고안이라 한다. 이 밖에 산업 전 분야에 걸쳐 국제표준화활동을 하고 있는 **국제표준화기구**(ISO : International Standardization Organization)도 표준기구의 역할을 하고 있다.

〈표 1-2〉 공중파 방송의 주파수대역

방 송	주파수대역	대역폭
AM 방송	526.5~1606.5kHz	9kHz
FM 방송	88~108MHz	200kHz
TV 채널 2-4	54~72MHz	6MHz
TV 채널 5-6	76~88MHz	6MHz
TV 채널 7-13	174~216MHz	6MHz
TV 채널 14-83	420~890MHz	6MHz

이렇게 해서 정해진 우리나라의 공중파 방송의 주파수대역과 채널간의 할당 간격인 대역폭은 〈표 1-2〉와 같다.

[예제 1-5] 6[MHz]의 대역폭의 TV 신호는 VHF 대역폭의 몇 %를 차지하고 있는가?

◀풀이▶ $\frac{\text{TV BW}}{\text{VHF BW}} = \frac{6}{300-30} = \frac{6}{270} = 0.022 = \mathbf{2.2\%}$

1-7 여파기와 대역폭

여파기(filter)란 원하는 주파수대역의 신호성분만을 통과시키거나 저지시키기 위한 소자이다. 여기서 통과대역과 저지대역의 경계가 되는 기준은 최대 응답의 $\frac{1}{\sqrt{2}} = 0.707$배의 응답을 주는 주파수로 잡고 있다.

따라서, 여파기(필터)를 통과대역과 저지대역의 주파수특성에 따라 분류하면 아래와 같다.

① **저역통과여파기**(LPF : Low-pass Filter) : 낮은 주파수신호는 잘 통과시키나 높은 주파수신호는 저지하는 여파기

② **고역통과여파기**(HPF : High-pass Filter) : 높은 주파수신호는 잘 통과시키나 낮은 주파수신호는 저지하는 여파기.

③ **대역통과여파기**(BPF : Band-pass Filter) : 중간범위의 주파수신호는 잘 통과시키나 이보다 낮거나 높은 주파수신호는 잘 통과시키지 않는 여파기

④ **대역저지여파기**(BSF : Band-stop Filter) : 중간 범위의 주파수신호는 잘 통과시키지 않으나 이보다 낮거나 높은 주파수를 잘 통과시키는 여파기

이상의 여파기에서 통과대역과 저지대역의 주파수범위인 **대폭**(band width)을 Δf, 경계주파수인 **차단주파수**(cut-off frequency)를 f_c라 할 때, 주파수의 변화에 따른 진폭의 크기를 그래프로 나타낸 **진폭응답곡선**(amplitude response curve)은 [그림 1-2]와 같다.

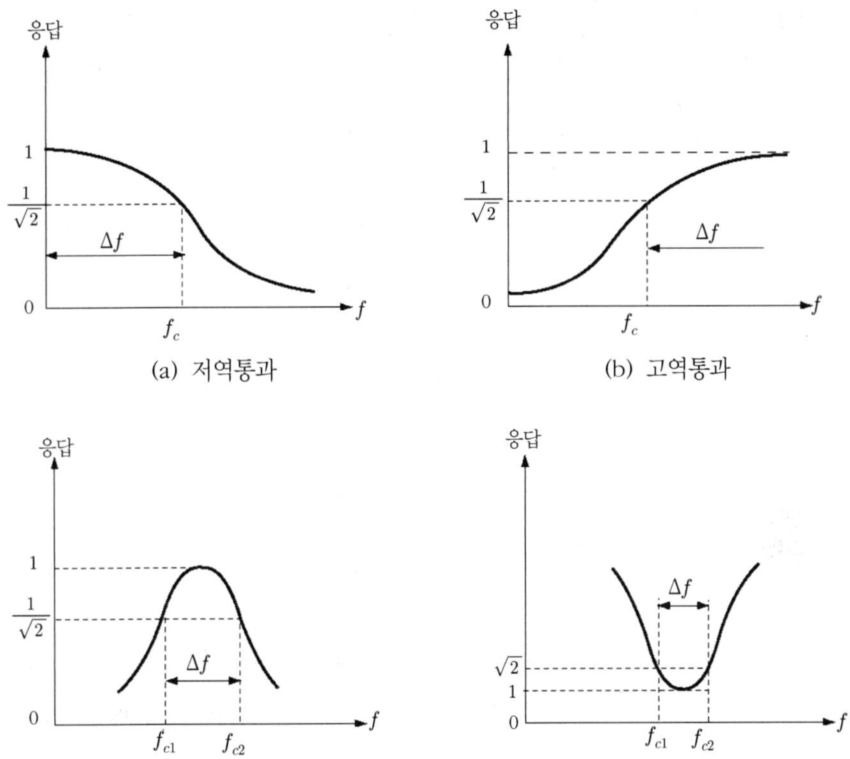

(a) 저역통과 (b) 고역통과

(c) 대역통과 (d) 대역저지

[그림 1-2] 여파기의 진폭응답곡선

[예제 1-6] 그림과 같은 저역통과여파기에서 전원전압의 크기를 일정하게 유지하고 주파수를 변화시킬 때 V_1을 입력전압, V_2를 출력전압, $R = 100[\text{k}\Omega]$, $c = 0.1[\mu\text{F}]$라 할 때 차단주파수 f_c를 구하여라.

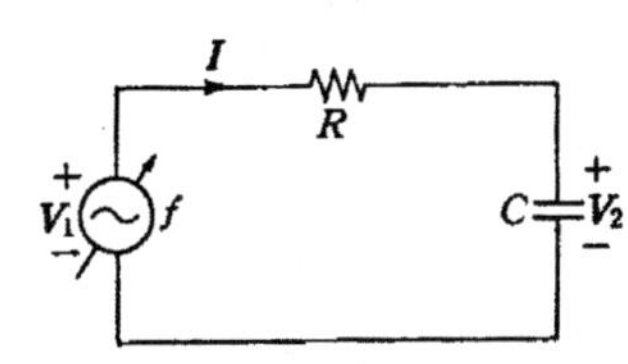

◀풀이▶ $V_2 = \dfrac{\dfrac{1}{j\omega C}}{R + \dfrac{1}{j\omega C}}, \quad V_1 = \dfrac{1}{1 + j\omega C} V_1$

$$\left|\frac{V_2}{V_1}\right| = \frac{1}{\sqrt{1+(\omega RC)^2}} = \frac{1}{\sqrt{2}}$$

$$(\omega RC)^2 = 1, \qquad \omega C = 2\pi f_c = \frac{1}{R_c}$$

$$\therefore f_c = \frac{1}{2\pi f_c} = \frac{1}{2\pi \times 10^5 \times 10^{-7}} = \mathbf{16}[\text{Hz}]$$

1-8 채널용량

디지털신호의 경우에는 정보의 기본단위가 "1" 또는 "0"인 비트(bit)로 전송속도에 대한 기준을 초당 몇 비트를 전송하는가를 의미하는 **bps**(bits per second)로 나타낸다.

디지털통신에서 신호의 주파수대역폭과 전송속도와의 관계를 이론적으로 나타내는 것으로, **shannon의 채널용량**(channel capacity)공식이 있다. 신호전력과 잡음전력의 비율을 S/N, 채널의 대역폭을 B, 이 채널을 이용해서 최대로 전송할 수 있는 최대전송속도의 채널용량을 C라고 하면, Shannon의 채널용량 공식은 다음과 같이 표시할 수 있다.

$$C = B \times \log_2\left(1 + \frac{S}{N}\right) \text{ [bps] 혹은 [bit/sec]} \qquad (1.6)$$

이 식에서 채널용량 C는 대역폭 B에 비례하여 증가하나 신호전력 S를 증가시켜도 용량 C는 그에 비례하여 증가하지 않고 대수적으로 증가함에 지나지 않는다. 따라서 정보 전송량을 늘리려면 신호전력 S를 증가시키는 것보다 대역폭 B를 증가시키는 쪽이 효과적이다.

예컨대, 전력이 10[W]인 신호를 대역폭이 10[kHz]이며, 1[W]의 잡음전력을 발생하는 채널을 통하여 전송할 때 채널용량은

$$C = 10 \times 10^3 \times \log_2\left(1 + \frac{10}{1}\right) = 34,700[\mathrm{bps}]$$

로서, 이러한 채널을 통하여 정보를 전송할 수 있는 최대속도는 34.7[kbps]로 제한된다. 이때 채널의 대역폭이 100[kHz]로 10배로 늘어나면, 채널용량도 347[kbps]로 10배 늘어나게 된다. 그러나 대역폭을 10[kHz]로 두고 신호전력을 100[W]로 10배 늘리면 채널용량은

$$C = 10 \times 10^3 \times \log_2\left(1 + \frac{100}{1}\right) = 66,810[\mathrm{bps}]$$

가 되어 약 1.9대 정도만 증가하게 된다.

[예제 1-7] 어떤 통신시스템의 신호대잡음전력비가 63일 때 54[kbps]의 최대전송속도인 채널용량을 만족하기 위해서 필요한 대역폭은 얼마인가?

◀풀이▶

$$B = \frac{C}{\log_2\left(1 + \frac{S}{N}\right)}$$

$$= \frac{54000}{\log_2(1+63)} = \frac{54,000}{\log_2 2^6}$$

$$= \frac{54,000}{6} = 9,000 = \mathbf{9}[\mathrm{kHz}]$$

연습문제

1. 통신의 발달과정을 간략히 설명하여라.

2. ITU에서 정한 데이터통신의 정의를 써라.

3. 통신시스템의 계통도를 그리고 송신장치, 전송채널 및 수신장치에 대해 각각 설명하여라.

4. 송수신간의 전송채널에서 발생하는 불필요한 방해요소 3가지를 설명하여라.

5. 통신시스템을 분류하고 간략히 설명하여라.

6. 전파의 특성을 4개 이상 들고 간략히 설명하여라.

7. 다음 용어를 설명하여라.
   ① 파장　　② 전파속도
   ③ 주파수　　④ 전파인자

8. 300[Hz]로부터 300[GHz]까지의 전파를 9가지의 주파주대역으로 분류하고 한글 및 영문약자 명칭과 대표적 용도를 각각 기술하여라.

9. 신호의 대역폭이란 무엇을 뜻하는지 설명하고, 통신에서 대역폭의 중요성을 설명하여라.

10. 우리나라 방송국의 표준 AF와 FM라디오 신호의 주파수대역은 얼마인가?

11. 가청주파수(AF)와 음성주파수(VF)의 대역폭은 대략 얼마인가?

12. 여파기의 종류를 들고 간단히 설명하여라.

13. 케이블에서 전자기에너지의 실제 전파속도를 구하여라.

답 $v = C \times 0.75$ 이므로 $v = \mathbf{2.25 \times 10^8}$[m/s]

14. 신호가 60[MHz]의 주파수로 전파인자가 0.98인 공기를 통해서 전파될 때 신호의 파장을 구하여라.

답 $v = \dfrac{C \times 0.98}{f}$ 이므로 $v = \mathbf{4.9}$[m]

15. 227.5[MHz]를 [kHz]와 [GHz]로 바꾸어라.

답 227.5[MHz] = **227,500**[kHz] = **0.2275**[GHz]

16. 전파인자가 99% 매질에서 파장이 0.9[m]라면 이 전파의 주파수는 몇 [MHz]인가?

답 $v = 0.99C \quad f = \dfrac{v}{\lambda} = \dfrac{0.99C}{\lambda}$ 로부터 $f = \mathbf{330}$[MHz]

17. 6[MHz]대역폭의 TV신호는 VHF대역폭의 몇 %인가?

답 $\dfrac{6}{300-30} = 0.022 = \mathbf{2.2\%}$

18. 파장이 10[m]~1[m]인 초단파 VHF의 주파수대역은 몇 [MHz]인가?

답 $f = \dfrac{v}{\lambda} = \dfrac{3 \times 10^8}{10 \sim 1} = \mathbf{30 \sim 300}$[MHz]

19. $f(t) = 100\sin(1000\pi ft)$인 정현파신호의 주파수와 파장을 구하여라.

답 $\omega = 2\pi f$는 1000π로부터 $f = 500$[Hz]

$\lambda = \dfrac{C}{f} = \mathbf{6 \times 10^5}$[m]

20. 신호전력이 62[W], 잡음전력이 2[W], 대역폭이 1.75[kHz]일 때 채널용량을 구하여라.

답 $C = B \times \log_2\left(1 + \dfrac{S}{N}\right)$를 적용하면 $C = \mathbf{8750}$[bps]

21. 신호전력이 21[W], 잡음전력이 3[W]일 때, 7350[bps]의 채널용량을 위해서 필요한 대역폭을 구하여라.

답 $B=\dfrac{C}{\log_2\left(1+\dfrac{S}{N}\right)}$ 로부터 $B=\mathbf{2.45}$[kHz]

22. 채널의 대역폭이 3[kHz]이고 채널의 출력 $S/N=1023$인 경우 대역통과 채널의 통신용량은 얼마인가?

답 $C=3000\times\log_2(1+1023)=\mathbf{30}$[kbps]

23. 어떤 주변기기가 1[kHz]의 대역폭에서 채널용량이 3[kbps]이었다면 이 주변기기에 대한 신호대잡음비(S/N)는 얼마인가?

답 $\log_2\left(1+\dfrac{S}{N}\right)=\dfrac{C}{B}=3$

$\therefore \dfrac{S}{N}=2^3-1=7$

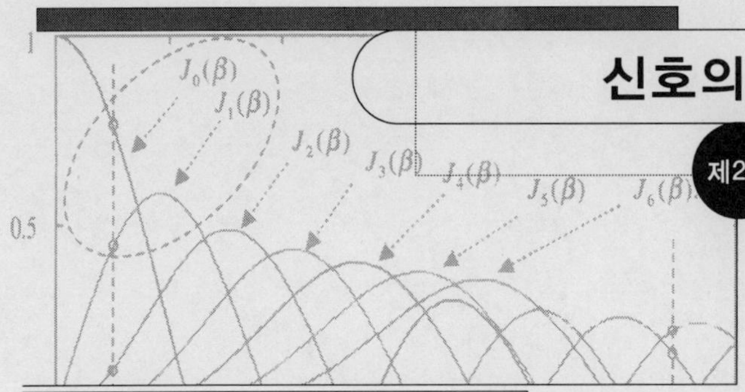

신호의 해석

제2장

2-1 신호의 일반적 성질

함수를 표현하는 수학적인 방법은 x가 독립변수, y가 종속변수라고 할 때 $y=f(x)$로 나타내고 y는 x의 함수라 한다.

통신공학에서 신호란 시간에 따라서 그 크기가 변하하는 시간의 함수를 $y=f(t)$라고 나타낸다. 대표적인 신호로는 시간에 따라 변하는 $v(t)$, $i(t)$와 같은 전압, 전류 등으로 생각할 수 있다.

신호 $f(t)$는 다음과 같은 일반적인 성질이 있으며, 이들 성질을 이용하면 신호를 수식이나 그림으로 표현하는데 매우 유리하다.

1) 신호의 증폭 및 감폭

임의의 신호 $f(t)$에 양수 a를 곱한 $af(t)$ 신호는 원래의 신호 $f(t)$의 크기가 a배로 변한다.

여기서 $a>1$인 경우는 **증폭**, $a<1$인 경우는 **감폭**된다.

2) 신호의 압축 및 확장

임의의 신호 $f(t)$의 시간 t에 양수 b를 곱한 $f(bt)$신호는 원래의 $f(t)$가 b배만큼 압축 또는 확장된다.

여기서 $b>1$인 경우는 **압축**, $b<1$인 경우는 **확장**된다.

3) 신호의 지연 및 전진

임의의 신호 $f(t)$의 시간 t에 실수 c를 더하거나 빼서 만들어지는 신호 $f(t-c)$는 원래의 $f(t)$가 c만큼 전진 또는 지연된다.

여기서 $c>0$인 경우는 **지연**, $c<0$인 경우는 **전진**된다.

4) 대칭관계

임의의 신호 $f(t)$에 대하여 $-f(t)$는 가로축 대칭인 신호가 되고, $f(-t)$는 세로축 대칭인 신호가 되며, $-f(-t)$는 원점 대칭인 신호가 된다.

2-2 신호의 분류

신호는 보는 관점에 따라 다음과 같이 여러 가지로 분류된다.

1) 결정신호와 랜덤신호

결정신호(deterministic signal)란 신호의 파형을 명확한 시간함수로 표현할 수 있는 신호로 어떤 시각(지점)에서도 그 값이 결정되고 미래값도 예측할 수 있다. 이를 확정적신호 또는 규칙신호라고도 하며, 주기적신호, 직류신호, 비주기적신호(과도적 신호) 등이 이에 속한다.

랜덤신호(random signal)란 결정신호와는 달리 신호의 진폭이나 진동폭이 완전히 불규칙하여 미래값을 예측할 수 없는 신호로서 랜덤신호는 수식으로 표현할 수 없고, 통계적 성질(확률)에 의해서 설명되는 신호들이다. 이 신호를 불규칙신호라고도 하며 통신시스템 내부에서 생기는 잡음, 주위의 환경간섭으로 발생하는 잡음 등이 이에 속한다.

2) 주기신호와 비주기신호

주기신호(periodic signal)는 일정한 주기 T(sec)마다 동일한 파형이 반복되는 신호이다. 즉

$$f(t)=f(t+nT) \tag{2.1}$$

여기서 n은 정수(0, ±1, ±2, ……)이다.

비주기신호(aperiodic signal)는 식 (2.1)을 만족하는 T값이 존재하지 않는 신호를 말한다.

예컨대, $f(t)=\sin\omega t$와 같은 정현파는 주기신호이고, $f(t)=Ae^{-t}$와 같은 신호는 비주기신호이다.

3) 연속신호와 이산신호

연속신호(continuous signal)는 연속적인 모든 시간에서 신호의 크기를 정의한 것이고, **이산신호**(discrete signal)는 일정한 간격으로 나누어진 시간에서 신호의 크기를 정의한 것을 말한다. 즉, 이산신호는 불연속적인 시간에서 정의한 것을 의미한다.

4) 아날로그신호와 디지털신호

아날로그신호(analog signal)는 정의역과 공역의 값들이 모두 연속적으로 변화하는 신호이고, **디지털신호**(digital signal)는 정의역과 공역의 값들이 모두 이산적으로 변화하는 신호이다.

5) 에너지신호와 전력신호

전기적인 신호로는 전압 $\boldsymbol{v}(t)$, 전류 $i(t)$로 나타나므로 이때 저항 R에서의 순시전력은

$$p(t)=\frac{|V(t)|^2}{R}=R|v(t)|^2$$

여기서 $R=1[\Omega]$일 때는 전압, 전류 상관없이 신호의 제곱으로 쓸 수 있다.

$$p(t)=|f(t)|^2$$

따라서 시간구간이 무한할 때 신호 $f(t)$의 에너지 E는

$$\boldsymbol{E}=\int_{-\infty}^{\infty}\boldsymbol{p(t)dt}=\int_{-\infty}^{\infty}|\boldsymbol{f(t)}|^2\boldsymbol{dt} \tag{2.2}$$

인데, 이 에너지가 0보다 크고 유한값을 가지면 **에너지신호**(energy signal)라 하고, 이때 전력은 0이 된다.

또한 신호 $f(t)$에 의해 소모된 평균전력은

$$P = \operatorname*{Lim}_{T \to 0} \frac{1}{T} \int_{-T/2}^{T/2} |f(t)|^2 dt \tag{2.3}$$

로 표시할 수 있으며, 이 전력이 0보다 크고 유한 값을 가지면 **전력신호**(power energy)라 하고, 이때 에너지∞ 가 된다.

대표적인 전력신호는 정현파, 펄스열과 같은 주기신호와 계단함수의 신호를 들 수 있으며, 에너지신호는 지수함수와 단일펄스와 같은 단발적인신호들이 있다.

[예제 2-1] $f(t) = Qe^{-2at}u(t)$ (단, a〉0)는 에너지신호인가? 전력신호인가?

◀풀이▶ $E = \int_{-\infty}^{\infty} |f(t)|^2 dt = \int_{-\infty}^{\infty} |Ae^{-at}u(t)|^2 dt$

$= A^2 \int_0^{\infty} e^{-2at} dt = -\frac{A^2}{2a}[e^{-2at}]_0^{\infty}$

$= \frac{A^2}{2a} < 0$ ∴ 에너지신호

[예제 2-2] $f(t) = Au(f)$는 에너지신호인가, 전력신호인가?

◀풀이▶ $P = \frac{1}{T \to \infty} \frac{1}{T} \int_{-T/2}^{T/2} |f(t)|^2 dt = \frac{A^2}{T} \int dt = \frac{A^2}{T}[t]_0^{T/2}$

$= \frac{A^2}{2} < \infty$ ∴ 전력신호

2-3 신호의 시간영역 표현

1. 정현파

[그림 2-1]과 같이 시간에 따라 정현(sine)곡선으로 변하는 신호파형을 일반적으로 **정현파**(sinusoidal wave)라 부르며 다음과 같이 표시한다.

$$f(t) = A\sin(\omega_o t + \theta)$$

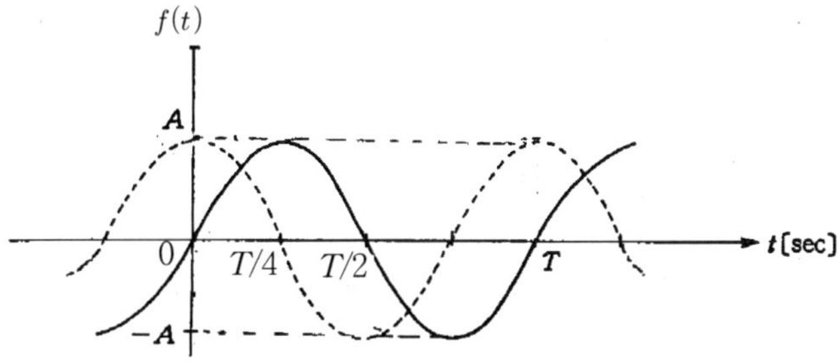

[그림 2-1] 정현파 신호

여기서 A를 신호의 **진폭**(amplitude), θ를 위상(phase)이라고 한다. 이 정현파는 **주기파**(periodic wave)이며 주기파는 파형이 정(+), 부(−)의 변화를 완전히 하여 처음상태로 돌아갈 때까지의 변화를 사이클(cycle)이라고 한다. 1초 동안에 포함되는 사이클의 수를 **주파수**(freguency)라하고, 1사이클이 변하는데 요하는 시간을 **주기**(period)라고하며, T로 표시할 때 주파수 f와의 관계는 아래와 같다.

$$T = \frac{1}{f_0}[\text{sec}], \qquad f_0 = \frac{1}{T}[\text{Hz}] \tag{2.4}$$

또한 ω는 1초 동안의 각의 증가를 나타내며, 이것을 **각속도**(angular velocity)라 부르며, 그 단위는 [rad/sec]이다.

따라서 각속도 ω는

$$\omega_0 = 2\pi f_0 = \frac{2\pi}{T}[\text{rad/sec}] \tag{2.5}$$

의 관계가 있으며 정현파의 표시식은

$$f(t) = A\sin(\omega_0 t + \theta) = A\sin(2\pi f_0 t + \theta) \tag{2.6}$$

등 여러 가지로 쓸 수 있다.

정현파의 위상을 $\frac{\pi}{2}$(90°)빠르게 하면 여현(cosine)파형이 된다는 것을 그림 2-1로부터 확인할 수 있으며, 수식으로는

$$A\sin\left(2\pi f_0 t + \frac{\pi}{2}\right) = A\cos 2\pi f_0 t$$

로 나타낸다. 이것을 시간으로 환산하면

$$2\pi f_0 t + \frac{\pi}{2} = 2\pi f_0\left(t - \frac{1}{4f_0}\right) - 2\pi f_0\left(t - \frac{T}{4}\right)$$

즉, 시간영역에서 정현파는 여현파를 $\frac{T}{4}$만큼 지연시킨 신호가 된다. 일반적으로 신호에서 정현파라 하면 여현파(cosine wave)를 포함시켜 말한다.

[예제 2-3] $f(t) = 100\sin(100\pi t - 60°)$인 신호의 진폭(최대값) A, 각도 ω, 주파수 f, 주기 T를 구하여라.

◀풀이▶ $A = 100$

$\omega = 2\pi f = 100\pi[\text{rad/sec}]$

$f = \frac{\omega}{2\pi} = \frac{100}{2\pi} = 50[\text{Hz}]$

$T = \frac{1}{f} = \frac{1}{50} = 0.02[\text{sec}]$

[예제 2-4] 2개의 신호 $f_1(t) = 110\sin(120\pi t + 30°)$와 $f_2(t) = 141\sin(120\pi t - 30°)$의 위상차를 시간으로 표시하면 몇 초인가?

◀풀이▶ 위상차를 θ, 주파수를 f라 하면

$$\theta = 30° - (-30°) = 60°$$

$$f = \frac{\omega}{2\pi} = \frac{120\pi}{2\pi} = 60[\text{Hz}]$$

따라서 주기 T는 360°에 해당하므로

$$t = \frac{60° T}{360°} = \frac{T}{6} = \frac{1}{6f}$$

$$= \frac{1}{6 \times 60} = \frac{1}{360}[\text{sec}]$$

2. 펄 스

[그림 2-2]와 같은 **단일펄스**(single pulse)는 펄스크기 A, 펄스폭 τ[sec], 퍼스 위치가 t=0을 중심으로 좌우로 각각 $\tau/2$[sec]만큼 존재하는 신호를 말하며, 다음과 같이 표현한다.

$$f(t) = A\text{rec}\left(\frac{t}{\tau}\right)$$
$$= A \cdot P\left(\frac{t}{\tau}\right) \tag{2.7}$$

이와 같은 단일펄스 신호는 유한한 에너지를 가지므로 에너지신호에 해당된다.

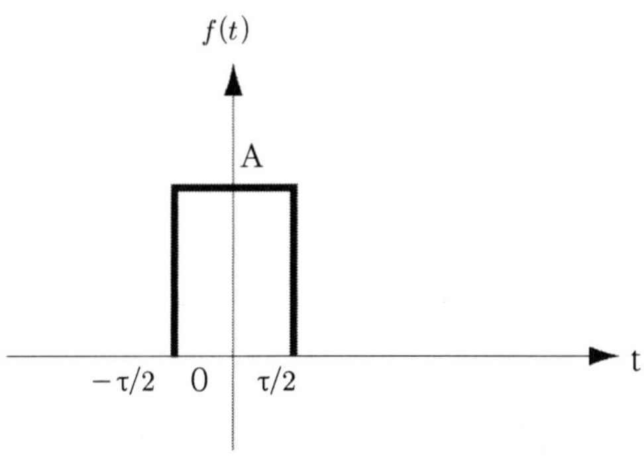

[그림 2-2] 단일펄스 신호

한편, 단일펄스 신호가 주기적으로 반복되는 경우를 생각해 보자.

이것을 **펄스열**(pulse train)이라고 하는 데, 단위펄스가 ±T, ±2T, ±3T, …만큼 지연되어 더해진 신호이다. 따라서 다음과 같이 표현할 수 있다.

$$f_T(t) = \sum_{k=-\infty}^{\infty} A\mathrm{rec}\left(\frac{t-kT}{\tau}\right)$$

$$= \sum_{k=-\infty}^{\infty} A \cdot P\left(\frac{t-kT}{\tau}\right) \tag{2.8}$$

이 펄스열 신호는 주기신호이므로 전력신호에 해당함을 알 수 있다. 여기에서 **구형파 펄스열**이라고 하면, 펄스폭 τ가 주기 T의 반되는 펄스열을 말한다. 마찬가지로 $\tau = T/2$인 펄스폭을 가지는 단일펄스를 단일 **구형파펄스**라고 한다.

2-4 신호의 주파수영역 표현

신호를 시간에 따라 신호의 크기로 표현하는 것이 유일한 방법은 아니다. 이와 동등한 표현방법은 가로축을 시간값 대신에 주파수 값으로 세로축을 각 주파수성분의 크기로 나타내는 것이다. 이렇게 신호를 표현하는 방법에는 신호를 시간상에서 표현하는 **시간영역 표현**과 주파수상에서 표현하는 **주파수영역 표현**이 있다. 두 표현방법은 동등하며 단지 같은 신호를 다른 관점에서 관찰하는 것이다. 즉, 동일한 신호를 오실로스코프를 통하여 관찰하면 시간영역 표현으로 나타나며, 스펙트럼분석기를 통하여 관찰하면 주파수영역 표현으로 나타나게 된다. 중요한 것은 용도에 맞게 효율적인 표현방법을 선택하는 것이다.

한 표현방법에서 다른 표현방법으로 변환이 가능하며, 주파수 영역에서 통신신호를 해석하는 것을 **주파수해석**(frequency analysis) 또는 **푸리에해석**(fourier analysis)이라고 한다.

주파수해석은 크게 **푸리에급수**(fourier series)와 **푸리에변환**(fourier transform)의 두 가지로 설명된다. 푸리에급수는 푸리에변환에 특별한 경우이며, 푸리에 변환은 푸리에급수를 포함하고 있으며 두 가지 모두 신호의 주파수특성을 얻을 수 있다.

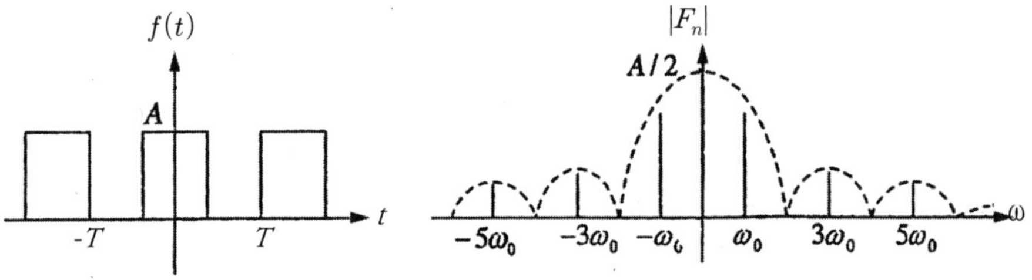

[그림 2-3] 주기함수의 주파수 스펙트럼

푸리에급수는 주로 주기함수의 해석에 사용되는데 주기함수의 주기를 T라고 할 때, 푸리에급수로 표현되는 주기함수의 주파수 스펙트럼은 [그림 2-3]과 같이 다음 식으로 표현되는 기본주파수 ω_0의 배수 $n\omega_0$에 대응하는 고조파의 간격으로 나타는 불연속한 주파수 스펙트럼이다.

$$\omega_0 = \frac{2\pi}{T}, \qquad f_0 = \frac{1}{T}, \qquad \omega_0 = 2\pi f_0 \tag{2.9}$$

반면에 푸리에변환은 주기함수를 포함한 비주기함수의 해석에 사용되는데, 푸리에변환으로 표현되는 비주기함수의 주파수스펙트럼은 [그림 2-4]와 같이 푸리에급수에서 나타나는 주파수스펙트럼과는 달리, 이산값이 아닌 연속함수의 형태로 나타난다. 그 이유는 비주기함수에서는 다음 식에서와 같이 푸리에급수에서 고조파의 간격으로 $f_0 = 0$이 되기 때문이다.

$$T \to \infty \text{ 에서 } f_0 = \frac{1}{T} \to 0 \tag{2.10}$$

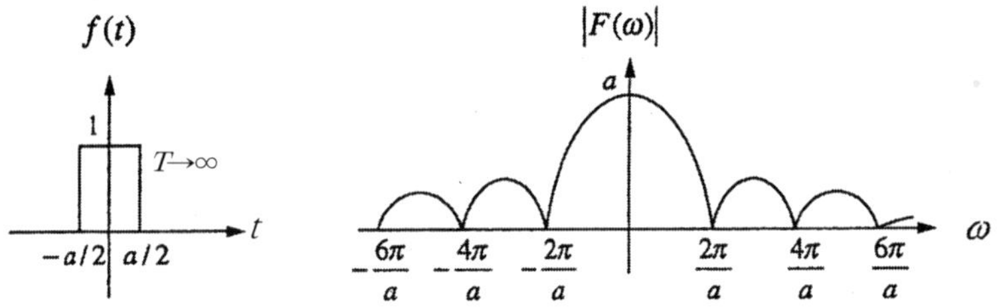

[그림 2-4] 비주기함수의 주파수스펙트럼

위의 두 그림에서 주파수축의 표현에서 (−)가 그려진 것의 신호를 주파수영역에서 해석할 때 수학적 방법을 동원하다보니 물리적으로는 아니지만, 단지 수학적으로 (−)주파수대역이 나타나는 것이다.

2-5 비정현파의 분해

2개 또는 그 이상의 주파수가 다른 **정현파**(sine wave)를 합치면 **비정현주기파**(nonsinusoial periodic wave)가 생긴다.

특히 어떤 주파수의 정현파 $f_1(t)$가 그 정수배의 주파수를 갖는 정현파 $f_i(t)$ $(i=2, 3, 4, \ldots)$들을 합치면 $f_1(t)$와 동일한 주기를 갖는 비정현주기파가 얻어진다. 이때 $f_1(t)$를 **기본파**(fundamental wave), $f_i(t)$들을 **고조파**(higher harmonic wave)라고 한다.

[그림 2-5]는 기본파와 제3고조파를 합해서 **비정현주기파**(non-sinusoial periodic wave)가 얻어짐을 보였다. 앞으로 비정현주기파를 단순히 **비정현파**(non-sinusoial)라 부르기로 한다.

이와같이 주파수가 다른 정현파들을 진폭이나 위상을 변화시키면서 합성하면 여러 가지 파형의 비정현파를 얻을 수 있다.

이 사실을 반대로 생각하여도 성립하며 [그림 2-5]의 비정현파는 여러 개의 정현파로 분해할 수 있다.

일반적으로 비정현파의 분해를 하면 다음과 같다.

① **평균값** : 직류성분으로 파형의 평균값

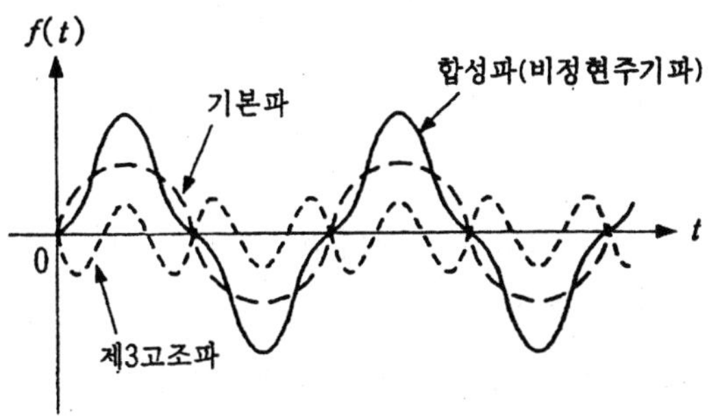

[그림 2-5] 비정현파의 합성

② **기본파** : 비정현파와 주기가 같은파

③ **고조파** : 기본파주파수의 정수배의 주파수를 갖는 파

2-6 비정현파의 푸리에 급수 전개

일반적으로 주기 T인 비정현파를 $f(t)$라 하면

$$f(t) = f(t \pm T)$$

이고, 이것은 다음과 같은 **푸리에 급수**(Fourier series)로 전개할 수 있다.

$$\begin{aligned} f(t) &= a_0 + a_1\cos\omega_0 t + a_2\cos 2\omega_0 t + \cdots\cdots + a_n\cos n\omega_0 t + \cdots\cdots \\ &\quad + b_1\sin\omega_0 t + b_2\sin 2\omega_0 t + \cdots\cdots + b_n\sin n\omega_0 t + \cdots\cdots \\ &= a_0 + \sum_{n=1}^{\infty} a_n\cos n\omega_0 t + \sum_{n=1}^{\infty} b_n\sin n\omega_0 t \end{aligned} \tag{2.11}$$

이와같이 전개할 수 있는 비정현파 $f(t)$는 다음과 같은 **디리끄레**(Dirichlet) **조건**을 만족하는 주기함수이어야 한다.

① 불연점이 1주기 사이에 유한개일 것

② 1주기 사이에서 극대·극소점이 유한개일 것

③ $\int_0^T |f(t)|dt$가 유한값을 가질 것

대체로 공학적으로 나타나는 거의 모든 비정현파는 이 조건을 만족한다. 비정현파가 주어지면 주기 T와 각주파수 ω_0를 알 수 있으므로 **푸리에 계수**(Fourier coefficient) a_0, a_n, b_n을 구하는 것이 문제가 된다.

1. a_0의 결정

식 (2.1)의 양변을 0에서 T까지 1주기 동안 적분하면 sin항 및 cos항은 0가 되고, 직류성분인 일정항만 남으므로

$$\int_0^T f(t)dt = \int_0^T a_0 dt = a_0 T$$

$$\therefore a_0 = \frac{1}{T}\int_0^T f(t)dt = \frac{1}{2\pi}\int_0^{2\pi} f(\omega_0 t)d(\omega_0 t) \tag{2.12}$$

가 되어 a_0는 주기함수의 1주기 동안의 평균값임을 알 수 있다. 이것을 보통 직류성분이라고도 부르며, 파형의 관찰로부터 평균값을 쉽게 구할 수 있는 경우가 많다.

2. a_n의 결정

식 (2.11)의 양변에 $\cos m\omega_0 t$를 곱하고, 이것을 0에서 T까지 적분하면

$$\int_0^T f(t)\cos m\omega_0 t\,dt = a_0\int_0^T \cos m\omega_0 t\,dt + \sum_{n=1}^{\infty} a_n \int_0^T \cos n\omega_0 t \cdot \cos m\omega_0 t\,dt + \sum_{n=1}^{\infty} b_n \int_0^T \sin n\omega_0 t \cdot \cos m\omega_0 t\,dt \tag{2.13}$$

우변의 제1항은 명백히 0이고, 제2항, 제3항은

$$\int_0^T \cos m\omega_0 t \cdot \cos m\omega_0 t\,dt = \frac{1}{2}\int_0^T [\cos(m+n)\omega_0 t + \cos(m-n)\omega_0 t]dt$$

$$= \begin{cases} 0 & : m \neq n \text{일 때} \\ \dfrac{T}{2} & : m = n \text{일 때} \end{cases}$$

$$\int_0^T \sin n\omega_0 t \cdot \cos m\omega_0 t\,dt = \frac{1}{2}\int_0^T [\sin(m+n)\omega_0 t + \sin(m-n)\omega_0 t]dt = 0$$

따라서 식 (2.13)의 우변은 제2항 중 $m=n$인 항만 남고 $a_n\dfrac{T}{2}$가 된다.

$$\therefore\ a_n = \frac{2}{T}\int_0^T f(t)\cos n\omega_0 t\,dt = \frac{1}{\pi}\int_0^{2\pi} f(\omega_0 t)\cos n\omega_0 t\,d(\omega_0 t)$$

$$(n = 1,\ 2,\ 3,\ \cdots) \tag{2.14}$$

3. b_n의 결정

식 (2.11)의 양변에$\sin m\omega_0 t$를 곱하고, 이것을 0에서 T까지 적분하면

$$\int_0^T f(t)\sin m\omega_0 t\,dt = a_0\int_0^T \sin m\omega_0 t\,dt + \sum_{n=1}^{\infty} a_n\int_0^T \cos n\omega_0 t\cdot\sin m\omega_0 t\,dt$$

$$+\sum_{n=1}^{\infty} b_n\int_0^T \sin n\omega_0 t\cdot\sin m\omega_0 t\,dt \tag{2.15}$$

전과 마찬가지로 우변의 제1, 제2항은 0이고, 제3항은

$$\int_0^T \sin m\omega_0 t\cdot\sin m\omega_0 t\,dt = \frac{1}{2}\int_0^T [\cos(m-n)\omega_0 t - \cos(m+n)\omega_0 t]dt$$

$$= \begin{cases} 0 & : m \neq n\text{일 때} \\ \dfrac{T}{2} & : m = n\text{일 때} \end{cases}$$

따라서 식 (2.15)의 우변은 제3항 중 $m = n$인 항만 남고 $b_n\dfrac{T}{2}$가 된다.

$$\therefore\ b_n = \frac{2}{T}\int_0^T f(t)\sin n\omega_0 t\,dt = \frac{1}{\pi}\int_0^{2\pi} f(\omega_0 t)\sin n\omega_0 t\,d(\omega_0 t)$$

$$(n = 1,\ 2,\ 3,\ \cdots) \tag{2.16}$$

이상과 같은 푸리에 계수 a_0, a_n, b_n을 결정하는 데 유의하여야 할 점은 다음과 같다.

① 함수가 시간 t의 함수인가, 또는 전기각 $\omega_0 t$의 함수인가를 유의하여 적분변수를 명확히 택해야 한다.

② 적분구간은 주기함수이므로 0~T가 아니고, 임의의 시점에서부터 1주기 동안을 택하여도 무방하다.

4. 푸리에 급수의 sin항만의 표시

푸리에 급수의 식 (2.11)을 cos항과 sin항을 합하여 sin항만으로 표시할 수 있다.

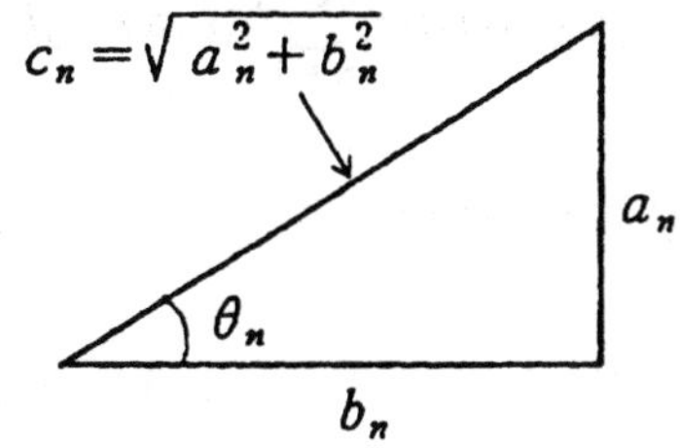

[그림 2-6] 푸리에 계수의 관계

[그림 2-6]을 참고로 하여

$$a_n \cos n\omega_0 t + b_n \sin n\omega_0 t = \sqrt{a_n^2 + b_n^2}\left(\frac{a_n}{\sqrt{a_n^2 + b_n^2}} \cos n\omega_0 t + \frac{b_n}{\sqrt{a_n^2 + b_n^2}} \sin n\omega_0 t\right)$$

$$= c_n(\sin\theta_n \cdot \cos n\omega_0 t + \cos\theta_n \cdot \sin n\omega_0 t)$$

$$= c_n \sin(n\omega_0 t + \theta_n)$$

단, $c_n = \sqrt{a_n^2 + b_n^2}$

$$\theta_n = \tan^{-1}\frac{a_n}{b_n} \quad (n = 1, 2, 3, \cdots)$$

따라서 식 (2.11)은 다음과 같이 쓸 수 있다.

$$f(t) = a_0 + \sum_{n=1}^{\infty} c_n \sin(n\omega_0 t + \theta_n) \tag{2.17}$$

이 식에서 $n=1$인 경우, 즉 $c_1 \sin(\omega_0 t + \theta_1)$이 주기함수 $f(t)$와 같은 주파수 ω_0를 가진 **기본파**(fundamental wave)가 되고, $n=2, 3, 4, \cdots$의 경우, 즉 $f(t)$의 주파수 ω_0의 2배, 3배, …가 되는 항들을 각각 제2고조파, 제3고조파, …라고 부르고 이들을 총칭하여 **고조파**(higher harmonic wave)라 한다.

이와같이 비정현주기파는 일정항과 기본파 및 고조파로 분해할 수 있으며, 이러한 분해를 **푸리에 분석**(Fourier analysis) 또는 **조파분석**(harmonic analysis)이라고 한다. 이상의 푸리에 급수에 의한 전개식은 다음과 같다.

$$f(t) = a_0 + \sum_{n=1}^{\infty} a_n \cos n\omega_0 t + \sum_{n=1}^{\infty} b_n \sin n\omega_0 t$$

$$= a_0 + \sum_{n=1}^{\infty} c_n \sin(n\omega_0 t + \theta_n) \qquad (2.18)$$

식(2.18)에서 고조파의 진폭 C_n은 각 주파수 nw_0에 대해서 그린 그림을 **진폭스펙트럼**(amplitude spectrum), 위상각 θ_n의 nw_0에 대한 그래프를 **위상스펙트럼**(phase spectrum)이라고 한다.

[예제 2-5] [그림 2-7]과 같은 직사각파를 푸리에 급수로 전개하고 진폭스펙트럼을 그려라.

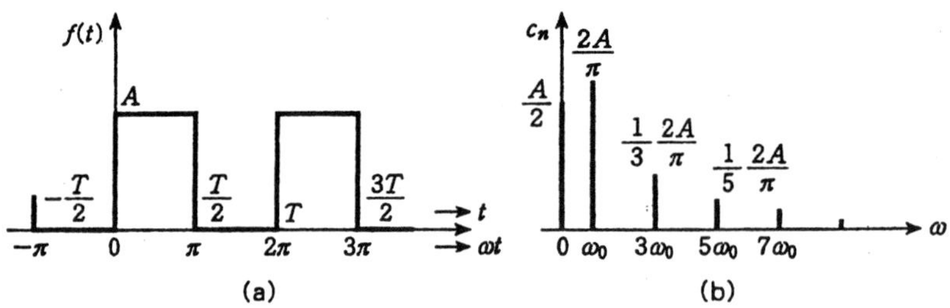

[그림 12-7]

◀풀이▶ 먼저 주어진 파형에 대한 1주기 동안($0 < t < T$)의 표시식은

$$f(t) = \begin{cases} A, & 0 < t < T/2 \\ 0, & T/2 < t < T \end{cases}$$

평균값인 직류성분은 파형의 관찰로부터

$$a_0 = \frac{A \times \frac{T}{2}}{T} = \frac{A}{2}$$

다음 cos항의 계수 a_n은 식 (12-4)에 의하여

$$a_n = \frac{2}{T}\int_0^T f(t)\cos n\omega_0 t dt = \frac{2}{T}\int_0^{T/2} A\cos n\omega_0 t dt$$

$$= \frac{2A}{n\omega_0 T}[\sin n\omega_0 t]_0^{T/2} = \frac{A}{n\pi} sin n\pi = 0$$

마지막으로 sin항의 계수 b_n은 식 (12-6)에 의하여

$$b_n = \frac{2}{T}\int_0^T f(t)\sin n\omega_0 t dt = \frac{2}{T}\int_0^{T/2} A\sin n\omega_0 t dt$$

$$= \frac{2A}{n\omega_0 T}[-\cos n\omega_0 t]_0^{T/2} = \frac{A}{n\pi}(1-\cos n\pi)$$

$$= \begin{cases} 0 & : n = 2, 4, 6, \cdots \\ \frac{2A}{n\pi} & : n = 1, 3, 5, \cdots \end{cases}$$

$$\therefore\ f(t) = \frac{A}{2} + \frac{2A}{\pi}\left(\sin\omega_0 t + \frac{1}{3} sin 3\omega_0 t + \frac{1}{5} sin 5\omega_0 t + \cdots\cdots\right)$$

여기서 ω_0는 직사각파의 주기 T와 $\omega_0 = \frac{2\pi}{T}$의 관계가 있다.

[그림 2-7](b)의 진폭스펙트럼에서 $w = 0$에 대한 성분은 직류성분(평균값)으로 $a_0 = \frac{A}{2}$임을 나타내고, 기본파 w_0에서 진폭 C_n은 $\frac{2A}{\pi}$이고, 주파수가 증가함에 따라 진폭이 감소함을 알 수 있다. 또한 구형파에 영향을 미치는 주파수는 기본파, 3고조파 및 5고조파임을 말해주고 있다.

2-7 푸리에 계수와 파형의 대칭

주어진 비정현파 $f(t)$의 함수가 어떤 형태의 대칭성을 가질 때에는 그 푸리에 계수 중 어떤 것이 0이 된다.

이러한 대칭성은 파형을 관찰함으로써 쉽게 알 수 있고, 푸리에 분석에 앞서

대칭성을 알아보아 0이 되는 계수들에 대해서는 구할 필요가 없다. 파형의 대칭성에는 여러 가지가 있으나, 그 중 **여현대칭**(우함수파), **정현대칭**(기함수파) 및 **반파대칭**이 가장 중요하며, [그림 2-8]에 세 가지 예를 들었다.

일반적으로 t의 함수 $f(t)$가

$$f(t)=f(-t)$$

인 조건을 만족하는 경우 $f(t)$를 **우(짝)함수**(even function)라고 한다. 우함수의 예를 들어보면 t^2, t^4, $\cos\omega t$ 등이 있으며, 우함수는 원점을 지나는 수직선 $f(t)$ 축에 관해서 대칭이며, 우함수인 파형을 **우함수파** 또는 **여현대칭파**라고 한다.

다음으로 t의 함수 $f(t)$가

$$f(t)=-f(t)$$

인 조건을 만족하는 경우 $f(t)$를 **기(홀)함수**(odd function)라고 한다. 기함수의 예를 들어보면 t, t^3, $\sin\omega t$ 등이 있으며, 기함수는 원점에 관해서 대칭이며, 기함수인 파형을 **기함수파** 또는 **정현대칭파**라고 한다.

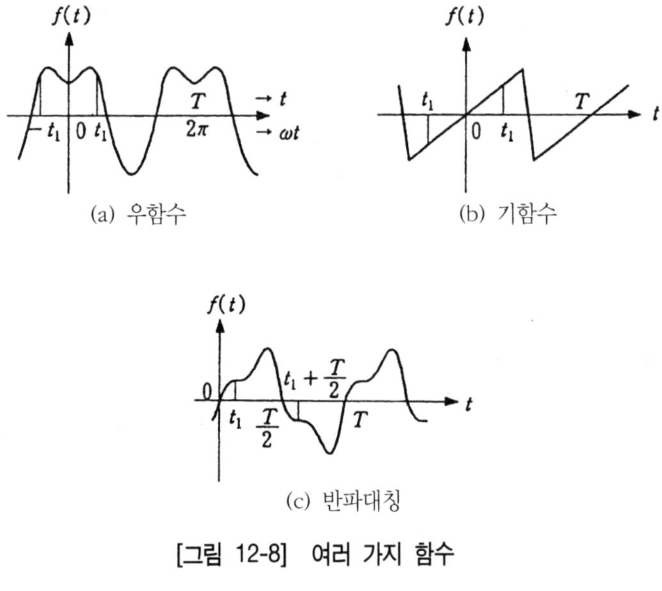

[그림 12-8] 여러 가지 함수

이상에서 우함수(우)와 기함수(기)는 다음과 같은 관계가 있다.

$$\int_{-t_1}^{t_1} (우)dt = 2\int_{t_1}^{0} (우)dt$$

$$\int_{-t_1}^{t_1} (기)dt = 0$$

(우)±(우) = (우), (우)±(기) = (우)도 (기)도 아님.

(기)±(기) = (기), (우)×(우) = (우)

(우)×(기) = (기), (기)×(기) = (우)

푸리에 급수를 두 부분으로 구분하면

$$a_0 + \sum_{n=1}^{\infty} a_n \cos n\omega_0 t \ : (우) \qquad \sum_{n=1}^{\infty} b_n \sin n\omega_0 t \ : (기)$$

1. 우함수인 경우

우함수인 여현대칭인 경우에는 푸리에 계수를 구하는 경우에 있어서 적분구간을 $-T/2$에서 $T/2$까지 취해도 좋으므로 푸리에 계수는

$$a_0 = \frac{1}{T}\int_{-T/2}^{T/2} f(t)dt = \frac{2}{T}\int_{0}^{T/2} f(t)dt$$

$$a_n = \frac{2}{T}\int_{-T/2}^{T/2} f(t)\cos n\omega_0 t\,dt = \frac{4}{T}\int_{0}^{T/2} f(t)\cos n\omega_0 t\,dt \qquad (2.19)$$

$$b_n = \frac{2}{T}\int_{-T/2}^{T/2} f(t)\sin n\omega_0 t\,dt = 0$$

가 성립하므로 비정현파가 우함수인 경우에는 푸리에 계수 중에서 sin항들은 없어지고, 직류성분 및 cos항만 남으며 이들을 구할 때는 반주기만 적분하여 2배 하면 된다. 이때 푸리에 급수는

$$f(t) = a_0 + a_1\cos\omega_0 t + a_2\cos 2\omega_0 t + a_3\cos 3\omega_0 t + \cdots\cdots$$

로 전개된다.

2. 기함수인 경우

기함수인 정현대칭인 경우에도 우함수의 경우와 같은 방법으로 구하면

$$a_0 = 0 \ , \ a_n = 0$$

$$b_n = \frac{4}{T}\int_0^{\frac{T}{2}} f(t)\sin n\omega_0 t\, dt = 0 \qquad (2.20)$$

가 성립하므로 기함수의 경우에는 푸리에 급수에서 직류성분과 cos항들은 없어지고, sin항만 남으며 이들을 구할 때도 반주기만 적분하여 2배 하면 된다. 이때 푸리에 급수는

$$f(t) = b_1\cos\omega_0 t + b_2\cos 2\omega_0 t + b_3\cos 3\omega_0 t + \cdots\cdots$$

로 전개된다.

3. 반파대칭

주기 T인 비정현파가

$$f(t) = -f\left(t \pm \frac{T}{2}\right) \qquad (2.21)$$

이라는 조건을 만족하면 **반파대칭**(half-wave symmetry)이라고 한다.

[그림 2-8](c)는 반파대칭으로 반주기마다 그 값의 크기가 같고 부호가 반대이므로 (+)의 반파를 180°만큼 수평축으로 평행이동하면 (−)반파와 수평축에 대해서 대칭이 된다.

반파대칭은 (+)반파와 (−)반파의 넓이가 같으므로 $a_0=0$가 된다. 또

$$f(t) = \sum_{n=1}^{\infty} a_n \cos n\omega_0 t + \sum_{n=1}^{\infty} b_n \sin n\omega_0 t$$

$$-f\left(t+\frac{T}{2}\right) = -\left\{\sum_{n=1}^{\infty} a_n \cos n\left(\omega_0 t + \frac{T}{2}\right) + \sum_{n=1}^{\infty} b_n \sin n\left(\omega_0 t + \frac{T}{2}\right)\right\}$$

$$=-\sum_{n=1}^{\infty} a_n(-1)^n \cos n\omega_0 t - \sum_{n=1}^{\infty} b_n(-1)^n \sin n\omega_0 t$$

에서 $f(t)=-f\left(t+\dfrac{T}{2}\right)$의 관계가 성립하려면 a_n, b_n의 푸리에 계수에서 n가 홀수라야 한다. 따라서

$$a_n = \frac{4}{T}\int_0^{T/2} f(t)\cos n\omega_0 t\,dt \quad : n=1, 3, 5, \cdots$$

$$b_n = \frac{4}{T}\int_0^{T/2} f(t)\sin n\omega_0 t\,dt \quad : n=1, 3, 5, \cdots \tag{2.22}$$

가 성립하므로 반파대칭인 경우에는 푸리에 급수에서 직류성분은 없어지고 cos항이나 sin항에서는 기수만 존재하고, 반주기만 적분하여 2배 하면 된다.

이밖의 파형의 변화에 따른 푸리에 급수의 변화를 살펴보면

① $f(t)$의 파형은 상하로 이동시키면 a_0만 변할 뿐 a_n, b_n은 불변이다.
② $f(t)$의 파형은 좌우로 이동시키면 a_0는 불변이나 a_n, b_n은 변한다.

이상의 결과를 요약하면 〈표 2-1〉과 같다.

〈표 2-1〉 대칭파의 성질

종 류	우 함 수	기 함 수	반 파 대 칭
조 건	$f(t)=f(-t)$	$f(t)=-f(-t)$	$f(t)=-f(t\pm\frac{T}{2})$
특 징	직류성분과 cos항만 존재	sin항만 존재	기수 고조파만 존재
a_0	$\frac{2}{T}\int_0^{T/2} f(t)dt$	0	0
a_n	$\frac{4}{T}\int_0^{T/2} f(t)\cos n\omega_0 t\,dt$ $n=1, 2, 3, \cdots$	0	$\frac{4}{T}\int_0^{T/2} f(t)\cos n\omega_0 t\,dt$ $n=1, 3, 5, \cdots$
b_n	0	$\frac{4}{T}\int_0^{T/2} f(t)\sin n\omega_0 t\,dt$ $n=1, 2, 3, \cdots$	$\frac{4}{T}\int_0^{T/2} f(t)\sin n\omega_0 t\,dt$ $n=1, 2, 3, \cdots$

[예제 2-6] [그림 2-9]와 같은 톱니파 전압을 푸리에 급수로 전개하여라.

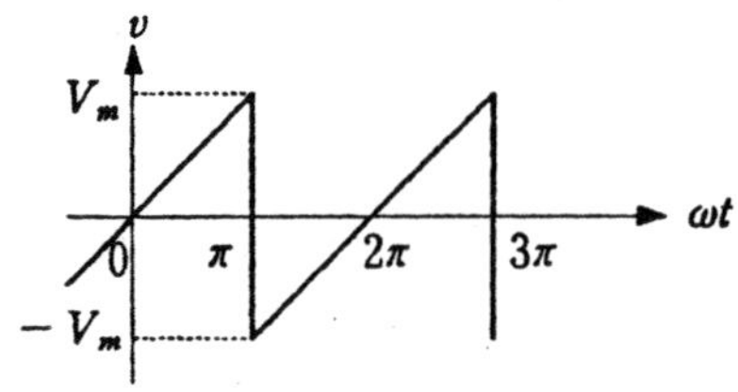

[그림 12-9]

◀풀이▶ 파형은 기함수이므로

$a_0 = 0, \quad a_n = 0$

이고, b_n은 반주기 적분에 의해서 구할 수 있으므로, 먼저 반주기 동안의 함수를 표시하면

$$v(\omega_0 t) = \frac{V_m}{\pi}\omega_0 t. \quad 0 < \omega_0 t < \pi$$

이므로

$$b_n = \frac{2}{\pi}\int_0^{\pi}\frac{V_m}{\pi}\omega_0 t \cdot \sin n\omega_0 t\, d(\omega_0 t) = \frac{2V_m}{\pi^2}\left[-\frac{\omega_0 t\cos n\omega_0 t}{n} + \frac{\sin n\omega_0 t}{n^2}\right]_0^{\pi}$$

$$= \frac{2V_m}{\pi}\left\{-\frac{(-1)^n}{n}\right\}$$

그러므로

$$b_1 = \frac{2V_m}{\pi}, \quad b_2 = \frac{2V_m}{2\pi}, \quad b_3 = \frac{2V_m}{3\pi}, \quad \cdots\cdots$$

따라서 구하는 파형의 푸리에 급수는

$$v(\omega_0 t) = \frac{2V_m}{\pi^2}\left\{\sin\omega_0 t - \frac{1}{2}\sin 2\omega_0 t + \frac{1}{3}\sin 3\omega_0 t - \cdots\cdots + \frac{(-1)^{n+1}}{n}\sin n\omega_0 t\right\}$$

〈표 2-2〉는 회로 해석시 중요한 비정현파에 대한 푸리에 급수 전개식을 나열한 것이다.

〈표 2-2〉 대표적인 비정현파의 푸리에 급수 전개

파 형		푸리에 급수 전개식
직사각형파	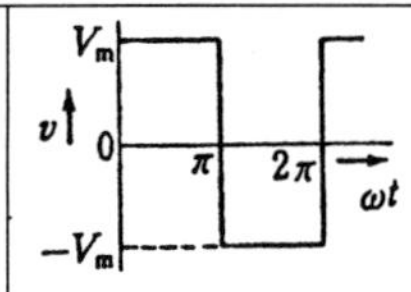	$v=\frac{4}{\pi}V_m\left\{\sin\omega_0 t+\frac{1}{3}\sin 3\omega_0 t+\frac{1}{5}\sin 5\omega_0 t+\cdots+\frac{1}{2n-1}\sin(2n-1)\omega t+\cdots\right\}$
삼각파	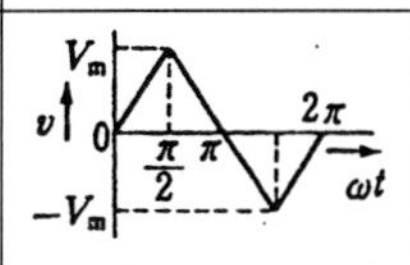	$v=\frac{8}{\pi^2}V_m\left\{\sin\omega_0 t-\frac{1}{9}\sin 3\omega_0 t+\frac{1}{25}\sin 5\omega_0 t+\cdots+\frac{(-1)^{n+1}}{(2n-1)^2}\sin(2n-1)\omega_0 t+\cdots\right\}$
톱니파	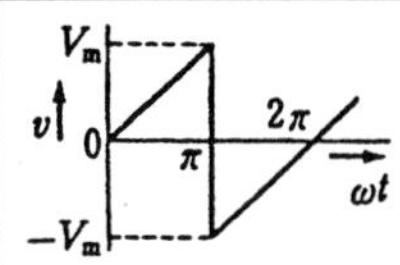	$v=\frac{2}{\pi}V_m\left\{\sin\omega_0 t-\frac{1}{2}\sin 2\omega_0 t+\frac{1}{3}\sin 3\omega_0 t+\cdots-\frac{1}{4}\sin 4\omega_0 t+\cdots+\frac{(-1)^{n+1}}{n}\sin n\omega_0 t+\cdots\right\}$
반파 정류파	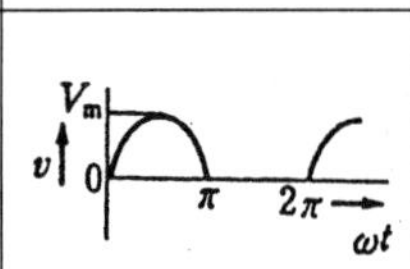	$v=V_m\left\{\frac{1}{\pi}+\frac{1}{2}\sin\omega_0 t-\frac{2}{\pi}\left(\frac{1}{3}\cos 2\omega_0 t+\frac{1}{15}\cos 4\omega_0 t+\cdots+\frac{1}{4n^2-1}\cos 2n\omega_0 t+\cdots\right)\right\}$
전파 정류파	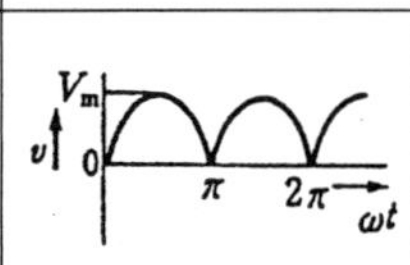	$v=\frac{2}{\pi}V_m\left\{1-2\left(\frac{1}{3}\cos 2\omega_0 t+\frac{1}{15}\cos 4\omega_0 t+\frac{1}{35}\cos 6\omega_0 t+\cdots+\frac{1}{4n^2-1}\cos 2n\omega_0 t+\cdots\right)\right\}$

2-8 복소 푸리에 지수급수

일반적으로 주기함수의 **푸리에 급수**는 사인 및 코사인 항으로 주어진다. 이와 같은 사인 및 코사인 항은 지수형태로 표현할 수 있으므로 이 성질을 이용하면 경우에 따라 간편하게 푸리에 계수를 구할 수 있다.

사인 및 코사인은 **오일러(Euler)의 공식**에 의하여 다음과 같이 지수항으로 표현할 수 있다.

$$\sin n\omega_0 t=\frac{1}{2j}\left(e^{jn\omega_0 t}-e^{-jn\omega_0 t}\right)$$

$$\cos n\omega_0 t = \frac{1}{2}\left(e^{jn\omega_0 t} + e^{-jn\omega_0 t}\right)$$

이 관계식을 **푸리에 삼각함수급수**에 이용하면

$$\begin{aligned} f(t) &= a_0 + \sum_{n=1}^{\infty}\left[a_n \cos n\omega_0 t + b_n \sin n\omega_0 t\right] \\ &= a_0 + \sum_{n=1}^{\infty}\left[a_n \frac{e^{jn\omega_0 t} + e^{-jn\omega_0 t}}{2} + b_n \frac{e^{jn\omega_0 t} - e^{-jn\omega_0 t}}{2j}\right] \\ &= a_0 + \sum_{n=1}^{\infty}\left[\left(\frac{a_n}{2} + \frac{b_n}{2j}\right)e^{jn\omega_0 t} + \left(\frac{a_n}{2} - \frac{b_n}{2j}\right)e^{-jn\omega_0 t}\right] \\ &= c_0 + \sum_{n=1}^{\infty}\left[c_n e^{jn\omega_0 t} + c_{-n} e^{-jn\omega_0 t}\right] \end{aligned} \tag{2.23}$$

여기서 c_{-n}은 c_n의 공액복소수일 때, 각 계수의 관계는 다음과 같다.

$$c_0 = a_0 = \frac{1}{T}\int_{-T/2}^{T/2} f(t)\,dt$$

$$\begin{aligned} c_n &= \frac{1}{2}(a_n - jb_n) \\ &= \frac{1}{T}\left[\int_{-T/2}^{T/2} f(t)\cos n\omega_0 t\,dt - j\int_{-T/2}^{T/2} f(t)\sin n\omega_0 t\,dt\right] \\ &= \frac{1}{T}\int_{-T/2}^{T/2} f(t)e^{-jn\omega_0 t}\,dt \end{aligned}$$

$$c_{-n} = \frac{1}{2}(a_n + jb_n) = \frac{1}{T}\int_{-T/2}^{T/2} f(t)e^{jn\omega_0 t}\,dt$$

위 c_0, c_n, c_{-n}의 계수식을 동시에 쓰면 다음과 같이 나타낼 수 있다.

$$c_n = \frac{1}{T}\int_{-T/2}^{T/2} f(t)e^{-jn\omega_0 t}$$

$$n = 0,\ \pm 1,\ \pm 2,\ \pm 3, \ldots$$

이상을 정리하면 주기함수 $f(t)$에 대하여 다음과 같은 복소수 형태의 푸리에 지수급수를 얻는다.

$$f(t) = \sum_{n=-\infty}^{\infty} c_n e^{jn\omega_0 t}$$

$$c_n = \frac{1}{T}\int_{-T/2}^{T/2} f(t)e^{-jn\omega_0 t}\,dt \qquad (2.24)$$

$$n = 0,\ \pm 1,\ \pm 2,\ \pm 3, \ldots$$

[예제 2-7] [그림 12-10]과 톱니파를 복소수형 푸리에 급수로 전개하여라.

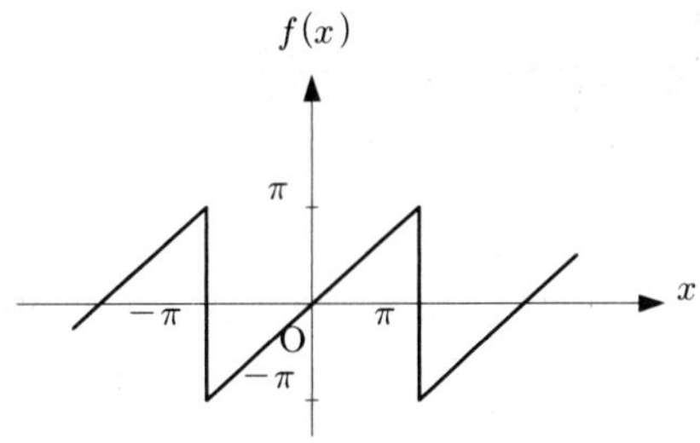

[그림 2-10]

◀풀이▶ 먼저 1주기 동안의 함수 표시식은

$$f(x) = x \quad (-\pi < x < \pi)$$

따라서 복소 푸리에 계수는

$$c_n = \frac{1}{2\pi}\int_{-\pi}^{\pi} xe^{-jnx}\,dx$$

이 식을 부분적분법에 의하여 풀면,

$$c_n = \frac{1}{2\pi}\left[-\frac{x}{jn}e^{-jnx}\right]_{-\pi}^{\pi} + \frac{1}{jn}\int_{-\pi}^{\pi} e^{-jnx}\,dx$$

$$= \frac{1}{2\pi}\left[-\frac{\pi}{jn}(e^{-jnx} + e^{jnx}) + \frac{1}{n^2}(e^{-jnx} - e^{jnx})\right]$$

$$= \frac{1}{2\pi}\left[-\frac{\pi}{jn}2\cos n\pi - \frac{2j}{n^2}\sin n\pi\right]$$

$$= \frac{1}{jn}(-1)^{n+1}$$

따라서 $f(x)$에 대한 복소 푸리에 급수는 다음과 같다.

$$f(x) = \sum_{n=-\infty}^{\infty} \frac{1}{jn}(-1)^{n+1} e^{jnx}$$
$$= \frac{1}{j}(e^{jx} - e^{-jx}) - \frac{1}{2j}(e^{j2x} - e^{-j2x}) + \ldots\ldots l$$
$$= 2\left[\sin x - \frac{1}{2}\sin 2x + \frac{1}{3}\sin 3x - \ldots\ldots\right]$$

2-9 푸리에 변환의 정의

푸리에 변환(Fourier transform)은 비주기성 파형에 대하여 진폭과 위상에 대한 해석적 수단을 제공해 준다. 함수 $f(t)$에 대한 푸리에 변환의 일반적인 정의를 하기 전에 푸리에 급수 전개과정으로 푸리에 변환을 유도해 보기로 한다.

함수 $f(t)$에 대한 복소 푸리에 급수는

$$f(t) = \sum_{n=-\infty}^{\infty} c_n e^{jn\omega_0 t} \quad \left(\omega_0 = \frac{2\pi}{T}\right) \tag{2.25}$$

$$c_n = \frac{1}{T}\int_{-T/2}^{T/2} f(t) e^{-jn\omega_0 t} dt \tag{2.26}$$

식 (12.4)를 식 (12.5)에 대입하고 $T \to \infty$로 취하면

$$f(t) = \lim_{T\to\infty} \sum_{n=-\infty}^{\infty} \left[\frac{1}{T}\int_{-T/2}^{T/2} f(t) e^{-jn\omega_0 t} dt\right] e^{jn\omega_0 t}$$
$$= \int_{-\infty}^{\infty} df \int_{-\infty}^{\infty} f(t) e^{-j\omega t} dt\, e^{j\omega t}$$
$$= \int_{-\infty}^{\infty} \left[\int_{-\infty}^{\infty} f(t) e^{-j\omega t} dt\right] e^{j\omega t} dt$$

$$= \int_{-\infty}^{\infty} F(\omega) e^{j\omega t}\, df$$

$\omega = 2\pi f$ 이므로 이 식은

$$\boldsymbol{f(t) = \frac{1}{2\pi}\int_{-\infty}^{\infty} F(\omega) e^{j\omega t}\, d\omega} \tag{2.27}$$

여기서

$$\boldsymbol{F(\omega) = \int_{-\infty}^{\infty} f(t) e^{-j\omega t}\, dt} \tag{2.28}$$

이때, 식 (2.28)은 다음 조건이 만족하는 경우에만 성립한다.

$$\int_{-\infty}^{\infty} |f(t)|\, dt < \infty$$

이 경우, 식 (2.28)을 함수 $f(t)$의 **푸리에 변환**(Fourier transform)이라 하고, 식 (2.27)을 함수 $F(\omega)$의 **역푸리에 변환**(inverse Fourier transform)이라 한다.

따라서, 푸리에 변환은 시간함수 $f(t)$를 주파수 함수 $F(\omega)$로 변환하는 과정이며, 역푸리에 변환은 주파수 함수 $F(\omega)$를 시간함수 $f(t)$로 변환하는 과정이다. 다음은 이 과정을 나타내었다.

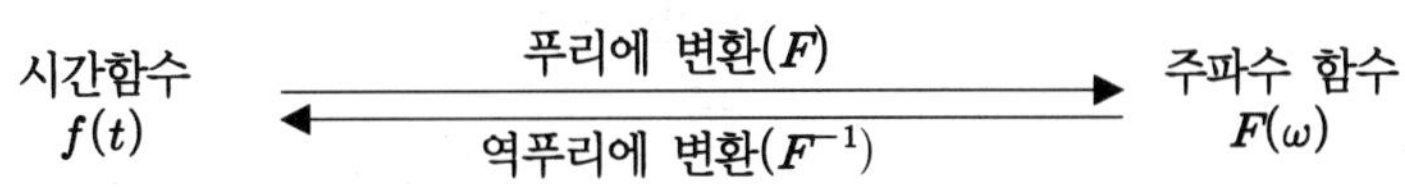

이러한 변환, 역변환 과정은 쌍대성이 있으므로 다음과 같이 표현한다.

$$F(\omega) = \mathscr{F}[f(t)] = \int_{-\infty}^{\infty} f(t) e^{-j\omega t}\, dt \tag{2.29}$$

$$f(t) = \mathscr{F}^{-1}[F(\omega)] = \frac{1}{2\pi}\int_{-\infty}^{\infty} F(\omega) e^{j\omega t}\, d\omega = \int_{-\infty}^{\infty} F(\omega) e^{j\omega t}\, df$$

일반적으로 $F(\omega)$는 복소함수로 진폭 및 위상 스펙트럼이 연속함수로 주어진다. **푸리에 변환쌍**은 라플라스 **변환쌍**과 유사한 성질을 가지고 있음을 알 수 있다.

2-10 기본적인 함수의 푸리에 변환

여기서는 기본적인 간단한 함수들의 푸리에 변환을 하여 보자.

1. 단측지수함수

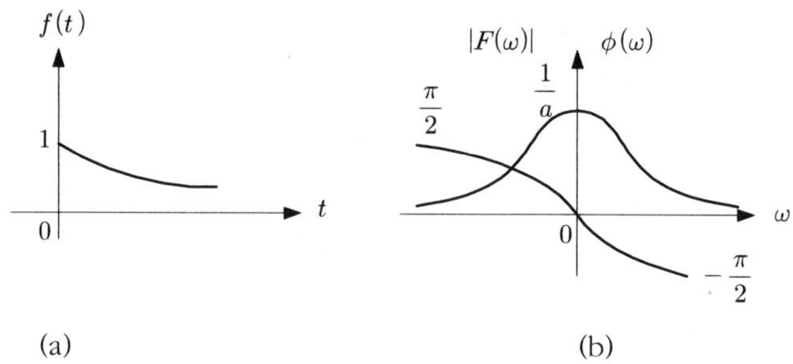

[그림 2-11]

[그림 2-11](a)와 같이 주어지는 **단측지수함수**(unilateral exponential function)의 푸리에 변환은 정의식에 의하여

$$\mathcal{F}[e^{-at}u(t)] = \int_{-\infty}^{\infty} e^{-at}u(t)e^{-j\omega t}\,dt = \int_{0}^{\infty} e^{-(a+j\omega)t}dt$$

$$= \left[-\frac{1}{a+j\omega}e^{-(a+j\omega)t}\right]_0^{\infty}$$

$$= \frac{1}{a+j\omega}$$

따라서,

$$\mathscr{F}[e^{-at}u(t)] = \frac{1}{a+j\omega} \tag{2.30}$$

이 경우에 위 푸리에 변환은 복소함수이므로 진폭과 위상은

$$|F(\omega)| = \frac{1}{\sqrt{a^2+\omega^2}}$$

$$\phi(\omega) = -\tan^{-1}\frac{\omega}{a}$$

[그림 2-11 (b)]는 $F(\omega)$의 진폭과 위상 스펙트럼을 나타낸 것으로 연속함수임을 알 수 있다.

[예제 2-8] 다음과 같은 함수의 푸리에 변환을 구하고, $\omega=4$[rad/sec]일 때 진폭과 위상을 구하여라.

$$f(t) = 10e^{-4t}u(t)$$

◀풀이▶ 정의식에 의하여

$$F(\omega) = 10\int_{-\infty}^{\infty} e^{-4t}u(t)e^{-j\omega t}\,dt$$

$$= 10\int_{0}^{\infty} e^{-(4+j\omega)t}\,dt$$

$$= \frac{10}{4+j\omega}$$

이 식에서 $\omega=4$일 때

$$F(\omega) = \frac{10}{4+j4} = \frac{10}{\sqrt{4^2+4^2}}\angle -\tan\frac{4}{4}$$

$$= \frac{5}{2\sqrt{2}}\angle -45°$$

2. 단위충격함수

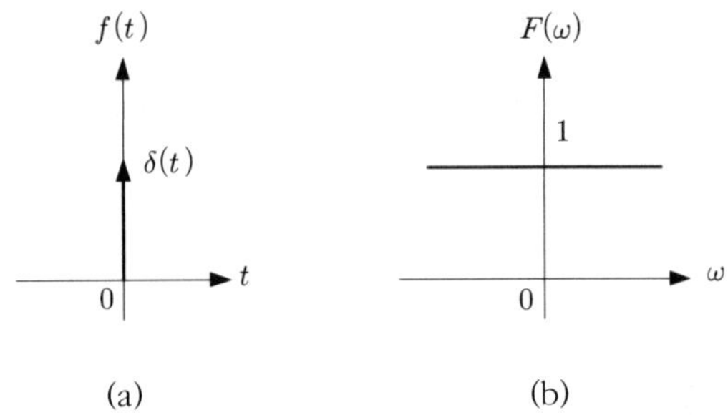

(a) (b)

[그림 2-12]

[그림 2-12](a)와 같은 **단위충격함수**(unit impulse function)의 푸리에 변환은 정의식에 의하여

$$\mathscr{F}[\delta(t)] = \int_{-\infty}^{\infty} \delta(t) e^{-j\omega t} dt = \int_{0_-}^{0_+} \delta(t) dt$$
$$= e^{j0} = 1$$

따라서

$$\mathscr{F}[\delta(t)] = 1 \tag{2.31}$$

과 같으며, [그림 2-12](b)는 푸리에 변환의 진폭스펙트럼을 나타내고 있다.

3. 시그늄함수

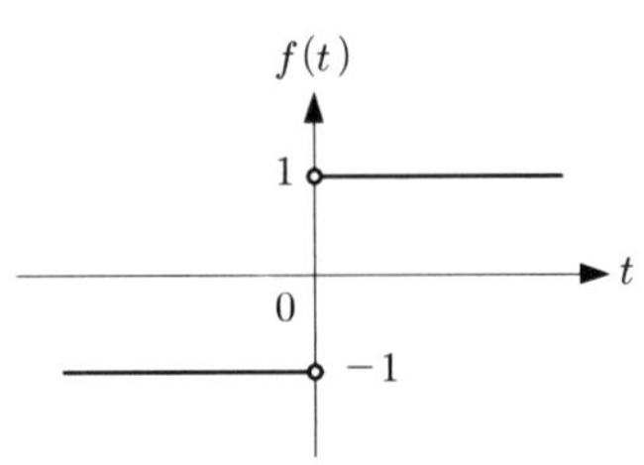

[그림 2-13]

[그림 2-13]과 같은 **시그늄함수**(signum function)는 다음과 같이 표현한다.

$$sgn(t) = \begin{cases} 1 & : \quad t > 0 \\ 0 & : \quad t = 0 \\ -1 & : \quad t < 0 \end{cases}$$

또는

$$sgn(t) = 2u(t) - 1$$

이 시그늄 함수의 푸리에 변환은 주어진 함수를 다음과 같이 변환하고 정의식에 의하여

$$\mathcal{F}[sgn(t)] = \lim_{a \to 0} \left[\int_0^{\infty} e^{-at} e^{-j\omega t} dt - \int_{-\infty}^{0} e^{at} e^{-j\omega t} dt \right]$$
$$= \lim_{a \to 0} \left[\frac{1}{a + j\omega} - \frac{1}{a - j\omega} \right] = \lim_{a \to 0} \frac{-j2\omega}{a^2 + \omega^2} = \frac{2}{j\omega} \qquad (2.32)$$

따라서

$$\mathcal{F}[sgn(t)] = \frac{2}{j\omega}$$

4. 단위계단함수

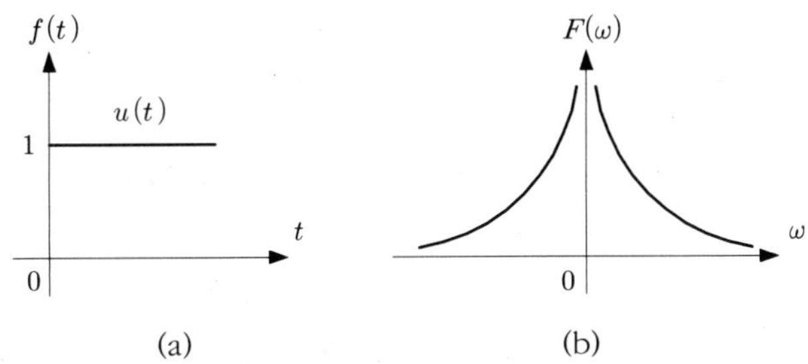

[그림 2-14]

[그림 2-14](a)와 같은 **단위계단함수**는 다음과 같이 표현한다.

$$u(t)=\begin{cases}0 : t<0\\ 1 : t>0\end{cases}$$

이 단위계단함수는 평균값과 시그눔함수를 이용하여 다음과 같이 쓸 수 있다.

$$u(t)=\frac{1}{2}[1+sgn(t)]$$

이 식을 푸리에 변환하면

$$\begin{aligned}\mathscr{F}[u(t)]&=\frac{1}{2}\mathscr{F}[1]+\frac{1}{2}\mathscr{F}[sgn(t)]\\ &=\pi\delta(\omega)+\frac{1}{j\omega}\end{aligned}$$

따라서

$$\mathscr{F}[u(t)]=\pi\delta(\omega)+\frac{1}{j\omega} \tag{2.33}$$

이상의 함수 이외의 상수함수, 여현함수, 충격함수열, 단일 삼각파함수, 단일 펄스함수 및 펄스열함수의 푸리에 변환쌍을 [그림 2-15]에 타나내었다.

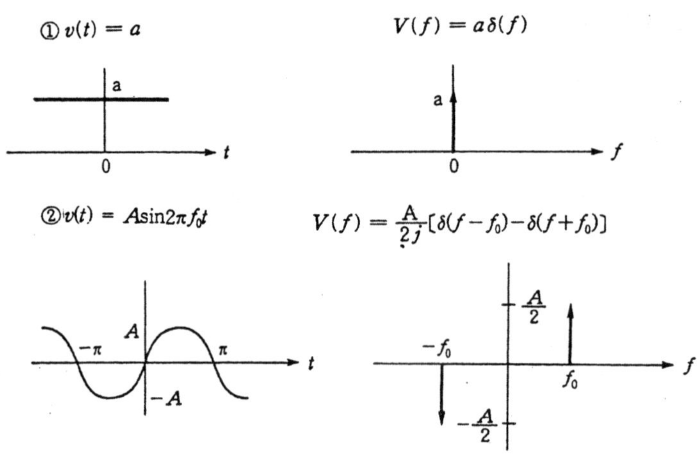

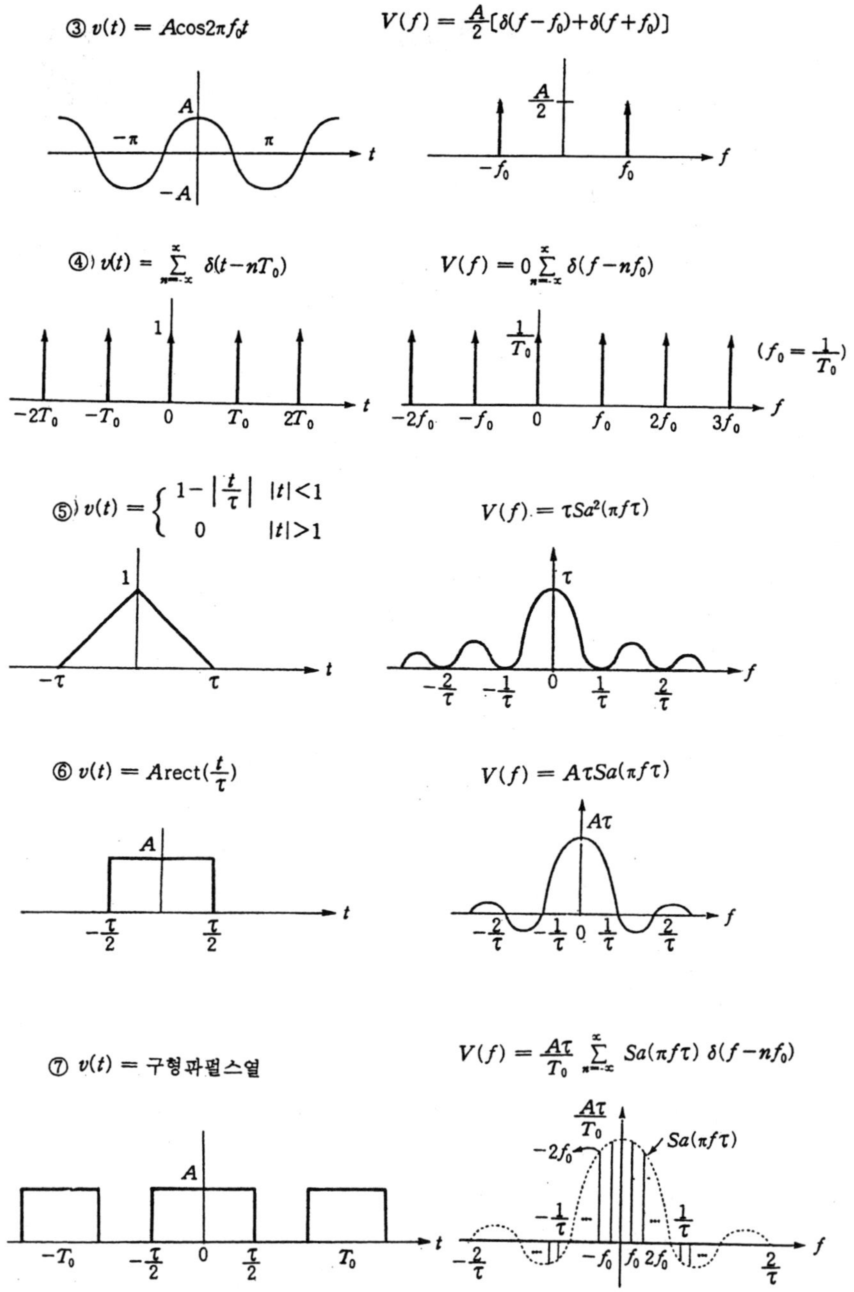

[그림 2-15] 푸리에 변환쌍

연습문제

1. 신호에서 증폭과 감폭, 압축과 확장, 지연과 전진 및 대칭관계의 일반적인 성질을 기술하여라.

2. 결정신호와 랜덤신호를 비교하여 설명하고 각각 예를 3가지 이상 써라.

3. 이산신호와 디지털신호를 비교하여라.

4. 에너지신호와 전력신호를 비교하여 설명하고 각각 예를 3가지 이상 써라.

5. 비정현파를 3가지 항으로 분해하고 간단히 기술하여라.

6. 푸리에급수와 푸리에변환을 서로 비교하여 설명하여라.

7. 신호의 주파수영역을 설명하고 시간영역 표현과 비교하여 장점을 기술하라.

8. 주파수 60[Hz]인 신호에 대해 주기 T, 각속도 ω, 파장 λ을 구하여라.

답 $T = \mathbf{0.017}$[s], $\omega = \mathbf{377}$[rad/sec], $\lambda = \mathbf{5 \times 10^3}$[km]

9. $f(t) = 300\sin 10\pi t$로 표시되는 정현파 신호에서 $t = \frac{1}{300}$ 초인 순간의 진폭을 구하여라

답 $f(t) = 300\sin\left(100\pi \times \frac{1}{300}\right) = \mathbf{150\sqrt{3}}$

10. 주기함수 $f(t)$의 푸리에급수 전개식이 다음과 같을 때, 직류성분, 기본파 및 제 7고조파의 성분에 대하여 진폭의 크기를 구하여라.

$$f(t) = 3 + 5\left(\sin\omega_0 t + \frac{1}{3}\sin 3\omega_0 t + \frac{1}{5}\sin 5\omega_0 t + \ldots\right)$$

답 직류성분=**3**, 기본파=**5**, 제7고조파= $\frac{5}{7}$

11. 그림과 같은 파형을 푸리에급수로 전개하여라.

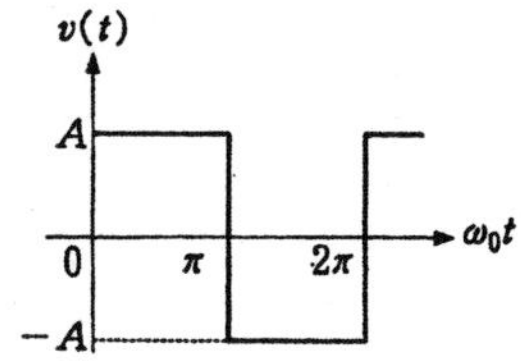

답 기함수이고 반파대칭이므로 $bm = \frac{2}{\pi}\int_0^{\pi} A\sin n\omega_0 t d(\omega_0 t)$

$= \frac{2A}{\pi}\left[-\frac{1}{n}\cos n\omega_0 t\right]_0^{\pi}$ 로부터

$v(t) = \frac{4A}{\pi}\left(\sin\omega_0 t + \frac{1}{3}\sin\omega_0 t + \frac{1}{5}\sin 5\omega_0 t + ...\right)$

12. 그림과 같은 전파정류파를 푸리에급수로 전개하여라.

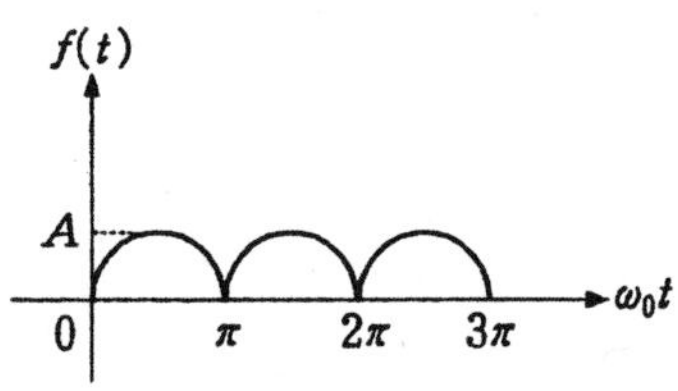

답 우함수이므로 $b_n = 0$이고 $a_0 = \frac{1}{\pi}\int_0^{\pi} A\sin\omega_0 t d(\omega_0 t)$,

$a_n = \frac{2}{\pi}\int_0^{\pi} A\sin n\omega_0 t \cdot \cos n\omega_0 t d(\omega_0 t)\Big\}$ 로부터

$f(t) = \frac{4A}{\pi}\left(\frac{1}{2} - \frac{1}{3}\cos 2\omega_0 t - \frac{1}{15}\cos 4\omega_0 t - \frac{1}{35}\cos 6\omega_0 t - ...\right)$

13. 다음 함수의 푸리에변환을 구하여라.

① $f(t) = 5$ ② $f(t) = 10e^{-3t}u(t)$

③ $f(t) = 4u(t) - 38(t)$ ④ $f(t) = Vu(t)$

⑤ $f(t) = 5sgn(t)$ ⑥ $f(t) = 5\cos 10t$

답 ① $F(\omega)=2\pi\delta(\omega)=10\pi\delta(\omega)$

② $F(\omega)=\dfrac{10}{3+j\omega}$

③ $F(\omega)=4\left[\pi\delta(\omega)+\dfrac{1}{j\omega}\right]-3$

④ $F(\omega)=V\left[\pi\delta(\omega)+\dfrac{1}{j\omega}\right]$

⑤ $F(\omega)=\dfrac{2.5}{j\omega}=\dfrac{10}{j\omega}$

⑥ $F(\omega)=5\pi[\delta(\omega-10)+\delta(\omega+10)]$

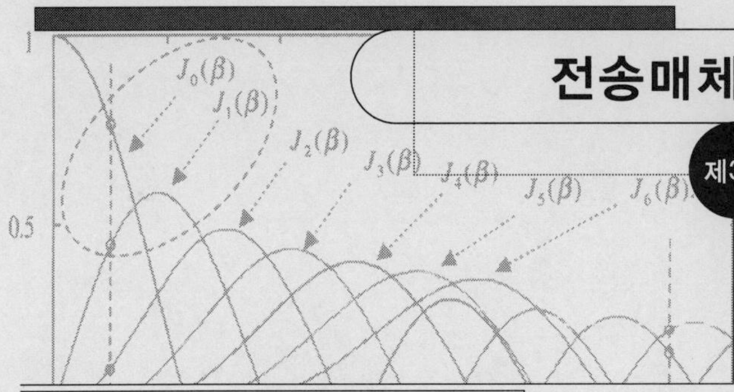

전송매체와 잡음

제3장

3-1 전송매체의 분류

통신시스템에서 가장 기본이 되는 것은 통신시스템 사이를 물리적으로 연결하는 **전송매체**(transmission media)라 할 수 있다. 전송매체는 송신측과 수신측을 연결하는 물리적인 경로이며, 선로간의 대역폭과 주파수범위에 따라 유선매체인 유선통신계와 비유선매체인 무선통신계로 구분한다. [그림 3-1]에 전송매체를 세부적으로 분류하였으며, 전송매체의 종류와 각각의 특성은 다음절에서 살펴본다.

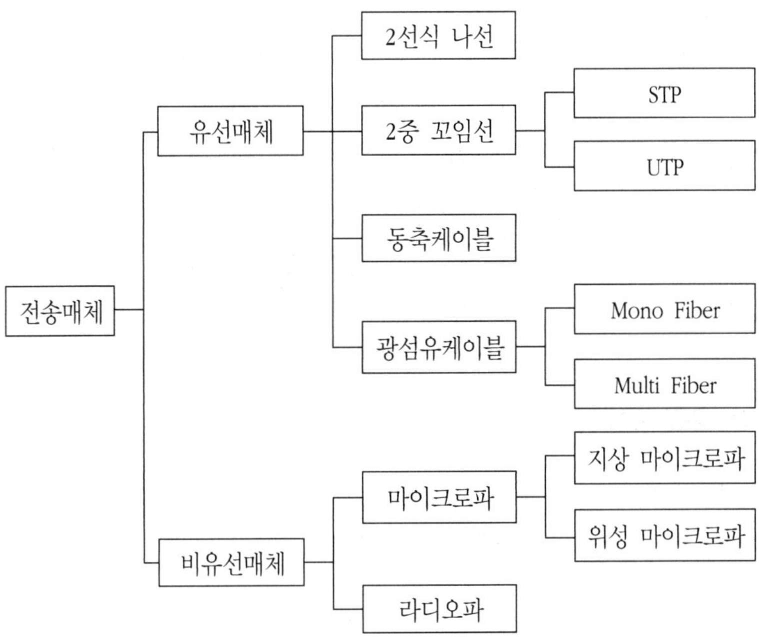

[그림 3-1] 전송매체의 분류

3-2 유선매체

[그림 3-1]과 같이 유선매체는 물리적 통로에 따라 유도되는 것으로 2선식 나선(two-wire), 2중꼬임선(twisted-pair), 동축케이블(coaxil cable), 광섬유케이블(optical fiber cable) 등의 유선통신계를 의미한다.

1. 2선식 나선

나선로(two-wire cable)는 한 쌍의 구리선으로 구성된 가장 단순한 형태의 전송매체이다. 이러한 선들은 범세계적인 상호통신이 가능하지만 통신의 속도나 효율면에서 다른 매체보다 비효율적이다. 또한 외부 영향에 약하고, 누화현상 등이 발생할 수 있는 단점이 있다. 이러한 누화현상을 방지하기 위하여 나선로의 두 선이 서로 꼬이지 않도록 구성한다. 상대적으로 저속(약 19.2Kbps)이고, 근거리(50m 이내) 통신시에 적합하며, 초기에 전화선으로 많이 이용되었다.

2. 2중 꼬임선

2중 꼬임선(twisted-wire cable)은 인접한 도체들간의 상호간섭을 피하고 절연을 유지하기 위해 두 가닥의 전선을 서로 꼬이게 함으로써 도체간의 전자기적 유도현상을 감소시키는 구조로 이루어져 있다. 차폐 여부에 따라 STP(Shielded Twisted Pair)와 UTP(Unshielded Twisted Pair)로 나누어진다. 이 케이블은 음성신호의 전송에 적합하며, 노드 부착이 쉽고, 가격이 저렴한 장점이 있는 반면, 잡음에 약하고 전송거리에 제한을 받는다. 쌍내에서의 전선의 굵기는 0.016~0.036[inch] 가량이며, 100m 이내의 단거리에서 1[Mbps] 이상의 전송속도를 필요로 하는 일반 PC용 통신망으로 적합하다.

3. 동축케이블

동축케이블(coaxial cable)은 [그림 3-2]와 같이 중앙에 내부도선이 있고, 잡음을 최소화시키기 위해 통신선을 전도체와 그 주위를 둘러싸고 있는 금속망으로 구성하고, 전도체가 외부에 노출되는 것을 방지하기 위해 전도체를 부전도성 물체(절연체)로 감싸고, 그 둘레를 다시 그물 모양의 금속망으로 감싼 후, 플라스틱 물체로 외부피막을 만든 케이블이다. 내부도체와 외부도체로 구성하여 외부와의 차폐성을 향상시켜 최대한 간섭현상을 줄이고 있다. 또한, 뛰어난 주파수특성으로 인하여 높은 주파수에서 빠른 데이터전송이 가능하다. 동축케이블은 LAN, WAN, CATV 등의 통신회선으로 널리 이용되고 있다. 이 케이블은 수백[m] 이상의 거리에서 10[Mbps] 이상의 데이터 전송속도를 낼 수 있으며, 대역폭의 크기에 따라 베이스밴드 케이블과 브로드밴드 케이블로 나누어진다. 보통 베이스밴드 케이블은 디지털 전송방식을 사용하고, 브로드밴드 케이블은 아날로그 전송방식을 사용한다.

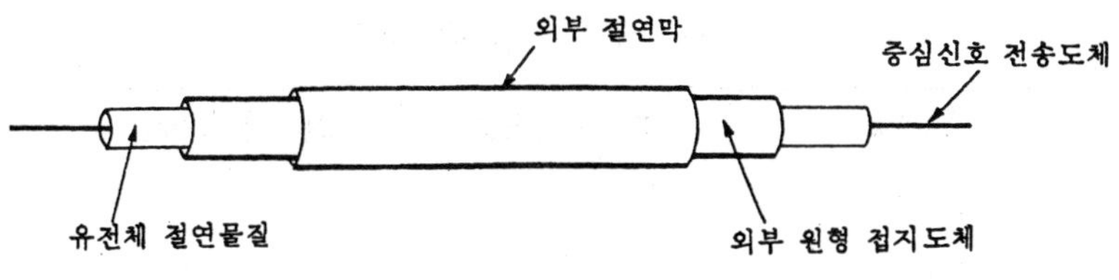

[그림 3-2] 동축케이블 구조

4. 광섬유케이블

광섬유케이블(optical fiber cable)은 빛(light) 신호를 전송하기 위한 매체로서 우리가 흔히 말하는 광통신 등에 활용하는 매체를 의미한다. 즉, 전기적 신호 대신에 빛을 이용하여 전송하는 것으로서 빛 신호를 전송하기 위하여 머리카락 정도의 가는 섬유를 이용하여 빛을 전송한다. 광섬유를 이용하면 구리선을 이용하는 기존의 유선방식보다 넓은 대역폭특성과 누화(crosstalk)나 다른 간섭없이 전송을 할 수 있어 통신의 정확도를 기할 수 있는 획기적인 장점을 갖게 된다. 또한, 마이크로웨이브주파수보다 높은 광주파수 정도의 전송이 가능해져서 보다 많은 정보를 빠르고, 신속하게 전송할 수 있다. 광 CATV나 광대역 ISDN 등의 응용으로 앞으로 주목받게 될 전송매체로서 [그림 3-3]에 전형적인 광섬유 데이터전송방식을 나타내었으며, 〈표 3-1〉에 유선 전송매체의 특성을 서로 비교한 표를 나타내었다.

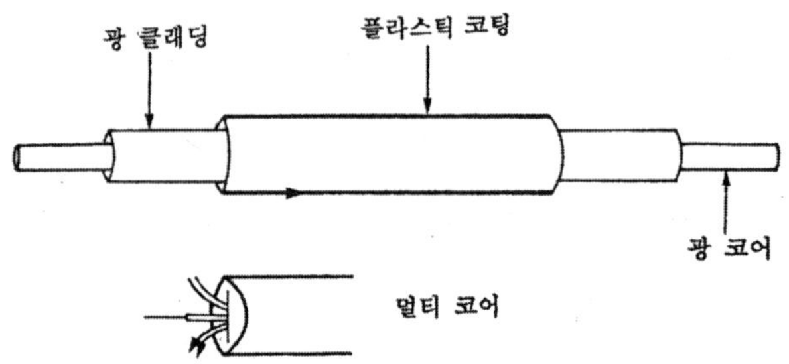

[그림 3-3] 광섬유케이블 구조

〈표 3-1〉 유선 전송매체의 비교

전송매체	데이터 전송률	최대 전송거리
2선식 나선	~20[kbps]	100[m]
2중 꼬임선	~[Mbps]	2~10[km]
동축 케이블	500[Mpbs]	1~10[km]
광섬유	10[Gpbs]	10~100[km]

3-3 무선매체

무선통신이란 눈에 보이는 전송로를 이용하여 정보를 송수신하는 유선통신과는 달리 눈으로 볼 수가 없고, 대기 혹은 진공상태를 통과하는 전파를 이용하여 정보를 전달하는 통신을 말한다.

1888년 독일 **헤르츠**(H. Hertz)에 의해 증명되어진 전파는 물질적인 매개체가 없이 자유공간(대기, 우주공간 등)을 통해 전달되는 3[kHz]~3,000[GHz] 사이의 주파수를 지니는 전자파이다. 전파의 송신과 수신은 안테나에 의해 이루어지며, 안테나는 전자기적 에너지를 매체(공기)를 향해 방사하고, 그 매체를 통하여 전자기파를 검출해 낸다. 전파도 유선매체처럼 일정한 규칙에 의해 질서를 유지하면서 이용해야만 하는 제약을 가진 유한한 자원이다.

이러한 무선전파는 특성에 따라 지향성을 지닌 마이크로파와 방향성을 가지는 라디오파로 나눌 수가 있다.

1. 지상마이크로파

지상마이크로파(micro wave)는 동축케이블 같은 유선 전송매체의 설치가 곤란한 지역(습지대, 사막 등)에 유용하며, 주로 장거리통신 서비스용으로 사용되고 있다. 주로 접시형안테나를 사용하며 장거리 전송시 수[km]마다 중계소가 필요하다. 용도로는 비교적 빌딩사이의 거리가 짧은 지점간의 연결에 사용되며 CCTV나 LAN을 서로 연결하기 위한 용도로도 사용된다. 마이크로파의 대역폭은 대략 2~40[GHz] 정도이다.

이제는 고품질, 다채널의 방송서비스를 제공받거나 양방향 서비스 등 복합미디어방송을 원하는 추세로서 디지털 지상파방송(DTT)이 등장하고 있다. 방송의 디지털화는 콘텐츠의 고품질화, 다양화, 전문화와 영상물의 소프트전략과 맞물려 그 부가가치 향상에 크게 기여할 것이다.

2. 위성마이크로파

위성시스템(satellite system)은 임의의 주파수 대역을 수신하고, 이를 증폭하거나 재생하여 다른 주파수로 송신한다. 지상 35,860[km] 상공의 정지궤도에서 시간당 10,000[km]의 속도로 지구 궤도를 돌고 있는 위성체를 이용하여 지상의 지구국들과 교신하고 있다.

궤도 위성의 경우, 많은 주파수대역이 있으며, 이 주파수대역을 트랜스폰더 채널이라고 한다. 보통 임계주파수 이상으로서 감쇠가 적은 1~10[GHz]대의 주파수를 사용한다. 초기에는 대륙간 국제전화 및 TV 중계용으로만 사용되었으나, 최근에는 회선당 비용이 낮아져 TV방송, 데이터방송, 팩시밀리전송, 영상회의, 전용회선 등 여러 분야의 통신서비스에 응용되고 있다.

3. 라디오파

라디오파(radio wave)는 전자기스펙트럼의 일부로써 〈표 3-2〉와 같이 다양한 파장과 주파수를 가지는 영역으로 구분한다. 라디오파의 발생은 안테나 내부에 있는 전자를 가속시킴으로 얻을 수 있다. 지향성이 없는 다방향성을 가진 무선파(AM, FM, VHF, UHF)의 특징으로 다양한 안테나를 이용할 수 있고, 주파수범위는 30[MHz]~1[GHz]를 사용하여 무선 패킷시스템에 이용된다. 또한 초당 30만 km의 빛의 속도로 정보를 이동할 수 있으며, 금속을 제외한 진공, 대기 및 어떤 고체들도 통과가 가능하다.

〈표 3-2〉 마이크로파와 라디오파의 응용

구 분		용 도
마이크로파	Microwave	이동 전화, 위성 TV와 통신, 전자렌지 등
라디오파	UHF(극초단파)	텔레비전 방송, 디지털 텔레비전 방송
	VHF(초단파)	FM 라디오 방송, Radio controlled models
	Short wave(단파)	경찰차 라디오, 항공기 라디오
	Medium wave(중파)	AM 라디오 방송
	Long wave(장파)	해안과 선박용 AM 라디오 방송

3-4 신호의 실효값

신호의 크기를 나타낼 때 순서값과 최대값(진폭)만으로는 불충분하므로 그 크기를 나타내는 방법으로 **실효값**(rms, root mean square)을 많이 쓰고 있는데 이는 신호의 자승의 평균값에 대한 제곱근으로 계산된 값이다. 즉 전압 신호파 $v(t)$의 실효값 V_{rms}는 다음과 같이 표현된다.

$$V_s = \sqrt{\bar{v}}$$

즉, 이식은 순서값 자승의 평균값의 제곱근을 뜻한다.
따라서 주기신호에 대한 실효값(rms)은

$$V_s = \sqrt{\bar{v}} = \sqrt{\frac{1}{T}\int_0^T v^2 dt} \qquad (3.1)$$

와 같이 계산되므로 $v = A\sin\omega t$인 전압신호의 실효값은

$$\begin{aligned} V_s &= \sqrt{\frac{1}{T}\int_0^T A^2 \sin^2 \omega t \, dt} \\ &= \sqrt{\frac{1}{T}\cdot\frac{A^2}{2}\int_0^{2\pi}(1-\cos 2\omega t)d(\omega t)} \\ &= \sqrt{\frac{1}{T}\cdot\frac{A^2}{2}[\omega t - 2\sin\omega t]_0^{2\pi}} \\ &= \sqrt{\frac{1}{2\pi}\cdot\frac{A^2}{2}(2\pi)} \\ &= \frac{A}{\sqrt{2}} = 0.707A \qquad (3.2) \end{aligned}$$

이다. 즉 주기신호의 실효값의 70.7%이다.

또한, 여러 가지의 파형이 섞여 있는 비정현주기파 신호의 실효값은 각 성분의 실효값의 제곱의 합의 제곱근과 같다. 즉

$$V_s = V = \sqrt{V_0^2 + V_1^2 + V_2^2 + V_3^2 + \ldots} \tag{3.3}$$

여기서 V_0, $V_1, V_2, V_3 \cdots$들은 각각의 성분들의 실효값이다.

[예제 3-1] 전류신호가 $i(t) = 5 + 10\sin\omega_0 t + 20\sqrt{2}(3\omega t - 60°)$일 때 이 신호의 실효값을 구하여라.

◀풀이▶ $I_s = \sqrt{5^2 + \left(\frac{10}{\sqrt{2}}\right)^2 + 20^2} = \sqrt{475} \fallingdotseq$ **21.8**[V]

3-5 신호의 데시벨 계산

1. 데시벨의 정의

어떤 물리적 양 P_1과 P_2를 비교할 때 P_1을 기준으로 하면

$$\frac{P_2}{P_1}, \quad P_2 - P_1$$

와 같이 두 양의 비나 차를 생각하나 통신공학에서는 흔히 대수(log)를 취한다. 즉

$$10\log\frac{P_2}{P_1}[\text{Bel}]$$

여기서 1[Bel]의 10배를 취하고, 단위에 1/10의 뜻인 접두어 데시(deci)를 붙

여 사용한다. 이것이 데시벨(decibel)이며, 단위로는 [decibel]또는 [dB]의 기호를 사용한다.

통신분야에서는 기준전력을 P_1, 측정대상을 P_2라고 할 때 다음과 같이 데시벨 값이 정의된다.

$$10\log_{10}\frac{P_2}{P_1}[\text{dB}]$$

만약 $P_1 = P_2$이면 dB의 값은 0이고, $P_2 > P_1$(전력증가)이면 dB의 값은 (+), 또한 $P_1 < P_2$(전력감소)이면 dB의 값은 (−)가 된다.

2. 상대 데시벨

[그림 3-4]의 회로망에서 입력과 출력의 전기신호에 대한 dB의 정의는 다음과 같이 전력, 전압, 전류에 대한 식으로 상대이득을 정의한다.

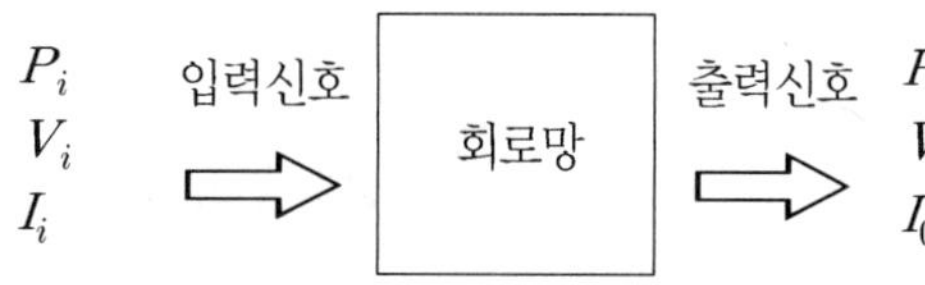

[그림 3-4] 회로망에서 입 · 출력신호

$$\text{전력이득} = 10\log\frac{P_0}{P_i}[\text{dB}] \tag{3.4}$$

$$\text{전압이득} = 10\log\frac{(GV_0)^2}{(GV_i)^2} = 20\log\frac{V_0}{V_i}[\text{dB}] \tag{3.5}$$

$$\text{전류이득} = 10\log\frac{(RI_0)^2}{(RI_i)^2} = 20\log\frac{I_0}{I_i}[\text{dB}] \tag{3.6}$$

[예제 3-2] 2[mV]의 입력을 가했을 때 200[mV]의 출력이 나오는 회로망의 전압이득 g는 몇 [dB]인가?

◀풀이▶ $g = 20\log\frac{200}{2} = 20\log10^2 = 20\times2 = \mathbf{40}[\mathrm{dB}]$

[예제 3-3] 저역통과 여파기에서는 최대 진폭의 $1/\sqrt{2}$ 이 될 때 주파수를 차단주파수로 잡는다. 이는 최대 진폭의 몇 [dB]인가?

◀풀이▶

$$20\log\frac{1}{\sqrt{2}} = 20\log2^{-\frac{1}{2}} = -10\log_2$$
$$= -10(0.310) \fallingdotseq \mathbf{-3}[\mathrm{dB}]$$

3. 다단시스템에서의 데시벨

[그림 3-5]와 같이 A, B, C 3개의 통신이 종속접속된 경우 전체이득 dB는

$$\begin{aligned}\mathrm{dB} &= 20\log\left(\frac{V_4}{V_1}\right) = 20\log\left(\frac{V_2}{V_1}\times\frac{V_3}{V_2}\times\frac{V_4}{V_3}\right)\\ &= 20\log\frac{-V_2}{V_1} + 20\log\frac{V_3}{V_2} + 20\log\frac{V_3}{V_2} + 20\log\frac{V_4}{V_3}\\ &= \mathrm{dB}_1 + \mathrm{dB}_2 + \mathrm{dB}_3 \end{aligned} \tag{3.7}$$

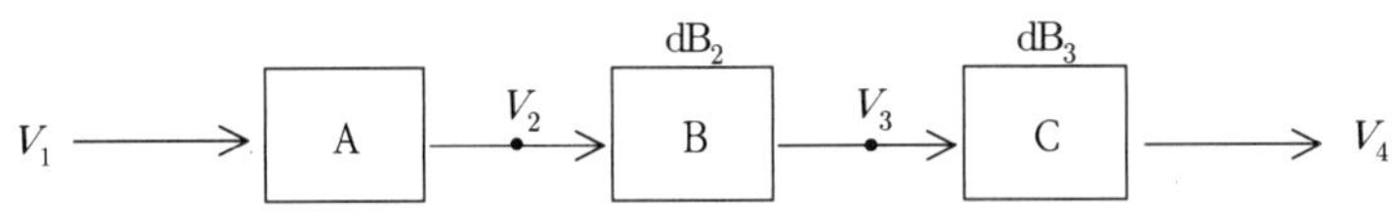

[그림 3-5] 다단 시스템의 이득

즉, 송수신단 간에 구성요소가 많은 통신시스템처럼 다단 시스템의 전체이득은 다단시스템에서 각단의 이득을 더하면 총이득이 된다.

4. 절대 데시벨

절대적인 데시벨의 크기는 dB 뒤에 dBm, dBw, dBmv, dBv와 같이 기본레벨의 단위를 붙여서 나타낸다. 통신시스템에서는 반송파대비 신호의 레벨크기를 표현하기 위한 방법으로 상대데시벨로 dBc(relative to the carrier)를 사용하기로 한다.

따라서 lmw, lw, lmv 및 1V를 기준으로 할 때 **절대데시벨**은 다음과 같다.

$$\mathrm{dBm} = 10\log\frac{P_0}{1mW}[\mathrm{dBm}]$$

$$\mathrm{dBW} = 10\log\frac{P_0}{1W}[\mathrm{dBW}]$$

$$\mathrm{dBmV} = 20\log\frac{V_0}{1mV}[\mathrm{dBmV}]$$

$$\mathrm{dBV} = 20\log\frac{V_0}{1V}[\mathrm{dBV}]$$

[예제 3-4] 100[V]의 신호는 몇 [dBV]인가?

◀풀이▶ $20\log\frac{100}{1} = 20\log 10^2 = \mathbf{40}[\mathrm{dBV}]$

[예제 3-5] −30[dBV]의 신호는 실제 얼마의 전압을 가진 신호인가?

◀풀이▶ $20\log\frac{V}{1} = -30, \quad \log V = -\frac{3}{2}$

$$V = 10^{-\frac{3}{2}} = \frac{1}{(\sqrt{10})^2} \fallingdotseq \mathbf{0.03}$$

3-6 잡음의 분류

잡음(noise)은 일반 통신시스템에 아주 중요한 요소로서, 이는 우리가 원하는 신호를 손상시키거나 왜곡시키는 원하지 않는 신호라고 말할 수 있다. 이와 같이 통신시스템에서 발생하는 잡음은 수신신호를 심각하게 훼손시키는 것은 물론, 수신시스템의 오동작을 야기시키고, 효율을 저하시킨다.

따라서, 원래의 신호를 수신하기 위하여 여러번 정보를 재전송하므로 정보량이 감소하고, 신호의 전력을 잡음전력보다 크게 높여주므로 시스템의 가격을 상승하는 등 여러 가지의 잡음에 대한 보상이 요구된다.

일반적으로 잡음은 예측 가능한 결정된 신호가 아니라, 거의 예측이 불가능한 무작위 신호로서 **랜덤잡음**(random noise)이다. 이러한 불규칙한 랜덤잡음과 잡음의 영향을 받는 수신신호는 시간에 대한 식으로 정확히 표현하지 못하므로, 수학적으로 확률 및 통계이론을 이용하여 잡음이 수신신호와 통신시스템에 미치는 영향을 예측한다.

잡음을 분류하는 기준에는 여러 가지가 있으나, 잡음의 발생 위치에 따라 분류하면 통신시스템의 외부적 요인에 의한 외부잡음과 통신시스템 자체에서 발생하는 내부잡음으로 구분된다. 또한 주파수 스펙트럼의 형태에 따라 백색잡음, 가우시안 잡음, 백색가우시안잡음 등으로 분류한다.

1. 외부잡음

① **자연잡음** : 번개, 폭풍 및 태양과 우주에서 오는 전자기파에 의해 자연적으로 발생하는 잡음이다.

② **인공잡음** : 자동차 점화플러그나 릴레이의 접점 등에서 스파크로 인해 발생하는 불꽃(arc)방전과 초고압 송전선에서 발생하는 코로나(coron)방전, 형광등에서 발생하는 글로우(glow)방전 등이 있다.

③ **온도방전** : 수증기, 구름, 비, 물방울 등 전파를 흡수하는 물질들은 온도에 비례해서 전파를 방사하는데 이때 발생하는 잡음이다.

④ **간섭잡음** : 다른 시스템에서 유도되어 생기는 잡음으로, 공중방송파 간섭에 의한 잡음, 모터를 사용하는 가정용기기에서 on/off에 의해 발생하는 임펄스잡음(impulse noise)과 전원장치의 스위칭잡음 등이 있다.

2. 내부잡음

① **열잡음** : 저항체의 열에너지에서 발생하는 잡음으로 도체내의 자유전자가 열에너지에 의해 불규칙한 운동을 하여 발생하는 잡음으로 **열잡음**(thermal noise) 또는 **존슨잡음**(Johson noise)이라 하고 흔히 **백색잡음**(white noise)이라 한다. 왜냐하면 백색은 크기가 동일한 모든 색을 포함하고 있다는 광학적 용어에 대응하여 열잡음을 모든 주파수에 걸쳐서 동일한 에너지를 포함하고 있기 때문이다.

한편, 저항에 의해서 발생한 잡음전력은 절대온도에 비례하며, 또한 잡음이 측정된 대역폭에 비례한다. 따라서 유효평균 잡음전력의 온도와 대역폭에 관련되는 공식은 다음과 같다.

$$kTB[\mathrm{W}] \tag{3.8}$$

여기서

P_n = 유효평균 잡음전력 [W]

T = 도체의 절대온도(°K = 273 + ℃) [Kelvin]

B = 잡음스펙트럼 대역폭[Hz]

k = 볼쯔만(Boltzmann) 상수(1.38×10^{-23}) [J/°K]

따라서, 도체는 잡음전력이기는 하지만 일종 전력발생기이므로 잡음원을 나타내는 등가전압, 혹은 등가전류 발생회로 나타낼 수 있다. [그림 3-6](a)와 같이 내부 실효전압 E_s와 내부저항 R_s를 갖는 전압발생기에 의해 부하 R_L에 전달되는 평균전력은 $R_s = R_L$과 같이 임피던스가 정합되었을 경우 최대가 된다.

이때 최대전력은

$$P_{Lmax} = \frac{{E_S}^2}{4R_s}[\mathrm{W}] \tag{3.9}$$

이 때문에 실효 잡음전압 E_n을 갖는 잡음발생기로 생각할 수 있는 저항 R을 갖는 도체를 다음 식과 같이 표현할 수 있다.

$$kTB = \frac{E_n^2}{4R}$$

$$E_n^2 = 4RkTB[\mathrm{V}]$$

$$\therefore E_n = \sqrt{4RkTB}\ [\mathrm{V}] = \sqrt{4PnR} \tag{3.10}$$

이 식은 도체의 열잡음특성을 그림 3-6(b)와 같은 등가회로로 나타낼 수 있음을 보여주고 있다. 이것은 잡음에 대한 가장 유용한 표현 중의 하나이며 장비의 잡음성능을 계산하는데 널리 이용되고 있다.

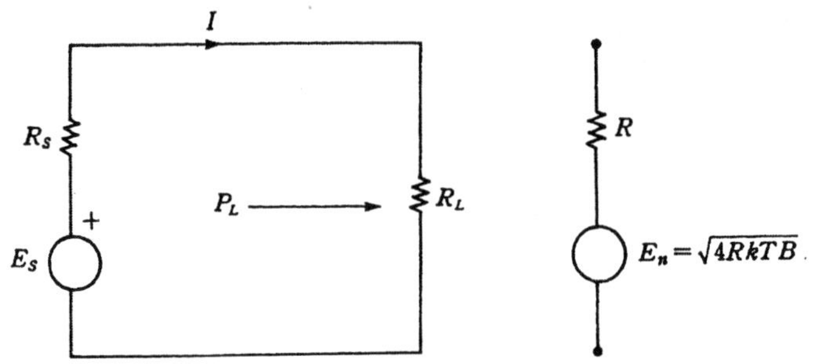

(a) 열잡음 발생기 (b) 등가전압 발생회로

[그림 3-6] 열잡음의 등가회로

② **산탄잡음** : 반도체소자에서 발생하는 잡음으로, P-n 집합에어 캐리어가 전위장벽을 통과하기 위해 전위장벽에 부딪치는 것과 같이, 진공관이나 반도체에 흐르는 시간적으로 불규칙한 전류에 의해 발생한다.

따라서, 이 잡음은 증폭소자 출력의 직류전류에 중첩되어 불규칙하게 변화하는 잡음전류로 나타난다. 이것이 증폭되었을 때 마치 소나기가 금속판에 떨어질 때와 같은 소리가 난다고하여 **산탄잡음**(shot noise)이라고 한다.

진공관이나 TR에서 이러한 산탄잡음을 발생시키는 요인으로 작용하는 변수가 많이 포함되므로 이론적으로 정확한 식을 유도하는 것은 어려운 일이다. 따라서 다이오드(diode)를 제외한 모든 소자는 경험적인 다음과 같은 식을 산탄잡음 공식으로 이용한다.

$$I_n = \sqrt{2eI_dB}\ [\mathrm{A}] \tag{3.11}$$

여기서

I_n = 산탄잡음 실효전류 [A]

e = 전자의 전하량(1.602×10^{-19}[C])

I_d = 전류의 직류성분[A]

B = 잡음대역폭[Hz]

이 식의 중요성은 잡음전류를 쉽게 측정할 수 있는 항이 표시된다는 것이며, 이는 잡음을 측정하는 기본적인 방법의 하나로 사용되고 있다.

③ **저주파잡음** : 전기접점에서 발생하는 접촉잡음 등으로, 보통 1[kHz] 이하의 신호에 영향을 준다.

④ **시스템잡음** : PCM신호 발생시의 양자화잡음 등 신호가 있을 때만 발생한다.

[예제 3-6] 2.7[KΩ]의 저항기에 50[℃]에서 동작하는 경우, 만약 측정된 잡음의 대역폭이 1[MHz]이라면, 이때 유효잡음전력과 실용잡음전압은 얼마인가?

◀풀이▶ $P_n = kTB$

$= (1.38 \times 10^{-23})(273+50)(1 \times 10^6)$

$= \mathbf{4.46 \times 10^{-15}}\,[\mathrm{w}]$

$E_n = \sqrt{4kTBR} = \sqrt{4P_nR}$

$$= \sqrt{4(4.46 \times 10^{-15})(2.7 \times 10^3)}$$
$$= 6.94 \times 10^{-6}[\mathrm{V}] = \mathbf{6.94}[\mu\mathrm{V}]$$

3. 주파수스펙트럼의 형태에 따른 잡음

[그림 3-7]은 통신신호의 확률적신호에서 많이 사용되는 **가우시안**(Gaussian) **함수**의 푸리에변환쌍을 나타낸다. 우리가 알고 있는 정규분포란 통계적이 모집단이 클수록, 신장이나 지능의 분포 등 자연현상에서 찾아볼 수 있는 많은 현상들은 그 발생확률이 **가우시안 확률함수**(gaussian probability function)에 가깝게 일어난다는 것이다. [그림 3-7]에서 가우시간함수는 특이하게도 시간영역과 주파수영역의 형태가 같은 함수라는 것을 알 수 있다.

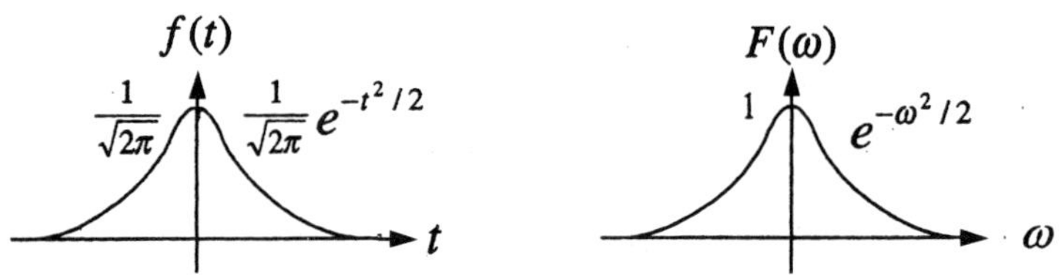

[그림 3-7] 가우시안함수의 푸리에변화쌍

따라서, 주파수스펙트럼에의 형태에 따라서 잡음을 분류하면 다음과 같다.

① **백색잡음** : 모든 주파수대역에서 균일한 전력밀도 스펙트럼을 갖는 잡음을 **백색잡음**(white noise)이라고 하며, 백색이란 용어는 모든 파장에 대해서 균일한 전력분포를 백색광에서 유래된 말이다. [그림 3-8](a)의 백색잡음에서 $|N(f)|$는 잡음전력을 뜻한다.

② **가우시안잡음** : 잡음의 발생확률 밀도함수가 가우시안함수의 형태를 갖는 잡음을 **가우시안잡음**(gaussian noise)이라 한다. [그림 3-8](a),(b)에서 $P(f)$는 잡음발생확률을 뜻한다.

③ **백색 가우시안잡음** : 모든 주파수 범위에서 균일한 발생확률 밀도함수를 갖는 잡음을 **백색 가우시안잡음**(white gaussian noise)이라 한다.

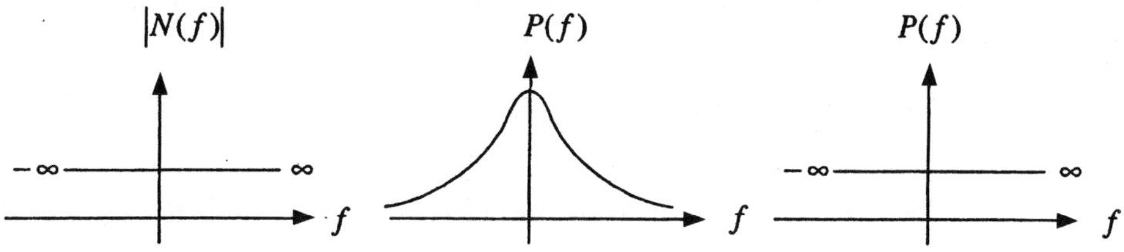

(a) 백색잡음 (b) 가우시안잡음 (c) 백색 가우시안잡음

[그림 3-8] 스펙트럼의 형태에 따른 잡음분류

3-7 잡음의 측정

통신시스템에서 동일한 잡음량이라도 신호가 약할 때와 강할 때에 서로 미치는 영향력이 다르므로 양자의 상대적인 크기로 평가한다. 그래서 잡음측정의 유용한 방법인 **신호대잡음비**(signal to noise ratio)와 **잡음지수**(noise figure)에 대해 알아보자

1. 신호대잡음비

잡음은 **랜덤과정**(random process)이다. 그러므로 잡음을 하나의 값이나 식으로 표현할 수 없다. 이때 유용한 값의 표현이 자승의 평균값에 제곱근이 rms(root mean square)이다. 일반적으로 잡음이 0.3[V]라 하면, 실제의 의미는 잡음의 rms 값이 0.3[V]이라는 뜻이다.

잡음의 값은 단독으로 쓰이면 정확한 의미를 알 수 없다. 이때 사용되는 값이 **신호대잡음비**(SNR, signal to noise ratio)이다.

SNR은 원하는 신호가 원치 않는 잡음과 비교하여 얼마나 큰가를 dB의 크기를 표현한 값이다.

즉, 신호전력의 크기를 S, 잡음전력의 크기를 N이라 할 때

$$SNR = 10\log\frac{S}{N}[\mathrm{dB}] \tag{3.12}$$

로 표현되는데, 어느 상태하에서나 SNR(S/N비)를 높게 유지하는 것이 바람직하다.

실제의 통신에서 잡음의 통화에 대한 영향은 신호의 대역폭 등에 좌우되는데, 대체로 〈표 3-3〉과 같다.

〈표 3-3〉 SNR의 평가

S/N[dB]	현 상
0	잡음 중에는 신호는 들리지만 통화 불능이다.
10	잡음이 매우 크지만 통화는 가능하다.
20	통화는 가능하지만 잡음이 있다.
30	잡음이 들리지만 통화에는 지장이 엇다.
40	잡음이 약간 들린다.
50	잡음이 거의 들리지 않는다.
60	무잡음 상태로 볼 수 있다.

한편, 원격통신에서 여러 개의 통신시스템이 직렬로 연결되어 있을 때, 전체 SNR 값은 하나의 값보다 작게 된다. 만약 P_s가 전송되는 M개의 시스템이 직렬로 연결되어 있다면, 이때 출력에서의 전체 SNR 값은 다음과 같이 표시된다.

$$\text{전체 SNR} = 10\log\left(\frac{P_s}{P_{n1} + P_{n2} + \cdots + P_{nm}}\right)$$

여기서 잡음전력이 $P_m = P_{n2} = \cdots\cdots = P_{nM} = P_n$이라 한다면 위의 식은

$$\text{전체 } SNR = 10\log\left(\frac{P_s}{MP_n}\right) = 10\log\left(\frac{P_s}{P_n}\right) - 10\log M \tag{3.13}$$

와 같이 표시된다.

[예제 3-7] 다음과 같이 시간의 흐름에 따라 잡음값이 측정되었다면, 이때 잡음의 rms 값을 구하여라.

◀풀이▶ 7, 10, −7, 35, −10[mV]

$$s = \frac{\sqrt{7^2 + 10^2 + (-7)^2 + 35^2 + (-10)^2}}{5} \fallingdotseq \mathbf{17.45}[\text{mV}]$$

[예제 3-8] 신호의 전압이 100[V], 잡음의 전압이 10[V]인 시스템의 SNR의 값은 얼마인가?

◀풀이▶ $\frac{S}{N} = \frac{V_2^{\ 2}}{V_n^{\ 2}} = \frac{10000}{100} = 100$

$$\therefore SNR = 10\log\frac{S}{N} = 10\log 100 = \mathbf{20}[\text{dB}]$$

[예제 3-9] 직렬로 10개가 연결된 각 통신링크의 SNR 값이 50일 때, 전체의 SNR 값은 얼마인가?

◀풀이▶ $SNR = 50 - 10\log 10 = 50 - 10 = \mathbf{40[dB]}$

2. 잡음지수

통신시스템에서 내부잡음이 없다면 입력단 SNR과 출력단 SNR은 같다. 그러나 실제는 열잡음 등의 내부잡음이 존재하므로 다음과 같은 **잡음지수**(noise figure) NF로 평가한다.

$$NF = 10\log\frac{\text{입력단의 } SNR}{\text{출력단의 } SNR} = 10\log\frac{(S/N)_i}{(S/N)_0}[\text{dB}] \tag{3.14}$$

또한, 실제의 통신시스템은 흔히 종속적으로 연결된 부분시스템으로 구성되고 있으므로 전체 잡음지수에 관심을 갖는다. [그림 3-9]와 같이 부분시스템을 종속접속한 N단(stage)의 종속된 시스템의 전체 잡음지수는 Friis의 공식에 의하여 다음과 같이 주어진다.

$$NF = F_{1} + \frac{F_2 - 1}{G_1} + \frac{F_3 - 1}{G_1 G_2} + \ldots\ldots + \frac{F_n - 1}{G_1\ G_2 \ldots\ldots G_n - 1} \quad (3.15)$$

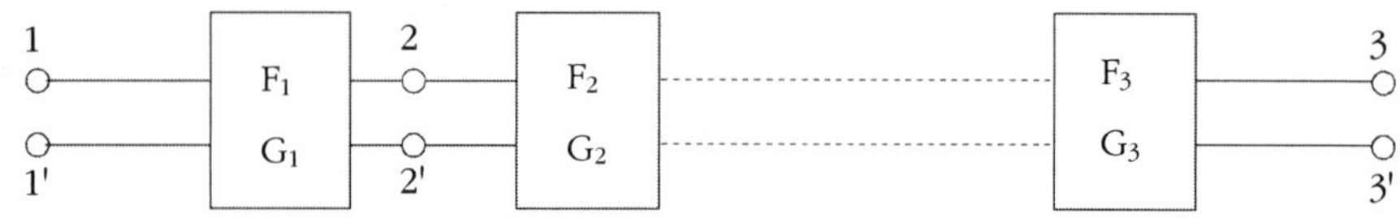

[그림 3-9] n단의 종속접속 시스템

위의 식을 보면 전체 잡음지수는 첫단 시스템의 이득과 잡음지수가 매우 큰 영향을 미치는 것을 알 수 있다.

이와 같이 수신기에 입력된 신호의 크기가 미약하므로 시스템전체의 이득을 키우는 것도 중요하지만 시스템 전체의 잡음지수를 낮추는 것도 그 못지 않게 중요하다. 이 두가지 중요한 점을 동시에 해결하는 방법이 바로 첫단 증폭기의 잡음지수를 낮추고 다음 단들의 증폭도를 높이는 방법이다.

[예제 3-10] 입력 신호전력 2[W], 입력 잡음전력 0.03[W], 출력 신호전력 20[W], 출력 잡음전력이 0.6[W]인 통신시스템의 잡음지수 NF는 얼마인가?

◀풀이▶ $NF = 10\log\frac{\frac{2}{0.03}}{\frac{2.0}{0.6}} = 10\log\frac{1.2}{0.6} = 10\log 2 ≒ \mathbf{3}[\mathrm{dB}]$

[예제 3-11] 이득이 9.5[dB]이고, 잡음지수가 7[dB]인 증폭기 후단에 잡음지수가 10[dB]인 증폭기가 있다. 이 시스템의 전체 잡음지수는 얼마인가?

◀풀이▶ $NF = F_1 + \frac{F_2 - 1}{G_1} = 7 + \frac{10-1}{9.5} = \mathbf{7.8[dB]}$

연습문제

1. 유선 전송매체를 분류하고 비교 설명하여라.

2. 동축케이블의 특징을 설명하여라.

3. 광섬유케이블의 특징을 설명하여라.

4. 무선 전송매채를 분류하고 비교 설명하여라.

5. 마이크로파의 특징을 설명하여라.

6. 마이크로파와 라디오파의 주파수 대역별로 분류하고, 그 명칭과 용도를 쓰라.

7. 발생원에 따라 잡음을 분류하고 간략히 기술하여라.

8. 주파수스펙트럼에 따라 잡음을 분류하고 간략히 기술하여라.

9. 0[dB]의 의미를 설명하여라.

10. 전압신호 $v(t) = 5 + 10\sqrt{2}\sin\omega t + 5\sqrt{2}\cos\left(3\omega t + \frac{\pi}{3}\right)$의 rms 전압값을 구하여라.

답 $s = \sqrt{V_0{}^2 + V_1{}^2 + V_3{}^2}$ 로부터 rms = **12.25**[V]

11. 저항 12[Ω]에 걸리는 전압전원 $v(t) = 10\sqrt{3}\sin(377t + 30°)$의 평균전력을 구하여라.

답 $P = \frac{V^2}{R} = \left(10\frac{\sqrt{3}}{\sqrt{2}}\right)^2 \times \frac{1}{12} =$ **12.5**[W]

12. 잡음이 10, 20, 30[mV]인 3개의 이산신호의 rms의 잡음 값을 구하여라.

답 $\text{rms} = \sqrt{\dfrac{10^2 + 20^2 + 30^2}{3}} ≒ \mathbf{21.6}[\text{mV}]$

13. 어떤 시스템의 증폭기에서 전력을 10배 증가시키면, 이 증폭기의 전력이득 G는 몇 [dB]인가?

답 $G = 10\log\dfrac{P_0}{P_i} = 10\log\dfrac{10}{1}$ 로부터 $G = \mathbf{10}[\text{dB}]$

14. 이득이 40[dB]인 증폭기의 출력단에서 100[V]의 신호가 나온다면 입력단에 가해진 전압은?

답 $40 = 20\log\dfrac{V_0}{V_i}, \dfrac{V_0}{V_i} = 10^2$ 로부터 $V_i = \mathbf{1}[\text{V}]$

15. 10[W]의 신호를 [dBm]으로 표시하여라.

답 $\text{dBm} = 10\log\dfrac{10}{10^{-3}} = \mathbf{40}[\text{dBm}]$

16. -20[dBm] 신호는 실제로 몇 [mW]의 전력을 가진 신호인가?

답 $-20[\text{dBm}] = 10\log\dfrac{P_0}{10^{-2}}[\text{dBm}]$에서 $P_0 = 10^{-5}[\text{W}] = \mathbf{0.01}[\text{mW}]$

17. -20[dBm] 신호는 실제로 얼마의 전압을 가진 신호인가?

답 $-20[\text{dBV}] = 20\log\dfrac{V_0}{1}[\text{dBV}]$로부터 $V_0 = 10^{-1} = \mathbf{0.1}[\text{V}]$

18. 직렬로 10개 연결된 각 통신링크에서 각 링크의 SNR가 30[dB]로 모두 같다고 할 때 전체의 SNR을 구하여라

답 전체 $\text{SNR} = 10\log\left(\dfrac{P_s}{P_n}\right) - 10\log 10 = \mathbf{20}[\text{dB}]$

19. 입력신호가 300[W]이고 입력잡음이 0.1[W], 출력신호가 60[W]이고 출력잡음이 2[W]인 증폭기의 잡음지수 NF는 몇 [dB]인가?

답 $NF = 10\log\dfrac{\dfrac{300}{0.1}}{\dfrac{60}{2}} = \mathbf{20}[\text{dB}]$

20. 293[Ω]의 저항기에 27[℃]에서 동작하는 시스템의 경우, 측정된 잡음의 대역폭이 10[kHz]이다. 이때 열잡음 전압은 몇 [μV]인가?

답 $E_n = \sqrt{4RkTB}$ 로부터 $E_n = \mathbf{0.22}[\mu\text{V}]$

21. 전치 증폭기의 이득이 10배, 잡음지수가 2이고, 주 증폭기의 이득이 100배, 잡음지수가 2인 경우 시스템의 전체이득 G와 전체 잡음지수 F를 구하여라.

답 $NF = F_1 + \dfrac{F_2 - 1}{G_1} = 2 + \dfrac{2-1}{10} = \mathbf{2.1}$

22. 3단의 부분 시스템이 종속으로 연결된 통신시스템에서 각단의 이득이 5[dB], -7[dB], 9[dB]일 때 총 이득은 몇 [dB]인가?

답 **7**[dB]

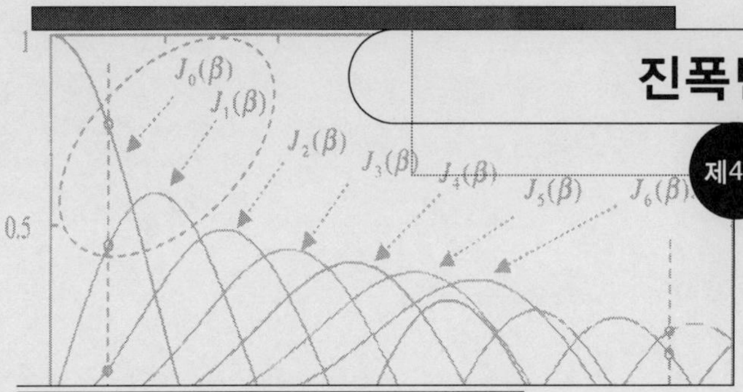

제4장 진폭변조

4-1 변조의 개념

1. 변조의 정의

주파수대역이 20[Hz]~20[kHz]인 **가청주파수**(AF : Audio Frequency)인 저주파는 사람의 귀에는 들리나 진동수가 낮아서 전파가 멀리 발사되지 못하나, 주파수대역이 30[kHz] 이상인 **무선주파수**(RF : Radio Frequency)인 고주파는 귀에는 들리지 않으나 멀리 발사할 수 있으므로 통신에는 이들 저주파와 고주파가 모두 필요하다. 여기서 멀리 날아갈 수 있는 고주파에 들을 수 있는 저주파를 싣는 것을 **변조**(modulation)라고 한다.

이때, 주파수대역이 100[Hz]~8[kHz]인 **음성주파수**(VF : Voice Frequency)와 주파수대역이 300[Hz]~3.4[kHz]인 **전화주파수**(TF : Telephone Frequency)와 같은 저주파를 **신호파**(signal wave) 또는 **변조파**(modulatiing wave), 높은 주파수의 고주파를 **반송파**(carrier wave), 변조된 파를 **피변조파**(modulated wave)라 하며 수신기에 날아온 피변조파에서 원래의 신호파를 찾아내는 것을 **복조**(demodulation) 또는 **검파**(detection)라고 한다.

2. 변조의 종류

신호파를 반송파에 싣는 방법은 일반적으로 다음과 같이 분류한다.

$$e = E\sin(2\pi f t + \theta) \qquad (4.1)$$

(e ↑ 피변조파, E ↑ 진폭, f ↑ 주파수, θ ↑ 위상)

① **진폭변조**(AM : Amplitude Modulation) : 주파수와 위상은 반송파의 주파수와 위상으로 일정하고 신호파의 진폭에 따라 진폭이 변하는 방식, 즉 반송파의 진폭 E에 신호파를 싣는 방식이다.

② **주파수 변조**(FM : Frequency Modulation) : 진폭과 위상은 반송파의 진폭과 위상으로 일정하고 신호파의 주파수에 따라 반송파의 주파수가 변하는 방식, 즉 반송파의 주파수 f에 신호파를 싣는 방식이다.

③ **위상변조**(PM : Phase Modulation) : 진폭과 주파수는 반송파의 진폭과 주파수로 일정하고 신호파의 위상에 따라 반송파의 위상이 변하는 방식, 즉 반송파의 위상 θ에 신호의 신호를 싣는 방식이다.

주파수 변조(FM)과 위상변조(PM)는 모두 각속도를 변화시키는 것이므로 이 2개를 합쳐서 **각변조**(angle modulation) 또는 **각도변조**라고 한다.

④ **펄스변조**(pulse modulation) : 반송파로서 정현파(sine wave)를 사용하지 않고 **펄스파**(pulse wave)를 사용하는 변조를 말하며, 펄스 변조에는 펄스진폭변조(PAM), 펄스폭변조(PWM), 펄스위치변조(PPM), 펄스주파수변조(PFM), 펄스수변호(PNM) 및 펄스부호변조(PCM) 등이 있다.

3. 변조의 필요성

정보신호를 효율적으로 전송하기 위해서 고주파에 신호파를 실어 보내는 변조의 필요성을 열거하면 아래와 같다.

① **용이한 복사** : 효율적인 전파복사를 위해서는 적어도 1/4파장 크기의 안테나가 필요하다. 이때 파장은 아래 식으로 구한다.

$$\lambda(\text{파장}) = \frac{c(\text{속도})}{f(\text{주파수})} \tag{4.2}$$

여기서 전파속도 c는 진공에서 빛의 속도 $c = 3 \times 10^8$[m/s]이다.

예를 들어 가청주파수 20[Hz]~20[kHz]에 관계되는 파장을 계산할 때 f =20[Hz]일 경우에는 $\lambda = 15 \times 10^6$[m]가 되어, 안테나의 길이를 $\frac{\lambda}{4}$로 해도 3750[km] 크기의 안테나가 필요하게 된다. 한편 $\lambda = 20$[kHz]의 경우

에도 필요한 안테나의 길이는 3.75[km]가 되므로 실제로 사용하기에는 비현실적이다. 이 경우에 변조가 갖는 주파수에 따른 복사의 성질을 이용하면 신호파를 고주파의 반송파에 실을 수 있으므로 안테나의 길이를 대폭 줄일 수 있게 된다. 즉 반송파가 88~108[MHz] 범위에 있는 FM 방송 대역에서는 안테나의 길이가 1[m] 내외이면 수신이 가능하다.

② **주파수 할당** : TV나 라디오로 여러 방송국전파 중에서 한 전파를 선택하여 수신할 수 있는 것은 각 방송국이 서로 다른 할당된 반송주파수를 갖기 때문이다. 만일 변조를 이용하지 않고 2개 이상의 방송국이 동일한 매개체로 전송할 경우에는 간섭신호에 의한 혼신이 발생하게 된다.

③ **다중화** : 여러 반송파를 사용하여 각각의 신호를 변조시키면, 주파수분할의 다중통신과 같이 하나의 전송에 많은 수의 통신접속을 구성할 수 있다.

④ **잡음성분의 억제와 간섭의 제거** : 시스템에서의 잡음과 간섭을 완전히 제거하는 것은 불가능하지만, 전송대역폭을 넓게 한 광대역변조방식을 이용함으로써 복조단계에서 유해 잡음과 간섭을 억제할 수 있다. 이것의 예로써 광대역 FM과 PCM 방식이 있다.

⑤ **전송손실의 보상** : 무선전송시 페이딩(fading) 등과 같은 시간적 변동에 따른 손실을 보상할 수 있고, 진폭의 변화에 대해서도 각변조를 사용함으로써 주파수 특성에 미치는 영향을 제거할 수 있다.

[예제 4-1] 100[MHz] 신호에 대한 FM라디오에서 수신안테나의 길이를 구하여라.

◀풀이▶ 파장을 λ, 안테나의 길이를 ℓ이라 하면

$$\lambda = \frac{c}{f} = \frac{3 \times 10^8}{100 \times 10^6} = 3[m]$$

$$\therefore \ell = \frac{\lambda}{4} = \frac{3}{4} = 0.75[m] = 75[cm]$$

4-2 진폭변조

반송파의 진폭이 변조파의 진폭에 비례하여 만들어지는 변조방식이 **진폭변조**(amplitude modulation)이라 하였다. 이제 진폭변조를 세부적으로 알아 보자.

1. 피변조파의 일반식과 변조지수

[그림 4-1](a)의 반송파 e_c의 진폭이 E_c일 때

$$e_c = E_c \sin\omega_c t$$

[그림 4-1](b)의 변조파, 즉 신호파 e_s의 진폭을 E_s이라 할 때

$$e_s = E_s \sin\omega_s t$$

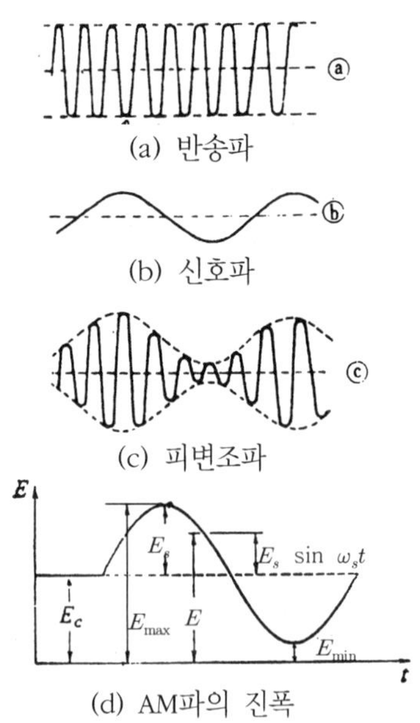

[그림 4-1] AM파의 진폭

[그림 4-1](c)의 피변조파 e의 진폭 E는

$$E = E_c + e_s = E_c + E_s \sin\omega_s t$$

따라서 피변조파의 순시값 e는

$$e = E\sin\omega_c t$$
$$= (E_c + E_s\sin\omega_s t)\sin\omega_c t \qquad (4.3)$$

또한 $\dfrac{E_s}{E_c} = m$이라 할 때

$$e = E_c(1 + \frac{E_s}{E_c} sin\omega_s t)\sin\omega_c t$$
$$= E_c(1 + m\sin\omega_s t)\sin\omega_c t \qquad (4.4)$$

여기서 m을 **변조지수**(modulation index) 또는 **변조도**라 하며, 그 백분율을 **변조율**이라 한다. 즉

$$m = \frac{\text{변조파의 진폭}}{\text{반송파의 진폭}}\frac{E_s}{E_c} = \frac{E_s}{E_c} \times 100[\%] \qquad (4.5)$$

변조도 m은 0과 1 사이의 값으로 $m = 1$, 즉 $E_s = E_c$일 때 100% 변조라 하고, $m > 1$, 즉 $E_s > E_c$이면 과변조, $m < 1$, 즉 $E_x < E_c$이면 부족변조가 된다.

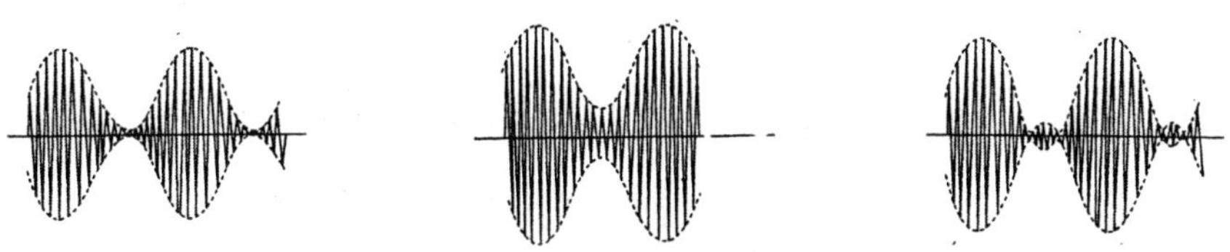

(a) $m = 1$(100% 변조) (b) $m < 1$(부족변조) (c) $m > 1$(과변조)

[그림 4-2] 변조도에 따른 피변조파

과변조이면 신호에 왜곡이 발생되고, 점유 주파수 대역폭이 넓어진다. 따라서 통신시스템에 적절한 값의 $m \leq 1$을 선택해야 한다. [그림 4-2]에 변조도에 따른 피변조파를 나타내었다.

피변조파는 상하 2개의 포락선 사이에 있으며 주파수는 무변조시의 반송파 주파수와 같다.

[그림 4-1] (d)로부터 변조지수를 알아보면

$$E_s = \frac{E_{\max} - E_{\min}}{2}$$

$$E_c = E_{\max} - E_s = E_{\max} - \frac{E_{\max} - E_{\min}}{2}$$

$$= \frac{E_{\max} + E_{\min}}{2}$$

따라서

$$\boldsymbol{m = \frac{E_s}{E_c} = \frac{E_{\max} - E_{\min}}{E_{\max} + E_{\min}}} \tag{4.6}$$

또한

$$m = \frac{E_s}{E_c} = \frac{(E_c + E_s) - E_c}{E_c}$$

$$= \frac{\textbf{\textit{AM}신호의 최대값} - \textbf{반송파의 진폭}}{\textbf{반송파의 진폭}} \tag{4.7}$$

[예제 4-2] 진폭변조에서 반송파의 최대진폭이 10[V] 변조파(신호파)의 최대진폭이 8[V]이라면 이때의 변조율 m은 얼마인가?

◀풀이▶ $m = \frac{8}{10} \times 100 = \mathbf{80}[\%]$

[예제 4-3] AM신호가 [그림 4-3]과 같을 때 변조지수는 얼마인가?

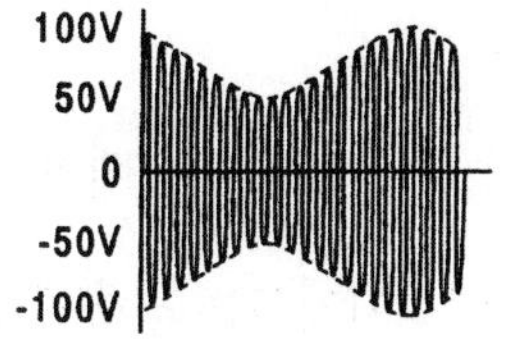

[그림 4-3]

◀풀이▶ $m=\frac{100-50}{100+50}=\frac{50}{150}=\frac{1}{3}$

[예제 4-4] 변조되기 전의 반송파의 진폭이 100[V]이고, 변조된 신호의 최대크기가 190[V]이면 변조지수 m은 얼마인가?

◀풀이▶ $m=\frac{190-100}{100}=\frac{90}{100}=0.9$

2. 측파대와 주파수스펙트럼

피변조파

$e=E_c(1+m\sin\omega_s t)\sin\omega_c t=E_c\sin\omega_c t+mE_c\sin\omega_s t\cdot\sin\omega_c t$에

$\sin x\sin y=\frac{1}{2}\cos\{(x-y)-\cos(x+y)\}$의 삼각함수 공식을 적용하면

$$e=E_c\sin\omega_c t+\frac{mE_c}{2}\cos(\omega_c-\omega_s)t-\frac{mE_c}{2}\cos(\omega_c+\omega_s)t$$

(반송파) (하측파대) (상측파대) (4.8)

식 (4.8)을 살펴보면 제1항은 무변조된 반송파 그 자체로서 진폭변조의 과정은 반송파를 변화시킨다기보다는 무변조된 파에 변조파를 첨가시켜 주는 것이다.

제 2, 3항의 두 항은 측파대를 나타내며, 제1항의 반송주파수 f_c 외에

$f_c \pm f_s$의 성분이 있으며, 주파수$(f_c - f_s)$ 성분의 제2항을 **하측파대**(LSB : Lower Side Band), $(f_c + f_s)$ 성분의 제3항을 **상측파대**(USB : Upper Side Band)라 한다.

상・하측파대의 진폭은 반송파의 $\frac{m}{2}$배이고 대역폭은 변조주파수의 2배인 $2f_s$[Hz]가 된다. 이와 같이 AM에서는 반송파를 중심으로 상하에 측파대가 발생하는데 이것을 그대로 전부 전송하는 방식을 **양측파대**(DSB : Double Side Band)라 하며, 한쪽의 측파대만을 전송하는 방식을 **단측파대**(SSB : Single Side Band)라고 한다.

[그림 4-4]는 **주파수스펙트럼**(frequency spectrum)을 나타내며, [그림 4-4](a)는 3개의 분리된 주파수는 중심주파수는 반송파로 최고의 진폭을 나타내고, 다른 2개의 주파수의 진폭은 같으며 반송파 진폭의 $\frac{1}{2}$을 초과할 수 없다. 그리고 [그림 4-4](b)는 음성파로 변조된 AM파의 주파수 스펙트럼을 나타낸다.

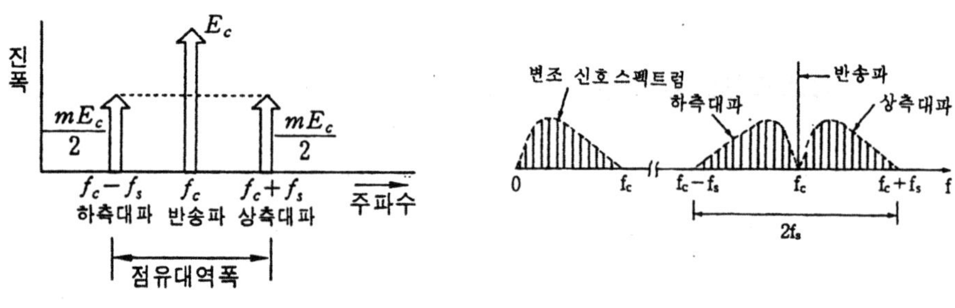

[그림 4-4] AM파의 주파수 스펙트럼

[예제 4-5] AM파가 $e_{AM} = (200 + 60\sin 400\pi t)\sin 10^5 \pi t$[V]로 표시될 때 변조도 m와 상측파대의 주파수 f를 구하여라.

◀풀이▶ $m = \frac{E_s}{E_c} = \frac{60}{200} = \mathbf{0.3}$

$$f = f_c + f_s = \frac{400\pi}{2\pi} + \frac{10^5\pi}{2\pi} = \mathbf{50.2}\text{[kHz]}$$

3. AM 신호의 전력

AM 신호(피변조파)

$$e = E_c \sin \omega_c t + \frac{m}{2} E_c \cos(\omega_c - \omega_s)t - \frac{m}{2} E_c \cos(\omega_c + \omega_s)t$$

가 저항 $R=1[\Omega]$에 인가될 때

$$\text{반송파전력 } P_c = E_c^{\ 2} = \left(\frac{E_c}{\sqrt{2}}\right)^2 = \boldsymbol{\frac{E_c^{\ 2}}{2}}$$

$$\text{하측파대전력 } P_L = \left(\frac{m}{2}\frac{E_c}{\sqrt{2}}\right)^2 = \frac{m^2 E_c^{\ 2}}{8} = \boldsymbol{\frac{m^2}{4} P_c}$$

$$\text{상측파대전력 } P_u = \left(\frac{m}{2}\frac{E_c}{\sqrt{2}}\right)^2 = \frac{m^2 E_c^{\ 2}}{8} = \boldsymbol{\frac{m^2}{4} P_c} \qquad (4.9)$$

$$\text{양측파대전력 } P_D = P_u + P_L = \frac{m^2 E_c^{\ 2}}{4} = \boldsymbol{\frac{m^2}{2} P_c}$$

$$\text{전체전력 } P_T = P_c + P_D = P_c + \frac{m^2}{2} P_c = \boldsymbol{P_c\left(1 + \frac{m^2}{2}\right)}$$

또한 **전송효율** μ는

$$\mu = \frac{P_D}{P_T} = \frac{\frac{m^2}{2} P_c}{P_c\left(1 + \frac{m^2}{2}\right)} = \boldsymbol{\frac{m^2}{2 + m^2}}$$

여기서 $0 \le m \le 1$이므로 $0 \le \mu \le \frac{1}{3}$이 된다.

또한, 위 식들에서

$\boldsymbol{m}=0$이면 $P_T = P_c\left(1 + \frac{m^2}{2}\right) = P_c$이므로 정보신호는 없고 반송파만 전송되는 경우이다.

$\boldsymbol{m}=1$이면 $P_T = P_c\left(1 + \frac{1}{2}\right) = \frac{3}{2} P_c$에서 $P_c = \frac{2}{3} P_T$이므로 100% 변조시 정보신호가 없는 반송파에서 전체전력의 $\frac{2}{3}$가 소모된다.

SSB에서 $m=1$일 때 실제 신호전송에 사용된 전력은

$$\frac{P_u}{P_T}=\frac{\frac{m^2}{4}P_c}{P_c\left(1+\frac{m^2}{2}\right)}=\frac{m^2}{4+2m^2}=\frac{1}{6}$$

$$P_u=\frac{1}{6}P_T$$

와 같이 전체전력 $\frac{1}{6}$만이 사용됨을 알 수 있다.

이와 같이 AM신호는 정보신호보다 반송파에서 더욱 많은 전력을 소모한다는 단점이 있지만, 송수신장치가 간단하고 비용이 적으며 반송파의 크기가 크므로 수신기의 동조 및 복조회로를 만들기 쉽다는 장점이 있다.

[예제 4-6] 반송파 전력이 50[KW]인 경우 80[%]로 진폭변조하였을 때 피변조파 전력은 얼마인가?

◀풀이▶ $P_T=P_c\left(1+\frac{m^2}{2}\right)=50\left(1+\frac{0.8^2}{2}\right)=\mathbf{66}[\mathrm{kW}]$

[예제 4-7] 전송장치에서 최대 100[W]를 쓸 수 있을 때 변조지수 25[%]로 변조하면 반송파의 양측파대의 전력은 얼마인가?

◀풀이▶ 반송파전력 P_c는

$$P_c=P_T\times\frac{1}{1+\frac{m^2}{2}}=100\times\frac{1}{1+\frac{0.25^2}{2}}=96.97[\mathrm{W}]$$

따라서 양측파대전력 P_D는

$$P_D=P_T-P_c=100-96.97=\mathbf{3.03}[\mathrm{W}]$$

4. AM 통신방식

피변조파에서 반송파와 측파대를 전송하는 방식에 따라 다음과 같이 통신방식을 분류한다.

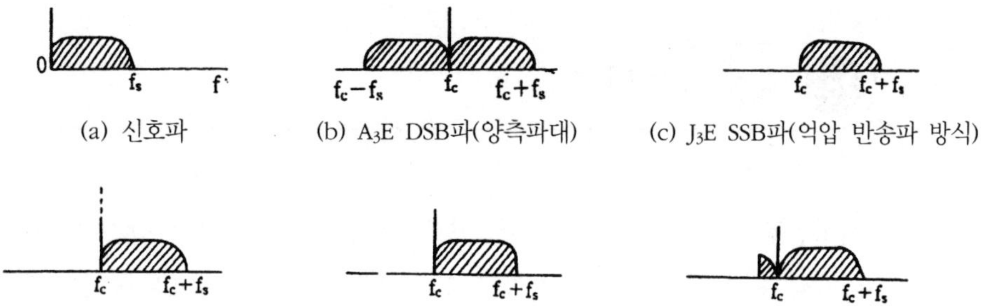

(a) 신호파 (b) A_3E DSB파(양측파대) (c) J_3E SSB파(억압 반송파 방식)

(d) R_3E SSB파(저감 반송파 방식) (e) H_3E SSB파(전반송파 방식) (f) VSB파(잔류 측파대 방식)

[그림 4-5] AM 통신방식

① [그림 4-5](a)는 보내고자 하는 원래신호파이다.

② [그림 4-5](b)는 A_3E DSB 또는 DSB-LC(Double Side Band-Large Carrier)이라 하며 반송파주파수 f_c를 중심으로 양측파대가 있는 변조로 상업용 AM방송에 사용되며, AM이라고 하면 보통 DSB-LC를 말한다. 아울러 DSB-SC(Double Side Band Suppressed Carrie)란 반송파억압 양측파대변조를 말하며 그냥 DSB라고 하기도 한다. 주로 point-to-point 통신에 사용된다.

③ [그림 4-5](c)는 측파대의 한쪽과 반송파를 제거한 억압반송파방식(J_3E)이며, SSB(Single Side Band) 단측파대 변조방식은 선박, 비행기 등에서 주로 사용된다.

④ [그림 4-5](d)는 한쪽의 측파대를 제거하고 동기를 쉽게 잡을 수 있도록 반송파를 잔류한 방식 (R_3E)이다.

⑤ [그림 4-5](e)는 한쪽 측파대만 제거한 것으로 이러한 방식을 전방송파 방식(H_3E)이다.

⑥ [그림 4-5](f)는 **잔류측파대**(VSB : Vestigial Side Band)로서 한쪽 측파대 중 직류에 가까운 성분만 남기고 나머지를 제거한 방식으로 팩시밀리, data 신호, TV의 영상신호 등에 사용된다.

4-3 AM 송신기

진폭변조 송신시스템의 구성은 크게, 반송파를 생성하는 발진기, 변조회로, 증폭기로 되어 있다. 수 [km] 정도의 통신을 위한 전송시스템에서는 수 [watt] 정도의 전력만 필요하나, 수 천 [km]에 달하는 통신에서는 수 백, 수 천 [watt] 전력이 필요하다.

진폭변조 송신시스템의 기본구성형태는 다음과 같다.

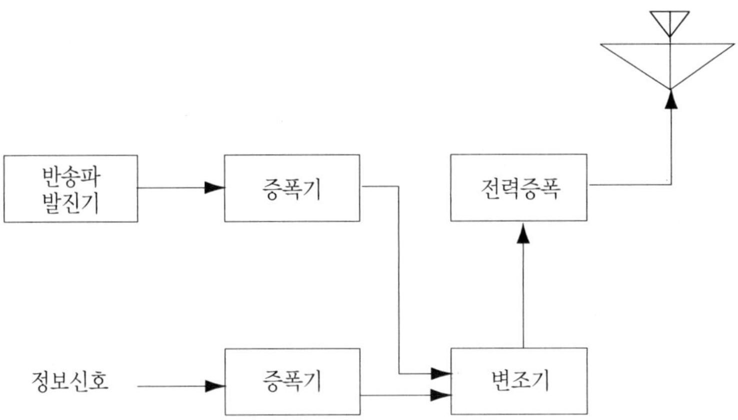

[그림 4-6] 변조방식 계통도

변조방식 [그림 4-6]은 반송파가 생성되어 최종전력수준까지 증폭된 후 정보신호가 고출력 반송파를 변조한다. 이 방식에서는 정보신호를 보통 수백, 혹은 수 천 [watt]의 반송파를 싣게 된다. 그러므로 정보신호는 변조지수를 높이기 위해 왜곡없이 충분히 증폭되어야 하고 반송파 역시 충분히 증폭되어야 한다. 반송파는 약간의 비선형성을 지닌 증폭기와 여파기를 통해서 좀더 효율적인 증폭이 이루어질 수 있다.

변조기에는 자승변조기, 링변조기, 평형변조기, 콜렉터변조기 등 여러 종류가 있으나, 여기서는 **자승변조**의 원리에 대해서 알아본다.

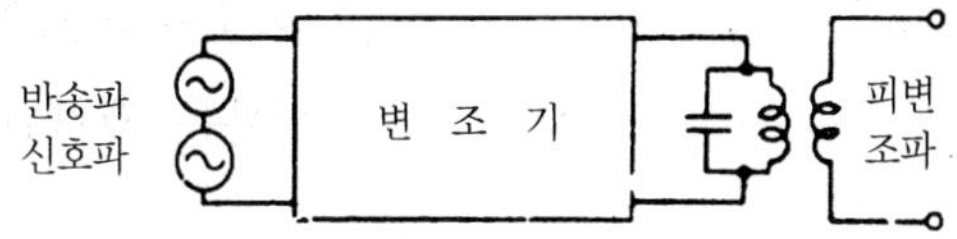

[그림 4-7] 자승변조기

진폭변조파인 피변조파를 얻으려면 [그림 4-7]과 같이 비선형소자(diode, TR)의 입출력특성을 이용한 변조기에 반송파와 신호파를 직렬로 가하여 그 출력으로부터 진폭변조파를 얻는다.

이제, 반송파전압 $v_c = \sin\omega_c t$, 신호파전압 $v_s = V_s \sin\omega_s t$라 입력하면, 입력전압 V는

$$V = V_c + V_s = V_c \sin\omega_c t + V_s \sin\omega_s t \tag{4.10}$$

이고, v와 출력전류 i사이는 비직선성에 의해서 (3승 이하는 생략)

$$i = \alpha_0 + \alpha_1 v + \alpha_0 v^2 \tag{4.11}$$

여기서 α_0, α_1, α_2는 특성곡선에 따른 정수이다. 따라서 식 (4.11)에 식 (4.10)을 대입하고 정리하면

$$\begin{aligned} i &= \alpha_0 + \alpha\alpha_1(V_c \sin\omega_c t + V_s \sin\omega_s t) + \alpha_2(V_c \sin\omega_c t + V_s \sin\omega_s t)^2 \\ &= \alpha_0 + \alpha_1 V_c \sin\omega_c t + \alpha_1 V_s \sin\omega_s t + \frac{1}{2}\alpha_2 V_s{}^2 \\ &\quad + \alpha_2 V_c V_s \cos(\omega_c - \omega_s)t + \alpha_2 V_c V_s \cos(\omega_c + \omega_s) \\ &\quad - \frac{1}{2}\alpha_2 V_c{}^2 \cos 2\omega_c t - \frac{1}{2}\alpha_2 V_s^2 \cos 2\omega_s t \end{aligned}$$

로 되고, 이 진폭변조기의 출력전류 중에는 직류분, 반송파성분, 신호파성분, 반송파의 제2고조파성분, 신호파의 제2고조파성분, $f_c \pm f_s$의 주파수성분 등 많은 종류의 주파수성분이 포함되어 있다.

[그림 4-7]과 같이 변조기의 출력측에 반송주파수 f_c에 동조시키면 f_c에 가까운 $f_c \pm f_s$의 주파수성분만 남고 다른 성분은 제거된다.

4-4 AM 수신기

1. 수신기의 방식

수신기는 모든 다른 불필요한 신호로부터 희망하는 신호를 골라내어 증폭 및 복조의 기능을 가지는 기기로서 수신기의 종류는 수신주파수대, 전파형식, 통신방식 및 용도 등에 의해서 분류되지만, 일반적으로 회로방식에 의하면 **스트레이트**(straight) **방식**과 **헤테로다인**(heterodyne) **방식**이 있다.

스트레이트 방식은 고주파 증폭부에 검파회로가 직결되어 있는 방식으로 회로구성이 간단하고 높은 감도를 얻을 수 있다는 특징이 있으며, **고주파동조**(tune radio frequency) **방식**이라고도 하며, 제2차 대전의 종전시까지 주로 사용되었다.

헤테로다인 방식은 고주파 증폭부와 검파회로 사이에 주파수변환의 과정이 있으며 헤테로다인과 슈퍼헤테로다인형으로 구분하고 있다.

여기서는 현재 성능이 뛰어나 실용적으로 사용하고 있는 **슈퍼헤테로다인 수신기**(superheterodyne receiver)에 대해서 알아보자.

2. 슈퍼헤테로다인 수신기

현재 널리 쓰이고 있는 표준 라디오 수신기는 **슈퍼헤테로다인**(superheterodyne) **수신기**이다. 그러므로 이 수신기의 동작원리를 이해하기 위하여 [그림 4-8]에 보인 계통도(block diagram)를 살펴보는 것은 통신시스템을 이해하는 첫걸음이다.

슈퍼헤테로다인 방식의 원리는 주파수가 각각 다른 여러 가지 **무선주파수**(RF : radio frequency) 신호를 이미 설정한 일정한 **중간주파수**(IF : intermediate frequency) 신호로 **주파수 변환**(frequency conversion)시켜서 검파하는 방식이다. 표준 AM 방식의 주파수 대역은 526.5~1606.5[kHz]이며 IF는 455[kHz]이다. 이 슈퍼헤테로다인 방식은 1918년에 암스트롱(E.H.Amstrong)이 창안하였다. 표준 AM 방송의 반송주파수 할당간격은 9[kHz]이므로 대역폭은 ±4.5[kHz]이다.

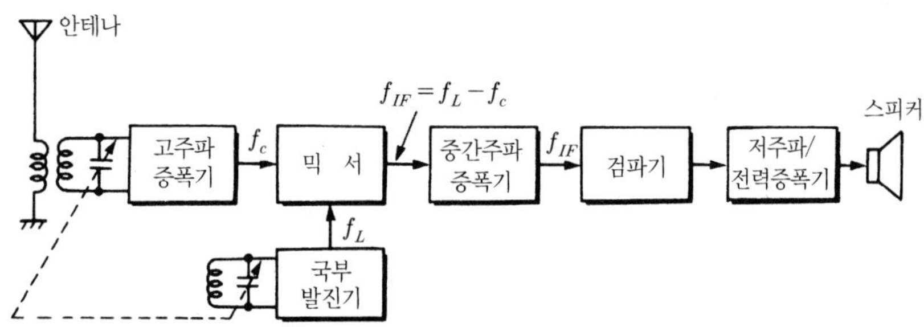

[그림 4-8] 슈퍼헤테로다인 수신기의 구성

이제 [그림 4-8]의 계통도에서 각 부의 역할을 알아 보자.

① **고주파증폭기**(RF : Radio Frequency amplifier)는 안테나로 받은 미약한 고주파신호를 반송주파수(f_c)로 동조시키고 증폭하여 다음 단으로 보낸다.

② **국부발진기**(LO : Local Oscillator)는 믹서에서 주파수를 바꾸는 데 필요한 고주파를 발생시키기 위한 회로이며, 국부발진주파수(f_L), RF출력주파수(f_c), 중간주파수(f_{IF})라 하면 다음과 같은 관계가 성립한다.

$$f_L = f_c + f_{IF} \tag{4.12}$$

③ **믹서**(mixer)는 고주파 증폭기에서 나오는 고주파 신호에 또 하나의 다른

고주파를 적당한 방법으로 혼합하여 다른 고주파, 즉 **중간주파수**(f_{IF})로 바꾸기 위한 부분이며 **주파수변환기**(frequency convert)라고도 한다.

일반적으로 사용되는 중간주파수는 AM방송수신기는 455[kHz], FM방송수신기는 10.7[kHz], TV신호 영상은 45.75[MHz], 음성은 41.25[MHz] 등 주파수 대역이 올라갈수록 중간주파수 f_{IF}를 높여서 사용하고 있다.

④ **중간주파증폭기**(IF : Intermediate Frequency amplifier) IF단의 출력주파수 $f_{IF} = f_L - f_c$는 항상 일정하며, IF대역의 신호만 여파하고 증폭한다.

⑤ **검파기**(detector)는 포락선 검파기 등으로 원래의 정보신호를 재생하며, **복조기**(demodulator)라고도 한다.

포락선검파기(envelope detector)의 동작은 [그림 4-9]와 다디오드, 콘덴서, 저항으로 구성된 회로에 IF단을 통과한 신호가 들어오면 수신신호의 포락선을 따라 콘덴서가 충전과 방전을 반복하여 포락선이 나타나므로 원래의 정보신호를 검출하는 역할을 한다.

⑥ **전력증폭기**(power amplifier)는 미약한 저주파신호를 증폭하여 큰 출력전력을 얻기 위한 회로로서 **저주파증폭기**(LF : low Frequency amplifier)라고도 하며 음량을 크게 한다.

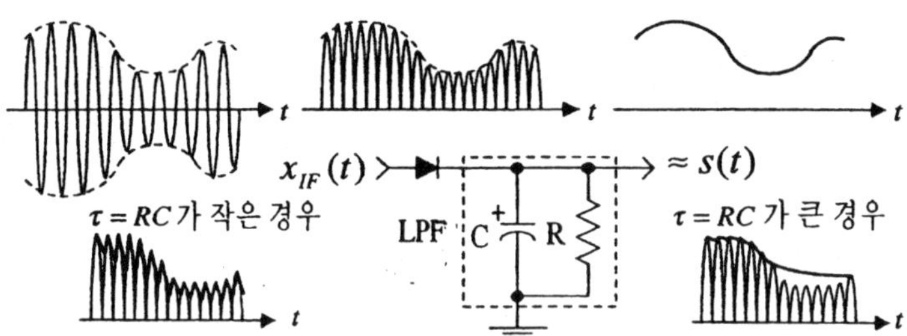

[그림 4-9] 포락선 검파기

⑦ **영상주파수**(image frequency)는 RF단에서 수신하고자 하는 신호 f_c와 중간주파수의 정수배 nf_{IF}차를 갖는 신호 중에서 특히 다음 주파수를 갖는 신호를 **영상신호**(image signal)라 하고, 이 신호의 주파수를 **영상주파수**(image frequency)라 한다. 즉 영상주파수 f_i는

$$f_i = f_c + 2f_{IF} \tag{4.13}$$

영상주파수를 갖는 영상신호는 원치 않는 신호이지만, 슈퍼헤테로다인 수신기에서 중간주파수를 사용하기 때문에 나타나는 현상으로, 주파수 특성상 IF단에서 걸러지지 않고 본래의 신호와 함께 섞여 IF단을 통과하여 증폭되기 때문에 본래 신호의 재생에 치명적인 영향을 준다. 이를 방지하기 위해서 영상신호를 제거하려면, RF단에서 영상주파수를 미리 차단하는 수밖에 없다. 동조주파수 f_c와 그 근방의 영상주파수 $f_i = f_c + 2f_{IF}$를 구분하는 변별력을 높이려면, f_c가 커질수록 중간주파수 f_{IF}를 높여주어야 영상주파수 f_i를 변별하기 용이하여 **혼합기**(mixer)에 도달하기 전에 제거하는 것이다.

이와 같이 영상신호의 존재와 RF단에서 여러 번 증폭하면 정궤환이 일어나 발진하므로 다른 주파수로 엇갈리게 증폭하는 단점이 있으나, 복조기의 특성이 낮은 IF영역에서 복조하면 왜곡이 없고 수신기의 감도가 양호한 장점으로 현재 거의 실용적으로 슈퍼헤테로다인 수신기를 사용하고 있다.

[예제 4-8] 중간주파수가 455[kHz]이고, 수신주파수가 850[kHz]인 경우 영상신호의 주파수 f_i는 얼마인가?

◀풀이▶ $f_i = f_c + 2f_{IF} = 850 + (2 \times 455) = \mathbf{1760}[\text{kHz}]$

[예제 4-9] 국부발진주파수가 885[kHz]인 경우, 710[kHz]의 주파수에 동조된 수신기의 영상주파수는 얼마인가?

◀풀이▶ 중간주파수 f_{IF}, 발진주파수 f_L, 동조주파수 f_c라 할 때

$f_{IF} = f_L - f_c = 885 - 710 = 175[\text{kHz}]$

따라서 영상주파수 f_i는

$f_i = f_c + 2f_{IF} = 710 + (2 \times 175) = \mathbf{1060}$[kHz]

4-5 SSB 통신방식의 원리

SSB(Single Side Band : 단측파대) 통신방식은 진폭변조에 의해서 생긴 상・하측파대 중 어느 한쪽만을 이용하는 방식이다.

DSB(Double Side Band : 양측파대)의 경우 진폭변조기에 변조신호 e_s, 반송파 e_c를 가하면 피변조파 e는

$$e = E_c \sin\omega ct + \frac{1}{2}E_s \cos(\omega_c - \omega_s)t - \frac{1}{2}E_s \cos(\omega_c + \omega_s)t$$

가 얻어진다는 것을 배웠다.

여기서 피변조파의 주파수성분은 상・하측파대와 반송파의 3개의 성분으로 구성되며, 이때 2개의 측파대 중 한쪽 측파대만을 사용하여도 정보의 전송이 가능하다. 이와 같이 반송파와 측파대의 1개를 제거하고 나머지 측파대만을 전송하는 통신방식을 단측파대(SSB) 통신방식이라고 하며, 육상에서는 방송을 제외한 일체의 DSB 통신방식의 허가가 금지되었으며, 해상과 우주통신도 SSB화 하도록 국제전기통신연합(ITU)에서 규정하고 있다.

한편, SSB파를 발생시키는 방법으로서 통상의 진폭변조를 하고, 그 출력에서 측파대만을 필터에 의해 분리하는데는 곤란하므로 [그림 4-10]과 같이 평형변조기를 사용하여 반송파를 억압한 다음 필터를 사용해서 필요로 하는 측파대만을 분리하는 방법이 사용된다.

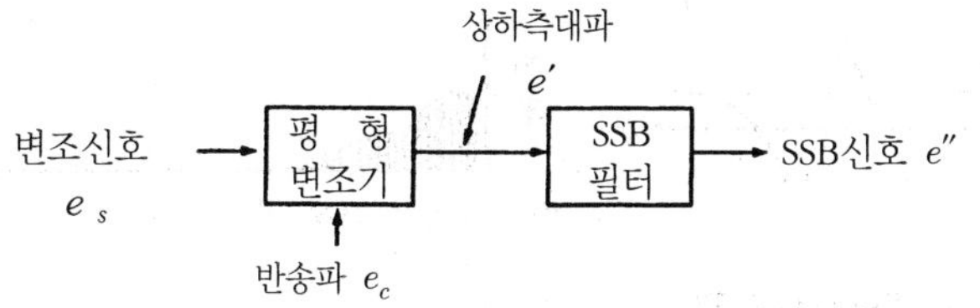

[그림 4-10] SSB변조기의 구성

실제의 음성 또는 음향신호와 같이 복잡한 파형에서는 각각 위상이 다른 많은 주파수성분으로 구성되어 있으므로 그 취급은 단일주파수의 신호인 경우보다도 복잡해진다. 지금, 변조신호를

$$e_s = \sum_{n=1}^{N} E_{sn}(\cos\omega_{sn}t + \theta_n) \tag{4.14}$$

라 하고, 반송파 $e_s = E_c\sin\omega_c t$를 진폭변조하면 피변조파 e는

$$e = E_c\sin\omega_c t + \frac{1}{2}\sum_{n=1}^{N} E_{sn}\sin\{(\omega_c - \omega_{sn})t - \theta_n\}$$
$$+ \frac{1}{2}\sum_{n=1}^{N} E_{sn}\sin\{(\omega_c + \omega_{sn})t + \theta_n\} \tag{4.15}$$

으로 되지만, 평형변조기를 사용하면 반송파성분은 억압되므로 그 출력 e'는

$$e' = \frac{1}{2}\sum_{n=1}^{N} E_{sn}\sin\{(\omega_c - \omega_{sn})t - \theta_n\}$$
$$+ \frac{1}{2}\sum_{n=1}^{N} E_{sn}\sin\{(\omega_c + \omega_{sn})t + \theta_n\} \tag{4.16}$$

으로 된다. 또 SSB 필터에 의해 상측대파만을 취출하면 그 출력은 e''는

$$e'' = \frac{1}{2}\sum_{n=1}^{N} E_{sn}\sin\{(\omega_c + \omega_{sn})t + \theta_n\} \tag{4.17}$$

으로 된다. 이들의 파형과 스펙트럼을 도시하면 [그림 4-11]과 같이 된다.

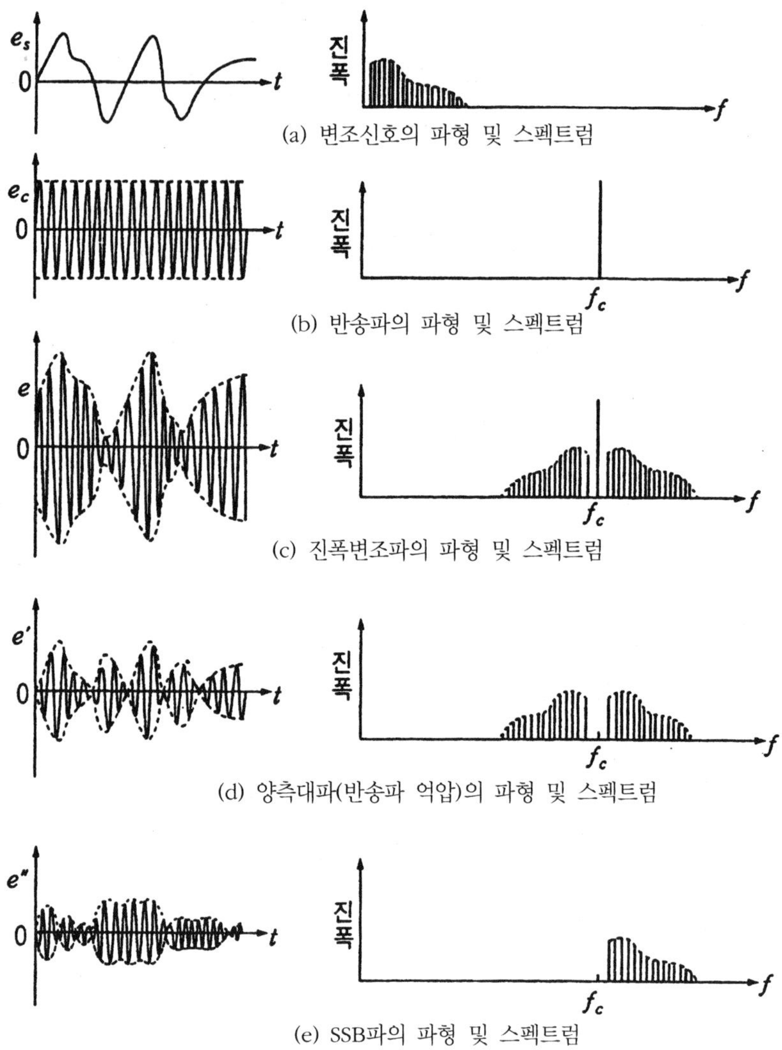

(a) 변조신호의 파형 및 스펙트럼

(b) 반송파의 파형 및 스펙트럼

(c) 진폭변조파의 파형 및 스펙트럼

(d) 양측대파(반송파 억압)의 파형 및 스펙트럼

(e) SSB파의 파형 및 스펙트럼

[그림 4-11] SSB 신호발생과정에서의 파형과 주파수 스펙트럼

SSB파를 복조하기 위해서는 수신측에서 복조용 국부반송파를 부가하여야 한다. SSB복조기의 구성도는 [그림 4-12]와 같이 된다. 복조용 국부반송파를

$$e_l = E_l \sin(\omega_l t + \theta_l) \tag{4.18}$$

라 하고, 복조기에 부가되는 SB파를 식 (4.17)과 같다고 하면 복조기의 출력 전압 e_d는 다음과 같이 된다.

$$e_d = k \sum_{N=1}^{N} E_{sn} \sin\{(\omega_c - \omega_l + \omega sn)t + \theta_n - \theta_l\} \tag{4.19}$$

여기서, k는 복조기의 감도로서 E_l 등에 의해 정해지는 상수이다.

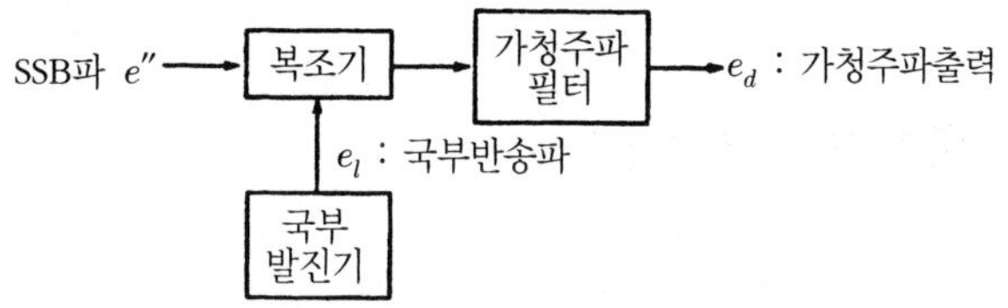

[그림 4-12] SSB복조기의 구성

식 (4.19)에서 다음과 같은 중요한 사실을 알 수 있다.

① 만일, $\omega_l = \omega_c$(송신기 측에서 SSB파를 만들어낼 때 사용한 반송파의 주파수와 수신기측에서 가한 복조용 국부반송파의 주파수가 같다)이면

$$e_d = k \sum_{N=n}^{N} E_{sn} \sin(\omega_{sn} t + \theta_n - \theta_l) \tag{4.20}$$

로 되어, 변조신호에 비례한 출력이 얻어진다.

② $\omega_l \fallingdotseq \omega_c$일 때는 복조기의 출력은 변조신호보다 높은 주파수 또는 낮은 주파수로 되어 주파수왜곡이 생긴다.

③ 복조기 출력의 위상은 국부반송파의 위상에 따라 본래의 변조신호의 위상보다 θ_l만큼 달라진다. 그러나, 이와 같은 위상의 차이는 실제의 통화에서 장해를 일으키지 않는다.

4-6 SSB 통신방식의 특징

SSB 통신방식은 그 원리상 AM 통신방식(DSB 통신방식)에 비해서 여러 가지 특징을 가지고 있는데, 여기서 통신방식의 장점과 단점에 대해서 알아 본다.

1. SSB 통신방식의 장점

SSB 통신방식의 이점을 요약하면 다음과 같다.

① 한쪽의 측대파만을 사용하므로 점유주파수대역폭이 $\frac{1}{2}$이다.
② 적은 송신전력으로 양질의 통신이 가능하다.
③ 송신기의 소비전력이 적다.
④ 선택성페이딩의 영향이 적다.
⑤ 수신기출력에서 신호대잡음비(SN비)가 개선된다.
⑥ 비화성을 갖는다.
⑦ 송신기가 소형 경량이다.

전파상태의 양호로 선택성페이딩을 수반하지 않는 상황에서 AM과 동질의 통화를 기대하려면 $\frac{1}{6}$ 정도(약 8[dB])의 전력으로 충분하다. 한편 원거리전파에서 선택성페이딩의 영향을 받는다고 하면 이것보다 3[dB] 정도 유리하다고 알려져 있다. 또 실제의 통화에서 평균변조도가 30[%] 정도임을 고려하면 종합적으로 12~16[dB] 정도 유리하다.

2. SSB 통신방식의 단점

SSB 통신방식의 결점을 요약하면 다음과 같다.

① 송수신기의 회로구성이 복잡하다.
② 높은 주파수안정도를 필요로 한다.
③ 가격이 비싸다.

SSB파를 발생하기 위해서는 비교적 낮은 주파수의 반송파를 사용하여 평형변조를 하고, 필터에 의해 필요한 측대파만을 뽑아낸 후에 다시 몇 단에 걸쳐 평형변조를 하여 주파수를 높여가므로 필연적으로 회로가 복잡하게 되고, 또 주파수 안정도가 불량하면 복조시에 주파수왜곡을 발생해서 통화의 명료도가 떨어진다. 이 때문에, 일반적으로 AM 송수신기보다 가격이 비싸지만, 전력이 크게되면 AM의 경우 변조변압기, 전원장치 등이 크게 되어 오히려 SSB 송수신기가 경제적으로 된다.

4-7 VSB 통신방식

앞에서 설명한 바와 같이 DSB 신호의 한쪽 측대파만을 완전히 통과시켜서 SSB 신호를 발생시키려면 차단주파수 특성이 매우 예민한 필터가 필요하다. 하지만 이의 실현은 어렵다. 이 문제를 해결하기 위하여 SSB와 DSB의 절충방식을 **잔류측대파**(VSB : Vestigial SideBand) 통신방식이라 한다. 이 방식에서는 SSB에서처럼 한쪽 측대파를 완전히 제거하지 않고 [그림 4-13]에 보인 바와 같이 한쪽 측대파의 일부를 남기도록 하는 필터를 사용한다. 그러나 여기서 주의할 것은 [그림 4-13]에 보인 바와 같이 하측대파에 있는 부분이 상측대파에서 제거된 부분과 기(odd) 대칭을 이루는 점이다.

만일 이 VSB와 충분히 큰 반송파를 함께 보내면 수신측에서도 포락선검파나 정류검파로 정보신호를 얻을 수 있다. TV 방송에서는 [그림 4-13]에 보인 바와 같이 VSB의 영상 신호와 큰 반송파를 포함하고 있으므로 TV 수신기에서는 포락선검파로 간단한 영상신호를 얻을 수 있다. 따라서 이 방식은 SSB와 DSB의 장점만을 취하고 단점은 하나도 취하지 않는 방식이다. 또 이 잔류측대파는 **선택성 페이딩**(selective fading)에 대해서도 그 주파수대역폭이 1/2이므로 SSB나 VSB는 DSB보다 영향을 작게 받는다.

참고로 TV 방송 신호의 스펙트럼을 도시하면 [그림 4-14]에 보인 바와 같다.

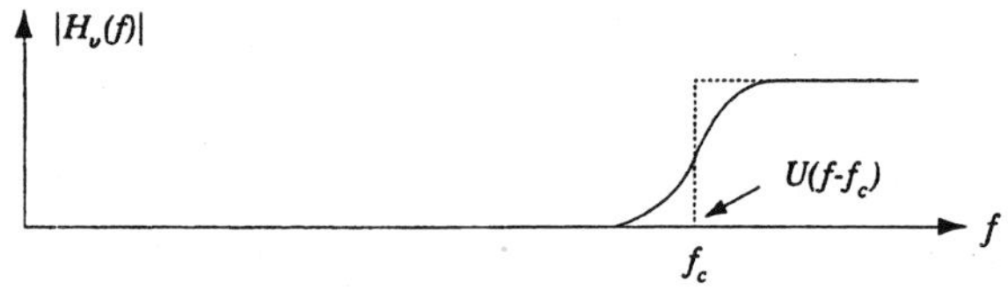

[그림 4-13] VSB 필터 특성

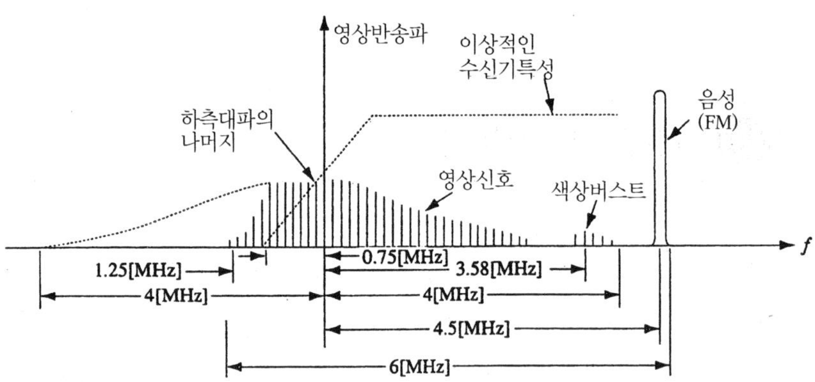

[그림 4-14] 일반적인 TV 전송의 스펙트럼

연습문제

1. 변조란 무엇을 뜻하는가?

2. 변조의 종류를 들고 간략히 기술하라.

3. 변조의 필요성을 열거하고 설명하여라.

4. 신호파 $e_s = E_s \sin\omega_c t$, 반송파 $e_c = E_c \sin\omega_c t$일 때 AM 변조파인 피변조파 e를 구하여라.

5. 변조지수를 정의하고 과변조의 결과로 나타나는 현상을 써라.

6. AM파의 주파수 스펙트럼에 대해서 간략히 설명하여라.

7. 다음 AM 통신방식을 영어 원문을 쓰고 우리말로 번역하여라.

① DSB-LC

② DSB-SC

③ SSB

④ VSB

8. AM 송신기의 계통도를 그리고, 각 부의 역할을 간략히 설명하라.

9. 슈퍼헤테로다인 수신기의 계통도를 그리고, 각 부의 역할을 간략히 설명하라.

10. AM 수신기에서 포락선 검파기의 회로를 그리고, 그 원리를 설명하여라.

11. SSB 통신방식의 장·단점을 써라.

12. VSB 통신방식의 장점을 써라.

13. SSB 방식과 DSB 방식의 전송전력을 비교하여라.

14. 슈퍼헤테로다인 수신기에서 영상주파수를 제거할 수 있는 방법을 설명하여라.

15. 3[kHz]의 음성신호를 무변조로 전송할 때 최소한의 수신안테나의 길이 ℓ을 구하여라.

답 $\lambda = \frac{c}{f}$, $\ell = \frac{\lambda}{4}$로부터 $\ell = $ **25**[km]

16. 정보신호가 $\cos\omega_c t$이고, 반송파가 $2\cos(\omega ct + \theta)$일 때, 변조율 m은 얼마인가?

답 $m = \frac{E_m}{E_c} = $ **50**[%]

17. 피변조파가 $e = (100 + 80\cos 2\pi 400t)\sin 2\pi \times 10^2 t$일 때 변조지수는 몇 [%]인가?

답 $m = \frac{80}{100} \times 100 = $ **80**[%]

18. 진폭변조의 경우 반송파의 진폭이 30[V]라 한다. 이것을 60[%]로 변조할 때 신호파의 진폭은 몇 [V]인가?

답 $E_s = mE_c = 0.6 \times 30 = $ **18**[V]

19. 진폭변조에서 변조되기 전 반송파의 크기가 20[V]이고, 변조된 신호의 최대크기가 500[V]일 때 변조지수는 몇 [%]인가?

답 $m = $ **60**[%]

20. AM 신호의 최대진폭이 90[V], 최소진폭이 10[V]일 때 변조율은 얼마인가?

답 $m = $ **80**[%]

21. 반송파주파수 100[kHz]를 100~10000[Hz]의 주파수대의 음성전류로 진폭변조시면 하측파대의 주파수[kHz]는?

답 $f_{LSB} = f_c - f_s$로부터 **999.9~990**[kHz]

22. 반송파전력이 20[kW]일 때 변조율 70[%]로 진폭변조하였다. 상측파대 전력 P_u는 몇 [kW]인가?

답 $P_u = \frac{m^2}{4} \times P_c$로부터 $P_u = \mathbf{2.45}$[kW]

23. 1000[W]의 반송파가 변조지수 0.7로 진폭변조되었다면, 변조된 신호의 전체전력은?

답 $P_T = P_c\left(1 + \frac{m^2}{2}\right)$로부터 $P_T = \mathbf{1245}$[W]

24. AM 방송국 송신출력이 33[kW]이고, 변조지수가 0.8일 때 반송파 전력 P_c, 양측파대전력 P_s, 전송효율, μ를 구하여라.

답 $P_T = P_c\left(1 + \frac{m^2}{2}\right) = P_c\left(1 + \frac{1}{2} \times \frac{16}{25}\right) = \frac{33}{25}P_c$로부터

$P_c = \mathbf{25}$[kW]

$P_s = P_T - P_c = \mathbf{8}$[kW]

$\mu = \frac{m^2}{2 + m^2}$로부터 $\mu = \mathbf{24.2}$[%]

25. 변조율 50[%]의 AM 변조방식에서 변조효율은 약 얼마인가?

답 $\mu = \frac{m^2}{2 + m^2} \times 100$[%]로부터 $\mu = \mathbf{11}$[%]

26. 슈퍼헤테로다인 수신기에서 반송주파수 $f_c = 710$[kHz], 중간주파수 $f_{IF} = 455$[kHz]일 때 국부발진기의 주파수 f_L은?

답 $f_L = f_c + f_{IF} = 710 + 455 = \mathbf{1165}$[kHz]

27. 동조신호의 주파수가 107.7[MHz], 중간주파수 10.7[MHz]인 경우의 영상신호의 주파수 f_i는 얼마인가?

답 $f_i = f_c + 2f_{IF}$로부터 $f_i = \mathbf{129.1}$[MHz]

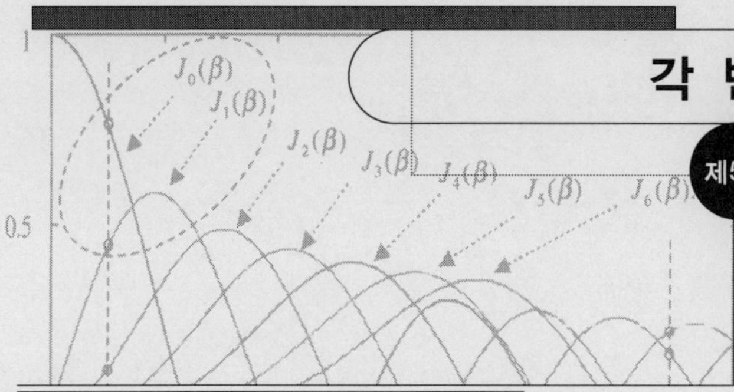

제5장

각 변조

5-1 주파수변조의 원리

AM 무선통신에서 잡음을 줄이기 위해서 슈퍼헤테로다인수신기를 개발한 **암스트롱**(E.H.Armstrong)에 의해서 **진폭변조**(AM : amplitude Modulation)의 대안으로 **주파수변조**(FM : Frequency Modulation)가 개발되었다.

주파수변조(FM)는 [그림 5-1]과 같이 반송파의 주파수를 신호파의 크기에 따라 증감시키는 변조방식이다.

(a) 구형 신호파

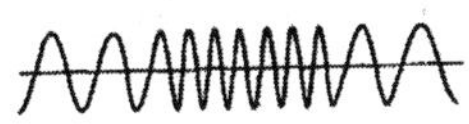

(b) 구형 FM파

(c) 정현 신호파

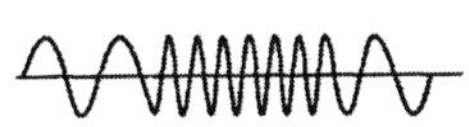

(d) 정현 FM파

[그림 5-1] 기본 FM파형

이제, 반송파 e_c, 신호파 e_s를 각각

$$e_c = E_c \cos \omega_c t = E_c \cos 2\pi f_c t$$
$$e_s = E_s \cos \omega_s t = E_s \cos 2\pi f_s t \qquad (5.1)$$

라고 할 때, FM피변조파는 반송파의 각주파수(각속도) ω_c를 중심으로 신호파의 크기에 따라서 변화되므로 순시 각주파수(간단히 순시주파수)는 다음 식으로 표현된다.

$$\omega = \omega_c + \Delta\omega \cos \omega_s t \tag{5.2}$$

여기서 $\Delta\omega$는 신호파의 최대값이 E_s일 때의 반송파의 주파수가 중심주파수 ω_c로부터 어느 정도 벗어 났는가 하는 주파수편이로서 **최대주파수편이**(maximum frequency diviation)라고 한다.

아울러 정현파신호 $A\sin(\omega_o t + \theta) = A\sin\phi(t)$에서 순시각주파수(각속도) ω는 위상각 $\phi(t)$의 시간적 변화율이므로

$$\omega = \frac{d\phi(t)}{dt}$$

따라서, 피변조파의 시각 t 에서 위상각 $\phi(t)$는

$$\begin{aligned} \phi(t) &= \int_0^t \omega,\ dt = \int + {\scriptstyle (t) \atop (0)} (\omega_c + \Delta\omega \cos \omega_s t) dt \\ &= \omega_c t + \frac{\Delta\omega}{\omega_s} \sin\omega_s t \\ &= \omega_c t + m_f \sin\omega_s t \end{aligned} \tag{5.3}$$

여기서

$$m_f = \frac{\Delta\omega}{\omega_s} = \frac{\Delta f}{f_s} \tag{5.4}$$

를 **주파수변조지수**(frequency modulation index)라고 한다.

따라서 주파수변조시의 피변조파 e_{FM}, 즉 FM의 일반식은 다음과 같이 된다.

$$\begin{aligned} e_{FM} &= E_c \cos\phi(t) \\ &= E_c \cos(\omega_c t + m_f \sin\omega_s t) \end{aligned} \tag{5.5}$$

이와 같은 FM의 장단점을 AM과 비교하여 보면

① 신호대잡음비(SNR)가 AM에 비해 약 25[dB] 증가되고
② 작은 방사전력으로 같은 SNR을 얻을 수 있으며
③ 전계강도가 변하여도 어느 값까지는 균일한 SNR을 가지므로 균일한 유효범위(service area)를 갖는다.
④ AM보다 약 20배나 큰 대역폭을 점유하고
⑤ 시스템이 복잡한 단점이 있다.

[예제 5-1] 100[kHz]의 반송파를 최대주파수편이 60[kHz]로 하고 10[kHz]의 신호주파수를 변조하였다. 이때 변조지수 m_f 는 얼마인가?

◀풀이▶ $m_f = \dfrac{\Delta f}{f_s} = \dfrac{60[\text{kHz}]}{10[\text{kHz}]} = 6$

변조지수 6을 백분율로 표시하는 경우 600[%]가 되므로 FM에서는 백분율로 사용하지 않는 것이 일반적이다.

5-2 FM의 스펙트럼

AM방식은 AM신호가 $e_{AM} = E_c \sin\omega_c t + \frac{m}{2}E_c(\omega_c - \omega_s t) - \frac{m}{2}E_c \cos(\omega_c + \omega_s)t$와 같이 피변조파에 포함된 주파수에 의해 간단히 나타낼 수 있지만, FM방식의 경우에는 피변조파 $e_{FM} = E_c \cos(\omega_c t + m_f \sin\omega_s t)$ 를 보면 코사인 함수 속에 사인함수가 포함되어 있다. 이것은 매우 복잡한 동작을 필요로 하므로 AM의 경우처럼 단순히 삼각함수로는 풀이할 수 없으므로 **베셀함수**(Bessel function)의 공식을 적용하여 전개하면 아래와 같은 형태로 전개된다.

$$\begin{aligned} e_{FM} &= E_c\cos(\omega_c t + m_f \sin\omega_s t) \\ &= E_c \cdot [\, J_0(m_f)\cos\omega_s t \\ &\quad + J_1(m_f)\{\cos(\omega_c+\omega_s)t - \cos(\omega_c-\omega_s)t\} \\ &\quad + J_2(m_f)\{\cos(\omega_c+2\omega_s)t - \cos(\omega_c-2\omega_s)t\} \\ &\quad + J_3(m_f)\{\cos(\omega_c+3\omega_s)t - \cos(\omega_c-3\omega_s)t\} \\ &\quad + \cdots\cdots] \end{aligned} \tag{5.6}$$

전개식 (5.6)을 보면 무한히 많은 주파수성분 $f_c + nf_s (n = 0,\ 1,\ 2, \cdots \infty)$을 갖는다.

여기서 $J_n(m_f)$ 의 값은 〈표 5-1〉과 [그림 5-2]를 보면 m_f 가 1보다 작은 값에서는 n 이 증가하면 급격히 감소하므로 주파수스펙트럼은 반송파 부근에만 나타나므로 **협대역FM**(NBFM, Narrow Band Frequency Modulation)이지만, m_f 가 1보다 큰 값에서는 n 이 증가해도 $J_n(m_f)$ 값이 어느 정도의 값을 가지므로 대역폭을 크게 점유하게 되어 **광대역FM**(WBFM, Wide Band Frequency Modulation)이라 한다.

〈표 5-1〉 베셀함수 표

n	$j_n(0.1)$	$j_n(0.2)$	$j_n(0.5)$	$j_n(1.0)$	$j_n(2.0)$	$j_n(5.0)$	$j_n(10)$
0	1.00	0.99	0.94	0.77	0.22	−0.18	−0.25
1	0.05	0.10	0.24	0.44	0.58	−0.33	0.04
2			0.03	0.11	0.35	0.05	0.25
3				0.02	0.13	0.36	0.06
4					0.03	0.39	−0.22
5						0.26	−0.23
6						0.13	−0.01
7						0.05	0.22
8						0.02	0.32
9							0.29
10							0.21
11							0.12
12							0.06
13							0.03
14							0.01

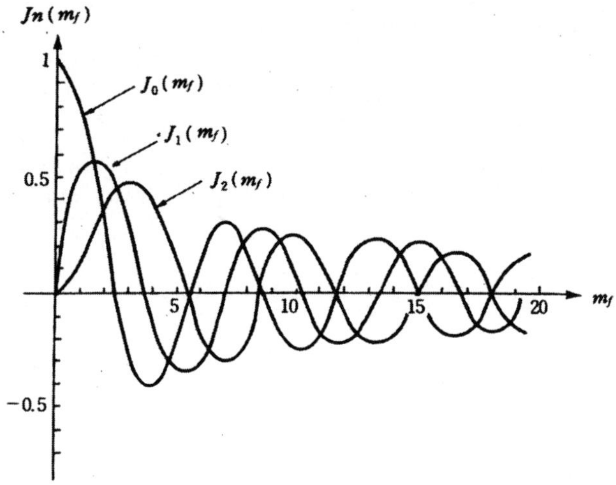

[그림 5-2] 베셀함수의 그래프

[예제 5-2] 1[MHz]의 주파수를 갖는 반송파가 10[KHz]의 신호로 변조되었을 경우 각 주파수성분의 진폭을 구하여라.

◀풀이▶ 베셀함수를 이용하면

J_0 (반송파, 1MHz) = 0.22

J_1 (1MHz ± 10KHz) = 0.58

J_2 (1MHz ± 20KHz) = 0.35

J_3 (1MHz ± 30KHz) = 0.13

J_4 (1MHz ± 40KHz) = 0.03

5-3 협대역FM과 광대역FM

주파수 감도계수가 k_f [Hz/V]일 때 FM신호의 일반식은

$$e_{FM} = E_c \cos(\omega_c t + k_f \int m(\tau) d\tau)$$

$$= E_c \cos\omega_c t \cdot \cos\left(k_f \int m(\tau)d\tau\right)$$
$$- E_c \sin\omega_c t \cdot \sin\left(k_f \int m(\tau)d\tau\right) \quad (5.7)$$

인데, 한편 $y = k_f \int m(\tau)d\tau \ll 1$ 이면 $\cos y \to 1$, $\sin y \to y$ 가 되므로 위 식은

$$e_{FM} = E_c \cos\omega_c t - E_c K_f \int m(\tau)d\tau \cdot \sin\omega_c t \quad (5.8)$$

따라서, $e_s(t) = E_s \cos\omega_s t$ 일 때

$$e_{FM} = E_c \cos\omega_c t - \frac{E_c E_s}{\omega_s} k_f \cdot \sin\omega_s t \sin\omega_c t$$

$$e_{FM} = E_c \cos\omega_c t - \frac{E_c E_s}{\omega_s} k_f \cdot \sin\omega_s t \sin\omega_c t$$
$$= E_c \cos\omega_c t - \frac{E_c E_s}{2\omega_s} k_f \cdot \{\cos(\omega_c + \omega_s)t - \cos(\omega_c - \omega_s)t\} \quad (5.9)$$

이 되는데, 이것은 $k_f \int m(\tau)d\tau \ll 1$ 인 가정으로 얻은 협대역FM으로 AM파의 주파수스펙트럼과 거의 동일하다.

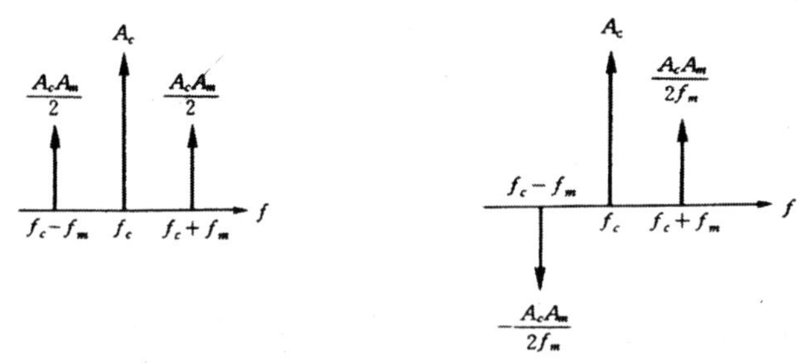

(a) AM파의 스펙트럼 (b) FM파의 스펙트럼

[그림 5-3] AM과 FM의 단일측스펙트럼 비교

$e_s = E_s \cos\omega_s t$ 의 AM과 FM의 단일측 주파수스펙트럼을 비교하면 [그림 5-3]과 같다.

또한 광대역FM은 식(5.6)에서 m_f가 1보다 크고 n이 증가하면 $J_n(m_f)$도 어떤 값을 가지게 되어 $f_c \pm nf_m (n=0,\ 2,\ 3, \cdots\cdots)$인 주파수에 [그림 5-4]와 같은 스펙트럼을 갖게 된다.

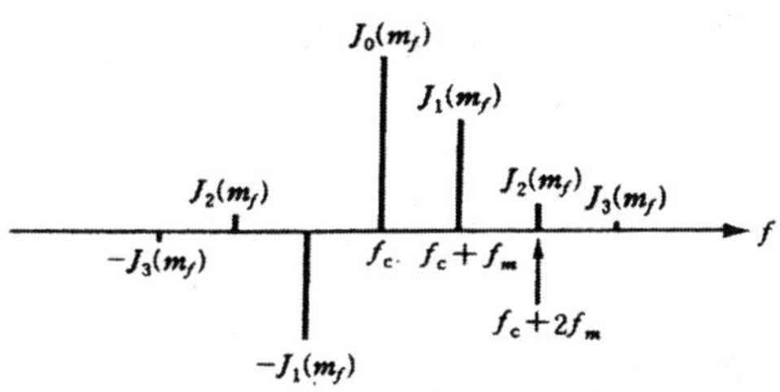

[그림 5-4] 정현파의 광대역FM 주파수스펙트럼

광대역FM파의 스펙트럼은 반송파 f_c를 중심으로 하여 f_m 간격으로 무한히 넓은 주파수대역폭을 점유하게 되나 n의 값이 커짐에 따라 $J_n(m_f)$ 값이 급격히 적어져서 유한한 스펙트럼에 에너지가 거의 대부분 분포하게 된다.

따라서 FM신호의 대역폭은 이론상 무한대이나, 대역폭을 구하는 방법은 베셀함수표를 대신해서 **칼슨의 법칙**(Carson's Law)을 사용할 수 있다. 이 칼슨의 법칙은 베셀함수의 약 98% 수준을 갖는다. 이 법칙은 98%의 에너지를 갖는 대역폭(BW : Band with)을 신호(변조)주파수와, 주파수편이 Δf에 의해서 다음과 같이 근사화한다.

$$BW_{FM} = 2(\Delta f + f_s) = 2(m_f + 1)f_s \tag{5.10}$$

[예제 5-3] 상업용 FM방송대역의 본래의 정보신호주파수가 50~15[kHz], 주파수편이가 75[kHz]일 때 Carson의 법칙을 이용하여 대역폭을 구하여라.

◀풀이▶ $\Delta f = 75$[kHz], 정보신호의 최대주파수 $f_s = \mathbf{15}$[kHz]이므로

$$BW_{FM} = 2(\Delta f + fs) = 2(75 + 15) = \mathbf{180}[\text{kHz}]$$

[예제 5-4] 150[kHz]의 대역폭을 갖고 10[kHz]의 변조주파수를 이용하는 시스템에서 사용하는 대략적인 편이를 구하여라.

◀풀이▶ Carson의 법칙을 정리해 풀면

$$\Delta f = \frac{BW}{2} - f_s = \frac{150}{2} - 10 = \mathbf{65}\ [\text{kHz}]$$

5-4 FM신호의 전력

광대역FM에서는 무수한 측파대가 생기므로 FM신호를 전송할 때 소요되는 주파수대역폭을 정의하는 것은 간단하지 않다. 변조신호가 정현파일 때 FM신호는

$$e_{FM} = E_c \cos(\omega_c t + m_f \sin \omega_s t) \tag{5.11}$$

이므로, 이 신호의 **자승평균값**(mean square value)은

$$\overline{e_{FM}^2} = \frac{E_c^2}{2} \tag{5.12}$$

이다. 그러므로 FM신호의 평균전력은 변조지수 m_f 의 값에 상관없이 일정하다.

그리고 정현파측대역주파수성분의 전압크기와 변조되지 않은 반송파의 크기 사이에는 베셀함수에 의한 관계가 성립한다. 즉

$$\boldsymbol{E_n = J_n E_c} \tag{5.13}$$

여기서 E_n 과 E_c 를 정현파의 자승평균값으로 가정하면 각각의 정현파성분에 포함된 전력은

$$P_n = \frac{E_n^2}{R}$$

로 주어지므로 변조된 신호의 전체전력은

$$\begin{aligned} P_T &= P_0 + 2P_1 + 2P_2 + \cdots\cdots \\ &= \frac{E_0^2}{R} + \frac{2E_1^2}{R} + \frac{2E_2^2}{R} + \cdots\cdots \\ &= \frac{(J_0 E_c)^2}{R} + \frac{2(J_1 E_c)^2}{R} + \frac{2(J_2 E_c)^2}{R} + \cdots\cdots \\ &= \boldsymbol{P_c \{ J_0{}^2 + 2(J_1{}^2 + J_2{}^2 + J_3{}^2 + \cdots\cdots) \}} \end{aligned} \tag{5.14}$$

여기서 P_c는 변조되기 전의 반송파의 전력이다.

[예제 5-5] 변조되기 전의 10[w]였던 반송파가 정현파신호로 변조되었다. 최대 주파수편이는 1[kHz]이고, 변조신호의 주파수도 1[kHz]이다. 모든 측파역 주파수성분들의 전력을 더하여 출력의 평균전력을 계산하라.

◀풀이▶ 먼저 변조지수 m_f를 구하면

$$m_f = \frac{\Delta f}{f_s} = \frac{1}{1} = 1$$

〈표 5-1〉의 베셀함수표를 이용하면 식 (5.14)에 의해

$$P_T = 10\{0.77^2 + 2(0.44^2 + 0.11^2 + 0.02^2)\} = \mathbf{10}\,[\text{w}]$$

5-5 FM신호의 변조

발진기를 사용하여 정보신호로 반송파의 주파수를 직접 변조시키는 **직접FM 방식**은 주파수발진기의 주파수안정과 정확성이 절대적인 반면, 많이 이용되고

있는 **간접FM방식**은 정보신호로 주파수편이를 직접 만들지 않고 [그림 5-5]와 같이 우선 **NBFM신호**를 만든 후 주파수곱셈기에서 주파수를 편리하게 XN배 해줌으로써 변조지수를 원하는 만큼 증가시킨다.

[예제 5-5]에서 정보신호의 주파수 f_s 가 일정할 때

$$m_f = \frac{\Delta f}{f_s} \propto \Delta f$$

에서 변조지수 m_f 를 크게 해주면 주파수편이 Δf 가 넓어져서 WBFM이 발생된다.

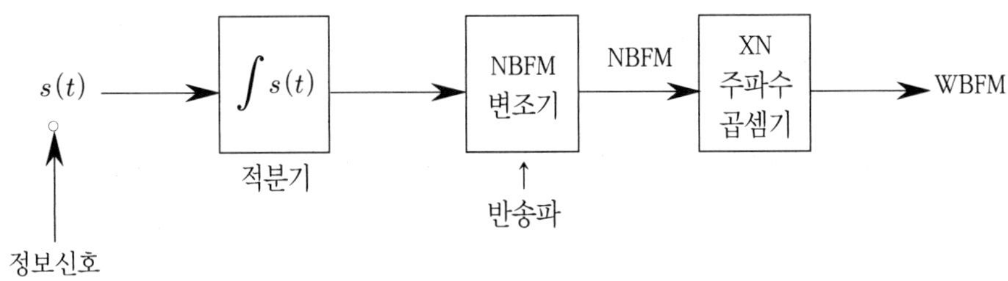

[그림 5-5] 간접FM신호의 발생

5-6 FM신호의 복조

FM신호의 복조는 반송파신호의 위상 $\theta(t)$에 포함된 변조신호의 진폭-특성을 찾아내는 것이다. 삼각함수의 위상의 변화가 진폭변화를 바꾸기 위해서는 미분하면 될 것이다.

$$e_{FM}(t) = E_c \cos\left[\omega_c t + k_f \int_0^t s(\tau)d\tau\right.$$

양변을 미분하면

$$\frac{de_{FM}(t)}{dt} = -E_c\omega_c \cdot \left[1 + \frac{k_f}{\omega c}s(t)\right]\sin\left[\omega_c t + K_f\int_0^t s(\tau)d\tau\right] \qquad (5.15)$$

이 되어 변조신호 $s(t)$가 반송파신호의 진폭변화를 나타내는 AM신호와 유사한 형태가 되어 포락선검파 방법을 통하여 $s(t)$를 찾아낼 수 있다. 한편 시간영역에서 미분은 주파수영역에서 주파수에 비례하는 함수로 바뀌게 된다. 즉

$$\frac{de_{FM}(t)}{dt} \leftrightarrow j\omega E_{FM}(f) \qquad (5.16)$$

따라서 위와 같은 과정을 계통도와 그래프로 나타내면 [그림 5-6]과 같다.

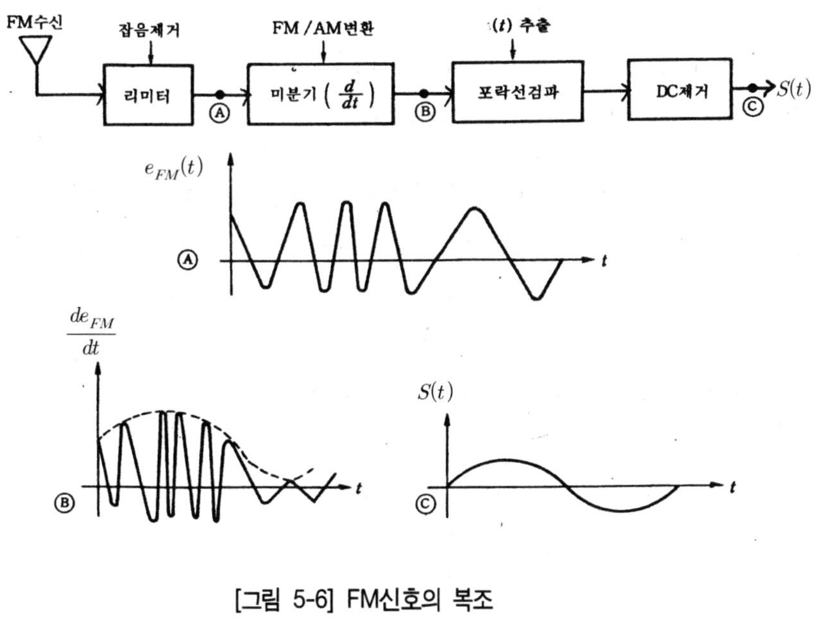

[그림 5-6] FM신호의 복조

5-7 위상변조

위상변조는 각속도 ω가 신호파의 크기에 따라 $\pm\Delta\theta$만큼 위상이 변위하도록 한 것으로, 위상변위 $\Delta\theta$는 신호파의 진폭에 의해 결정되고, $+\Delta\theta$에서 $-\Delta\theta$까지를 왕복하는 속도는 신호파의 주파수에 의해 결정된다.

이제, 반송파 e_c, 정보신호파 e_s을 각각

$$e_c = E_c \cos\omega_c t = e_c \sin 2\pi f_c t$$
$$e_s = E_s \sin\omega_s t = e_s \sin 2\pi f_s t$$

라고 할 때, PM파의 위상각 θ는 $\theta = \Delta\theta \sin\omega_s t$가 되므로 위상변조파를 e_{PM}이라 하면

$$\begin{aligned} e_{PM} &= E_c \cos(\omega_c t + \Delta\theta \sin\omega_s t) \\ &= E_c \cos(\omega_c t + m_p \sin\omega_s t) \end{aligned} \tag{5.17}$$

여기서 $\Delta\theta$는 최대위상편이(maximum phase diviation)라 하고, $\Delta\theta = m_p$로서 m_p를 **위상변조지수**(phase modulation index)라고 한다. 변조지수 m_p는 위상변조의 정도를 나타내며, 단위는 라디안(radian)으로 표시한다.

한편 시간 t에 있어서의 각속도, 즉 각주파수 $\omega(t)$는 그 때의 위상각을 미분함으로써 구해지므로 아래 식과 같다.

$$\begin{aligned} \omega(t) &= \frac{d}{dt}(\omega t + \Delta\theta \sin\omega_s t) \\ &= \omega + \frac{\Delta\theta}{\omega_s} cos\omega_s t \end{aligned} \tag{5.18}$$

또한, FM파 $e_{FM} = E_c\cos(\omega_c t + m_f \sin\omega_s t)$와 PM파 $e_{PM} = E_c\cos(\omega_c t + m_p \sin\omega_c t)$를 비교하면, $m_f = \dfrac{\Delta f}{f_s}$와 $m_p = \Delta\theta$인 변조지수만이 차이가 있을 뿐 FM과 PM의 나머지는 같은 식이 된다. 그러므로 주파수변조와 위상변조는 본질적으로는 동일한 것이다.

위상변조의 식 (5.17)을 베셀함수를 이용하여 전개하면 FM의 경우와 마찬가지로 아래 식과 같이 FM파와 유사한 스펙트럼분포로 무수히 많은 주파수성분 $f_c + nf_s (n = 0,\ 1,\ 2,\ \cdots\cdots,\ \infty)$을 갖는다.

$$
\begin{aligned}
e_{PM} &= E_c\cos(\omega_c t + m_p \sin\omega_s t) \\
&= E_c \cdot [J_0(m_p)\cos\omega_s t \\
&\quad + J_1(m_p)\{\cos(\omega_c + \omega_s)t - \cos(\omega_c - \omega_s)t\} \\
&\quad + J_2(m_p)\{\cos(\omega_c + 2\omega_s)t - \cos(\omega_c - 2\omega_s)t\} \\
&\quad + J_3(m_p)\{\cos(\omega_c + 3\omega_s)t - \cos(\omega_c - 3\omega_s)t\} \\
&\quad + \cdots\cdots]
\end{aligned} \tag{5.19}
$$

이상으로 FM과 PM을 비교하여 보자.

단일 정현파신호를 주파수변조(FM)시키면 신호파가 양(+)의 크기를 가질 때는 주파수가 증가하고 음(−)의 크기를 가질 때는 주파수가 감소하므로 [그림 5-7](b)에서와 같은 소밀파가 된다.

한편 위상변조(PM)파의 주파수는 신호파의 미분파형과 같으므로 [그림 5-7](c)와 같이 FM파와 90°의 위상차를 갖는다. 즉 신호전압의 증가시에는 주파수가 높게 되고 신호전압의 감소시에는 주파수가 낮아진다.

FM파는 변조기에 적분기가 필요하지만 PM파는 복조기에 적분기가 필요하므로, 만약 적분기에 비용이 비싸고 오직 한 송신기에 대하여 많은 수신기가 사용되는 경우에는 FM방식이 PM방식보다 더 경제적이다. 그 좋은 예가 FM상용 방송파이며, 실제로 PM방식은 아날로그 전송시스템에는 이용되지 않고 디지털 전송시스템에 사용된다.

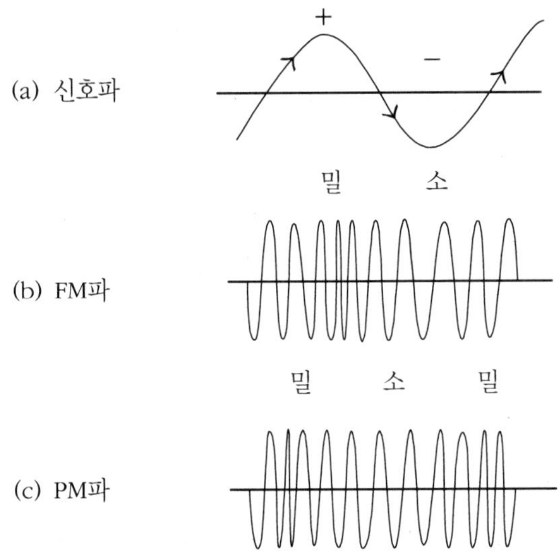

[그림 5-7] FM파와 PM파의 파형

아울러, PM파와 FM파의 신호발생을 블록선도로 표시하면 [그림 5-8]과 같다.

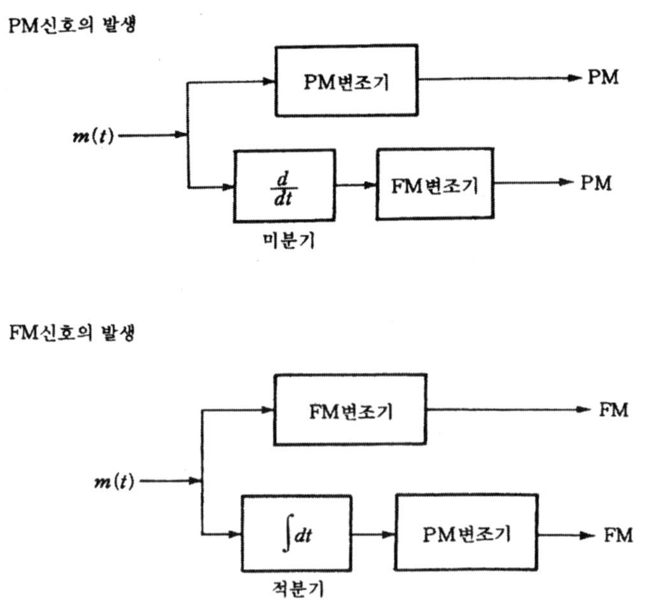

[그림 5-8] PM과 FM의 신호발생

[예제 5-6] 수신신호가 아래와 같을 때, 다음 사항을 구하여라.

$r(t) = 5\cos[2\pi \times 10^6 t + 200\sin(2\pi \times 500t)]$

① 수신파형의 대략적인 대역폭

② 주어진 파형이 FM파일 때의 정보신호 $s(t)$

③ 주어진 파형이 PM파일 때의 정보신호 $s(t)$

◀풀이▶ ① 주어진 파형으로부터 순시주파수 $f_i(t)$를 구하면

$$f_i(t) = 10^6 + \frac{d}{dt}\left[\frac{200\sin(2\pi \times 500t)}{2\pi}\right]$$

$$= 10^6 + 10^5\cos(2\pi \times 500t)$$

위의 식에서 $\cos(2\pi \times 500t)$의 최대주파수 $f_m = 500$ [Hz]이고 Δf는 $10^5\cos(2\pi \times 500t)$의 최대값이므로 $\Delta f = 10^5$ [Hz]이다.

그러므로 구하는 주파수대역 B는

$$\boldsymbol{B \approx 20(10^5 + 500) \approx 2 \times 10^5} \text{[Hz]}$$

② 만약 주어진 파형이 FM파이면 순시주파수 $f_i(t)$는

$$f_i(t) = f_c + k_f s(t)$$

$$= 10^6 + 10^5\cos(2\pi \times 500t)$$

이므로 정보신호 $s(t)$는

$$\boldsymbol{s(t) = \cos(2\pi \times 500t)}$$

여기서 유의할 것은 $k_f = 10^5$이라 가정한 점이다.

③ 만약 주어진 파가 PM파라면, 순시위상은

$$\phi(t) = 2\pi f_c t + k_p s(t)$$

$$= 2\pi \times 10^6 t + 200\sin(2\pi \times 500t)$$

이므로 정보신호 $s(t)$는 쉽게 구할 수 있다. 즉

$$\boldsymbol{s(t) = \sin(2\pi \times 500t)}$$

여기서 $k_p = 200$이라 가정한다.

5-8 FM 스테레오 방송

1. 신호의 합성

스테레오 방송은 두 개의 마이크로폰으로 들어온 음원을 각기 수신기에서 재생하여 청취자로 하여금 느끼도록 하는 방송이다.

[그림 5-9]에서 두 가정 신호인 좌측 $L(t)$, 우측 $R(t)$가 각기 마이크로폰에 의해서 발생된다. 이들 신호의 합$(L(t)+R(t))$와 차$(L(t)-R(t))$는 15[kHz] 대역폭의 저역통과 필터에 의해서 여과된다. 이 중 차신호는 8[kHz] 보호대역을 확보하기 위하여 19[kHz]의 **파이로트반송파**(pilot carrier)를 2체배한 신호로 평형변조(DSB-SC 변조기)된다. 따라서 합성신호는 평형변조된 신호, 합 신호, 파이로트 반송파로 구성되며 이를 나타내면 [그림 5-10]에 보인 바와 같다.

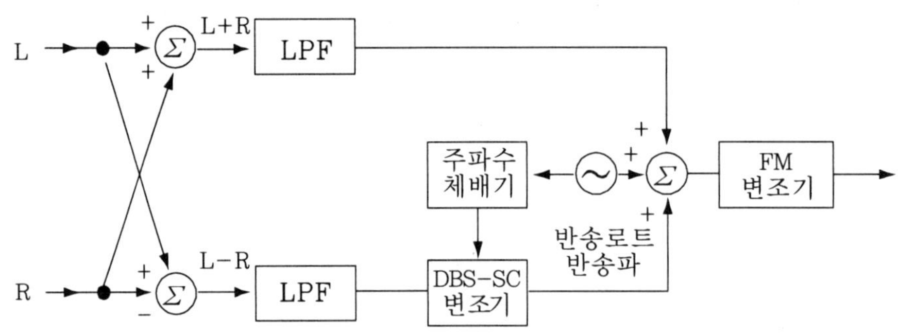

[그림 5-9] FM 스테레오 구성도

파이로트 반송파로 38[kHz]를 사용하지 않고 19[kHz]를 사용하는 이유는 그 주파수를 중심으로 ±4[kHz] 이내에서 다른 신호성분이 없어 쉽게 이를 축출할 수 있기 때문이다. 이 합성신호는 53[kHz]가 상한이므로 협대역 FM을 하면 허용된 200[kHz] 대역 이내에서 전송시킬 수 있다. 실제로는 106[kHz]만이 사용되고 있다.

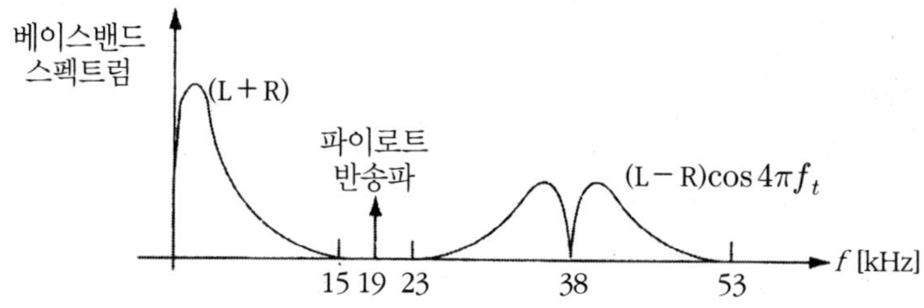

[그림 5-10] 스테레오의 신호의 스펙트럼

2. 신호의 분석

수신시에는 다중화된 신호를 FM복조기로 재생시킨다. [그림 5-9]의 상·하측대파는 대역필터에 의하여 $(L+R)$의 신호와 분리된다. 이는 부반송파인 38[kHz]가 없는 DSB-SC 신호이므로 동기검파를 하여 $(L-R)$의 신호를 얻는다.

여기서 동기검파를 하는 이유는 부반송파 38[kHz]가 입력신호의 최고주파수 15[kHz]보다 크게 차이가 나지 않기 때문이다. 부반송파는 협대역필터(NBF)에 의해서 분리된 파이로트반송파 19[kHz]를 2체배하여 발생되며 수신기의 '스테레오' 표시램프도 파이로트반송파에 의해 동작된다. [그림 5-11]에서 복조된 $(L+R)$과 된 $(L-R)$ 성분은 서로 더하여져서 원 신호를 재생한다.

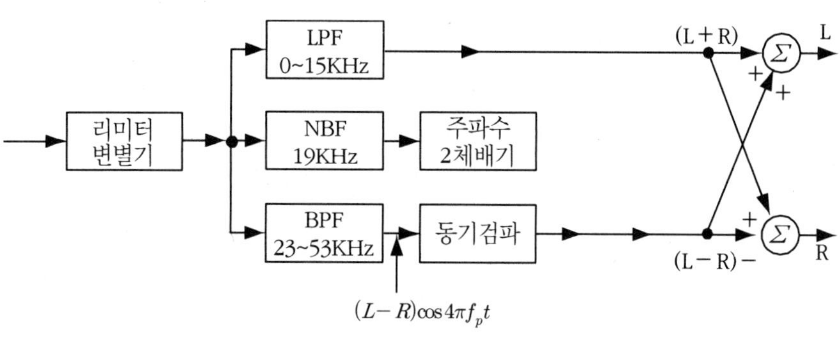

[그림 5-11] FM 스테레오 수신기

단청 음향수신기는 합성신호만을 재생한다. 그 입력신호를 합하고 빼는 과정을 행렬연산(matrix operation)이라 한다.

53[kHz]와 100[kHz] 사이에 할당된 사용되지 않는 영역은, 4-채널 FM 스테레오가 보급되면 제3채널과 제4채널로 사용될 수 있다. 이 경우 부반송파는 각기 72[kHz], 92[kHz]로 최대 가청주파수는 8[kHz]가 상한이 된다.

5-9 프리엠퍼시스와 디엠퍼시스

잡음에 의한 진폭의 변화는 AM신호에 영향을 주나, FM신호는 진폭이 아닌 주파수와 위상에 관한 신호이므로 이는 문제가 되지 않는다. 그렇다고 FM이 완전히 잡음에 영향을 받지 않는다는 것은 아니다.

FM에서는 주파수편이가 규정에 의해 일정하게 주어지므로 변조주파수가 높아질수록 변조지수는 낮아지므로 S/N이 약하게 되어 잡음이나 간섭을 받기 쉽게 된다. 따라서 송신측에서는 높은 주파수에 대해서는 이득을 높이고, 반대로 수신측에서는 이득을 낮추면 전체적으로 일정한 이득이 된다.

예를 들면 음성신호나 음악의 가청신호의 대부분의 에너지(진폭)는 낮은 주파수대인 약 40[Hz] 이하에 집중되고 높은 주파수대에서는 비교적 에너지가 낮다.

따라서 S/N을 개선하기 위해서는 송신측에서는 신호를 변조하기 전에 고주파영역의 진폭을 미리 강화시키는 필터인 **프리엠퍼시스**(preemphasis)를 통과시키고, 수신기의 출력에서는 이 강화된 고주파영역의 진폭을 낮추는 필터인 **디엠퍼시스**(de-emphasis)를 통과시키므로 원래의 신호를 복원한다. 적절하게 설계된 프리엠퍼시스와 디엠퍼시스를 사용하면 S/N을 7~13[dB] 정도 개선할 수 있다.

[그림 5-12]는 이들을 사용한 계통도이다. 프리엠퍼시스와 디엠퍼시스의 RC

회로를 [그림 5-13](a)·(b)에 나타내었다. 시정수 $\tau = RC$는 TV에서는 75[μs]이고, FM방송에서는 50[μs]가 각각 표준화되고 있다. [그림 5-13](c)에 보인 곡선은 $\tau = 75[\mu s]$인 회로의 주파수응답곡선을 나타낸 것이다.

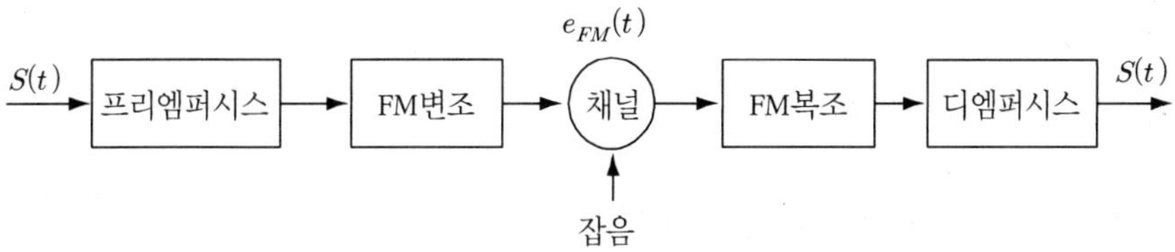

[그림 5-12] FM계통도

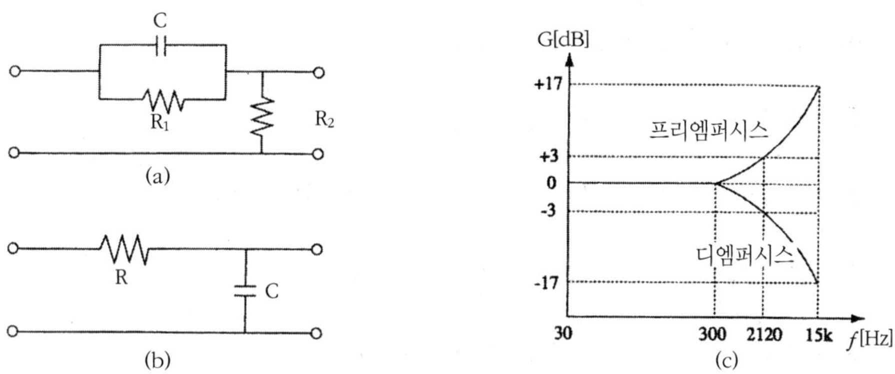

[그림 5-13] RC회로 및 주파수 특성

연습문제

1. 각 변조를 정의하여라.

2. FM의 원리를 간략히 설명하여라.

3. 주파수편이와 위상편이를 설명하여라.

4. FM과 PM의 변조지수를 정의하여라.

5. FM의 장단점을 AM과 비교하여라.

6. FM의 무변조된 전력과 변조된 전력의 관계를 설명하여라.

7. FM신호의 변조를 간략히 설명하여라.

8. FM신호의 복조를 간략히 설명하여라.

9. 위상변조의 원리를 간단히 설명하여라.

10. 프리엠퍼시스와 디엠퍼시스를 간략히 설명하여라.

11. AM, FM, PM을 비교하여라.

12. 신호 $e(t) = e_c \cos(20\pi t + \pi t^2)$에서 순시주파수 $\omega(t)$를 구하여라.

답 $\theta(t) = 20\pi t + \pi t^2$, $\omega(t) = d\theta(t)/dt$에서 $\boldsymbol{\omega(t) = 2\pi(10 + t)}$

13. 주파수편이가 200[kHz]이고, 변조주파수가 8[kHz]인 FM신호에서 다음을 구하여라.

① 변조지수 m_f

② 이 시스템에서 필요한 대략적인 대역폭

답 ① $m_f = \Delta f$ 에서 $\boldsymbol{m_f = 25}$

② $BW_{FM} = 2(\Delta f + f_s) = \mathbf{416}$ [kHz]

14. 변조신호가 300~500[Hz]까지 변할 때, FM의 주파수편이가 15[kHz]의 스펙트럼을 가질 때 변조지수 m_f 의 최대값과 최소값의 차이를 구하여라.

답 $m_f = \dfrac{15000}{300} \sim \dfrac{15000}{5000} = 50 \sim 3$ 에서 $\boldsymbol{\triangle m_f = 47}$

15. 대역폭이 200[kHz]이고 변조주파수가 6[kHz]인 FM시스템에서 사용되는 대략적인 주파수편이를 구하여라.

답 $\Delta f = \dfrac{BW_{FM}}{2} - f_s$ 에서 $\boldsymbol{\Delta f = 94}$ [kHz]

16. 변조지수가 1.0일 때 각 측파대의 진폭을 구하여라.

답 〈표 5-1〉의 베셀함수표에 의하면

$\boldsymbol{J_0 = 0.77}$, $\boldsymbol{J_1 = 0.44}$, $\boldsymbol{J_2 = 0.11}$, $\boldsymbol{J_3 = 0.02}$

17. FM신호가 아래와 같을 때 다음의 값들을 구하시오.

$e_{FM}(t) = 100\cos[2 \times 93.1 \times 10^6\pi)t + 20\sin(4 \times 10^3\pi t)]$

① $t = 0.5 \times 10^{-3}$ 에서의 순시주파수 $f_i(t)$

② 반송파주파수 f_c

③ 최대주파수편이 Δf

④ 변조지수 m_f

⑤ 이 시스템에서 필요한 대략적인 대역폭

답 ① $f_i(t) = \dfrac{1}{2\pi}\omega_i(t) = \dfrac{1}{2\pi}d\dfrac{\theta(t)}{dt}$

$$f_i(t) = \frac{1}{2\pi}[2 \times 93.1 \times 10^6\pi + 20 \times 4 \times 10^3\pi\cos(4 \times 10^3\pi t)]$$

$$= 93.1 \times 10^6 + 40 \times 10^3\cos(4 \times 10^3\pi t)$$

$$f_i(0.5 \times 10^{-3}) = 9.31 \times 10^6 + 40 \times 10^3\cos(2\pi)$$

$$= 93.1 \times 10^6 + 40 \times 10^3 = \mathbf{93.14}\text{[MHz]}$$

② 순시주파수 $f_i(t)$ 의 변동범위를 살펴보면

$f = f_c \pm \Delta f = 93.1 \times 10^6 \pm 40 \times 10^3$ 이므로

$f_c = 93.1 \times 10^6 =$ **93.1** [MHz]

③ $\Delta f = 40 \times 10^3 =$ **40** [kHz]

④ $m_f = \dfrac{\Delta f}{f_s} = \dfrac{40 \times 10^3}{2 \times 10^3}$ **20**

⑤ $BW_{FM} = 2(\Delta f + f_s)$ 에서 **84** [kHz]

제6장

디지털통신의 기초

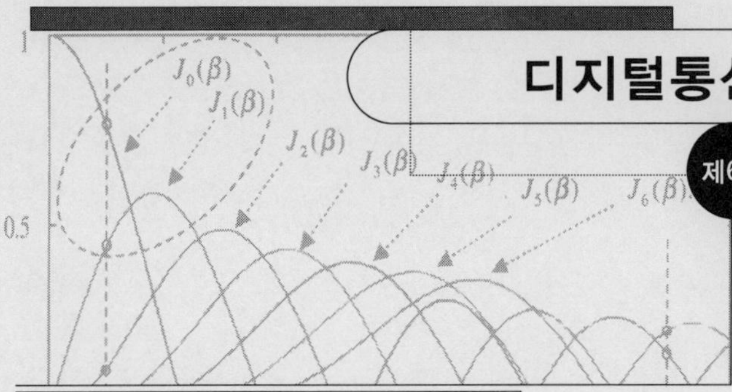

6-1 아날로그통신과 디지털통신의 비교

아날로그통신이 디지털통신의 시스템으로 바뀌고 있는 이유는 기본적으로 **디지털신호**는 아날로그신호에 비하여 재생하기가 쉽다. 이진 디지털회로는 두 가지 상태, 예를 들어 '0' 또는 '1'의 어느 한 상태에서만 동작하기 때문에 '1'을 '0'으로, 또는 '0'을 '1'로 바꾸기 위해서는 충분히 큰 방해요인이 있어야 하고 또 비록 전송 중인 신호가 잡음이나 기타 방해요인들에 의해 붕괴되었다 할지라도 일단 그 신호가 '1' 인지 '0' 인지만 결정되면 원래의 신호로 완전히 복구되었다 할지라도 일단 그 신호가 '1' 인지 '0' 인지만 결정되면 원래의 신호로 완전히 복구할 수 있다.

반면, **아날로그신호**는 이진신호가 아닌 수많은 형태의 파형을 가지기 때문에 조그마한 잡음이 섞여도 원래의 형태로 완전히 복구할 수 없다. 그리고 디지털회로는 아날로그회로보다 신뢰성이 있으며 낮은 비용으로 생산할 수 있고 쉽게 구현할 수 있다는 잇점이 있다. 예를 들어 주파수분할방식을 사용하는 아날로그신호들을 다중화하는 것보다 시분할방식을 사용하는 디지털신호를 다중화하는 것이 더 쉽다.

또한 데이터의 정보, 텔레비전 신호 등과 같이 서로 다른 종류의 디지털신호라도 디지털신호로 표현할 때는 결국 '1' 또는 '0'만을 사용하게 되므로 전송이나 스위칭을 할 때에는 동일한 신호로 간주할 수가 있다.

그밖에도 디지털통신에서는 데이터의 암호화가 가능하기 때문에 통신의 비밀성이 보장되지만, 아날로그통신에 비하여 더 넓은 대역폭을 필요로 하고 아날로그통신과는 달리 비트의 동기가 필요하다는 번거로움이 있다.

6-2 디지털통신 시스템의 구성

높은 통신품질을 유지하기 위해서 **아날로그통신**에서는 잡음에 대비한 신호의 크기가 매우 중요한 반면, 디지털데이터 자체의 품질은 아날로그신호의 정보에서 얼마나 많은 양의 데이터를 추출하느냐에 좌우되며, 이 많은 양의 데이터를 과연 어떻게 에러 없이 효율적으로 전송할 수 있는가 하는데 **디지털통신**의 품질이 달려 있다. 그러나 많은 양의 디지털데이터를 실시간으로 처리하거나 전송하기 위해서는 회로가 복잡해지고 비용도 비싸진다. 또한 디지털펄스의 주파수스펙트럼에서 알 수 있듯이 고속의 디지털데이터전송은 대역폭을 많이 차지하고, 모든 고속의 디지털데이터에서 '1'과 '0'을 정확히 구분해내기 위해서는 높은 동기화 기술도 요구된다.

아닐로그통신에서는 정보신호로 반송파의 진폭·주파수·위상의 아날로그 레벨을 변조하여 전송하므로 신호가 잡음에 매우 취약하고 이를 피하기 위해서는 높은 전송전력이 필요한 반면, 디지털통신에서는 반송파의 진폭·주파수·위상을 이산적인 몇 가지의 단계로만 만들어 전송하므로 아날로그통신에 비해서 잡음에 강해지고, 낮은 전송전력으로도 수신신호에서 정보신호를 복원하기가 쉬워진다.

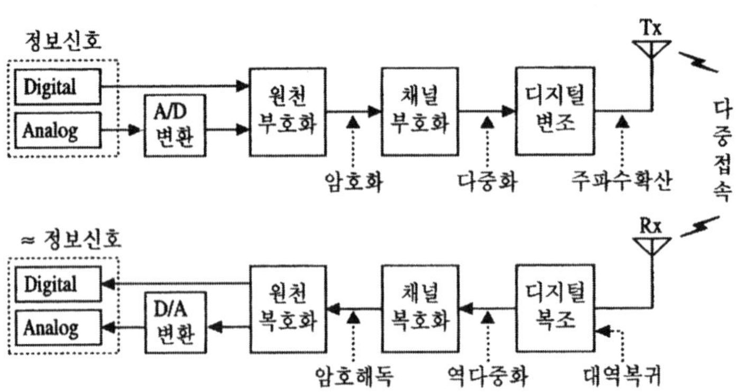

[그림 6-1] 디지털통신 시스템의 구성요소

또한, 디지털통신기술은 나중에 언급할 다중화 등에서 아날로그방식에 비해 유리한 면을 훨씬 더 많이 가지고 있다. 디지털통신은 음성·영상·데이터 등 서로 다른 성격의 디지털신호와 함께 전송할 수 있어 편리하고, 비밀유지를 위해 암호화 등 보안성을 갖추기가 좋다.

[그림 6-1]은 디지털통신시스템을 구성하는 기술요소들을 나타낸다. 그림에서 송신측과 수신측에서 각각 여러 단계의 처리과정을 통해서, 전송신호를 만들어 통신채널로 보내고 받아들여 원래의 정보신호를 복원해낸다. 디지털통신에서의 정보신호는 음성·영상·데이터 등이 될 수 있으며, 디지털통신에서 처리되는 신호는 디지털데이터이어야 하기 때문에 [그림 6-1]에서 정보신호를 아날로그신호와 디지털신호로 상호변환해주는 부분과 통신채널로 전송하기 위한 디지털변복조 과정은 반드시 필요한 구성요소이다.

그 외에 디지털통신기술은 전송속도를 높이고, 데이터를 압축하거나 비밀유지 목적을 추가하고, 한정된 통신채널의 자원을 효율적으로 배분하기 위한 다양한 처리과정과 기술들이 사용되고 있다.

6-3 표본화 정리

음성신호와 같은 아날로그신호를 디지털신호로 변환하기 위한 첫 단계는 표본화작업이다.

이것은 펄스변조 디지털전송방식의 기본이 되는 원리인 것이다. 즉, 송신측에서는 연속적인 아날로그입력신호를 단속하여 불연속적인 펄스열로써 전송하고 수신측에서는 수신한 펄스열로써 원래의 입력신호를 완전하게 재현할 수 있게 된다.

연속적인 신호를 주기적으로 선택하여 원래의 신호를 잘 대표할 수 있도록 위한 것을 **표본화**(sampling)라고 부르고 그 추출된 모체를 **표본**(sample)이라 한다.

표본이란 말 그대로 어떤 집단이나 사물에 대하여 표본으로서 뽑힌 것으로 전체를 잘 대표하지 않으면 안 된다. 연속적으로 변화하는 신호를 표본화하는 경우 정확하게 원래의 신호를 대표하도록 하려면 표본화의 주기간격을 되도록 작게 하여 많은 표본을 위하면 좋다. 그러나 불필요하게 표본을 많이 취하면 신호를 전송하는 데 필요한 전송대역폭(transmission bandwidth)이 커지며 실시간처리가 어려워지는 등 여러 가지 문제점이 발생할 수 있다.

여기서 적정한 표본의 간격을 1948년 **샤논**(Shannon)이 이론적으로 정립한 것이 **표본화정리**(sampling theorem)인 것이다.

이 표본화정리란 전송해야 할 신호의 최고주파수가 f_m 일 때 수신측에서 왜곡(distortion) 없이 원래의 신호를 복원하기 위해서는 **표본화주파수**(sampling frequency) f_s 가 최고주파수 f_m 의 2배 이상으로 표본화되어야 한다는 이론이다. 즉

$$f_s \geq 2f_m \tag{6.1}$$

따라서 표본화주기가 T_s 라면 $T_s = \dfrac{1}{f_s}$ 이므로

$$T_s \leq \frac{1}{2f_m} \tag{6.2}$$

여기서 최소허용표본화주파수 $2f_m$ 을 **나이퀴스트주파수**(Nyquist frequency) 또는 **나이퀴스트율**(rate)이라고 한다.

표본화정리에서 만일 $f_s < 2f_m$ 일 때는 주파수영역에서 신호의 스펙트럼이 겹쳐지므로 원래의 신호를 복원할 수가 없게 된다. 이런 현상을 **에일리어싱**(aliasing)이라고 한다.

또한 디지털펄스의 전송에서 표본화주기 T_s 가 빨라지면 신호의 대역폭이 늘어나기 때문에 송신단에서는 전송주파수대역폭을 제한하기 위해 저역통과여파기(LPF)를 통과시키는데, 그 결과 [그림 6-2](a)와 같이 펄스의 폭이 확산되

어 펄스신호가 원래의 펄스주기보다 길어져 다음 펄스신호를 방해하는데 이런 현상을 **인접심볼간 간섭**(ISI : Intersymbol Interference)이라고 한다.

이러한 현상을 제거하기 위해서는 여파기의 대역폭을 증가시켜 주면 되지만 많은 비용이 들기 때문에 이러한 방식은 거의 사용하지 않는다. 이러한 문제점을 해결하기 위해 대부분 [그림 6-2](b)와 같은 여파기를 사용한다.

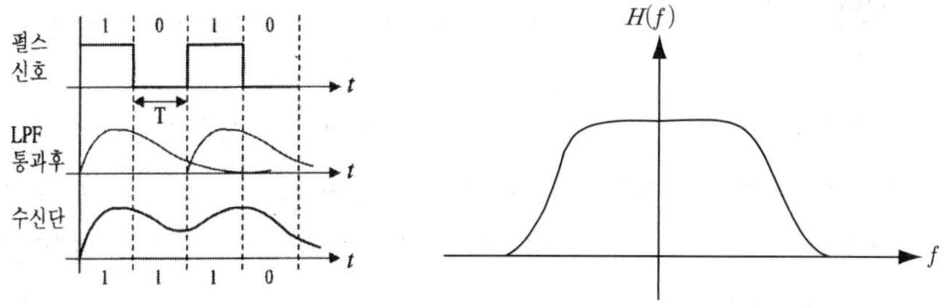

(a) (b)

[그림 6-2] 인접심볼간 간섭(ISI)

이 여파기의 특징은 차단주파수를 중심으로 구부러진 대칭을 이룬다. 이러한 여파기로서 가장 많이 쓰이는 여파기는 **상승코사인여파기**(raised cosine filter)가 있으며, 이 여파기를 수신단과 송신단에 적절히 배치하여 인접심볼간간섭을 줄일 수 있다.

[예제 6-1] 어떤 신호가 25[kHz]로 대역제한되어 있다. 나이퀴스트율을 만족하는 최소표본화주기 T_s를 구하여라.

◀풀이▶ $f_s \geq 2 \cdot \ f_m \geq 2 \cdot 25 = 50\,[\text{kHz}]$이므로

$$T_s = \frac{1}{f_s} = \frac{1}{5000} = 20 \times 10^{-6}[\text{s}] \ = 20[\mu\text{s}]$$

[예제 6-2] 음성신호를 4[kHz]로 대역제한해서 Nyquist율로 표본화한 후, 각 표본을 8[bit]로 A/D 변환하여 전송하려고 할 때 비트율을 구하여라.

◀풀이▶ 비트율 $= 2 \times 4000 \times 8 = 64,000$[bit/sec] = **64**[kbps]

6-4 펄스변조

이미 배운 바와 같이 AM이나 FM 따위의 변조방식은 반송파로서 정현연속파를 사용하였다. 그러나 이보다 더욱더 많이 사용하는 것은 펄스불연속파이다. 이것은 반송파로서 일정한 펄스열을 사용하는 변조방식을 **펄스변조**(pulse modulation)라 한다.

이 펄스변조의 기본적인 종류는 [그림 6-3]과 같이 변조신호의 크기에 따라 펄스의 높이가 변하는 **펄스진폭변조**(PAM : Pulse Amplitude Modulation), 변조신호의 크기에 따라 펄스의 위치가 변하는 **펄스위치변조**(PPM : Pulse Position Modulation), 변조신호의 크기에 따라 펄스의 폭이 변하는 **펄스폭변조**(PWM : Pulse Width Modulation), 변조신호의 크기에 따라 크기와 폭이 일정한 단일펄스가 일정한 시간 내에 그 수가 변하는 **펄스수변조**(PNM : Pulse Number Modulation)가 있다.

또한, 신호의 표본화된 펄스의 진폭을 디지털화한 후 부호화하여 전송하는 전송방식인 **펄스부호변조**(PCM : Pulse Code Modulation)가 있다. 이들 변조방식 중에서 PAM, PWM, PPM 및 PCM은 다음 절에서 자세히 설명하기로 한다.

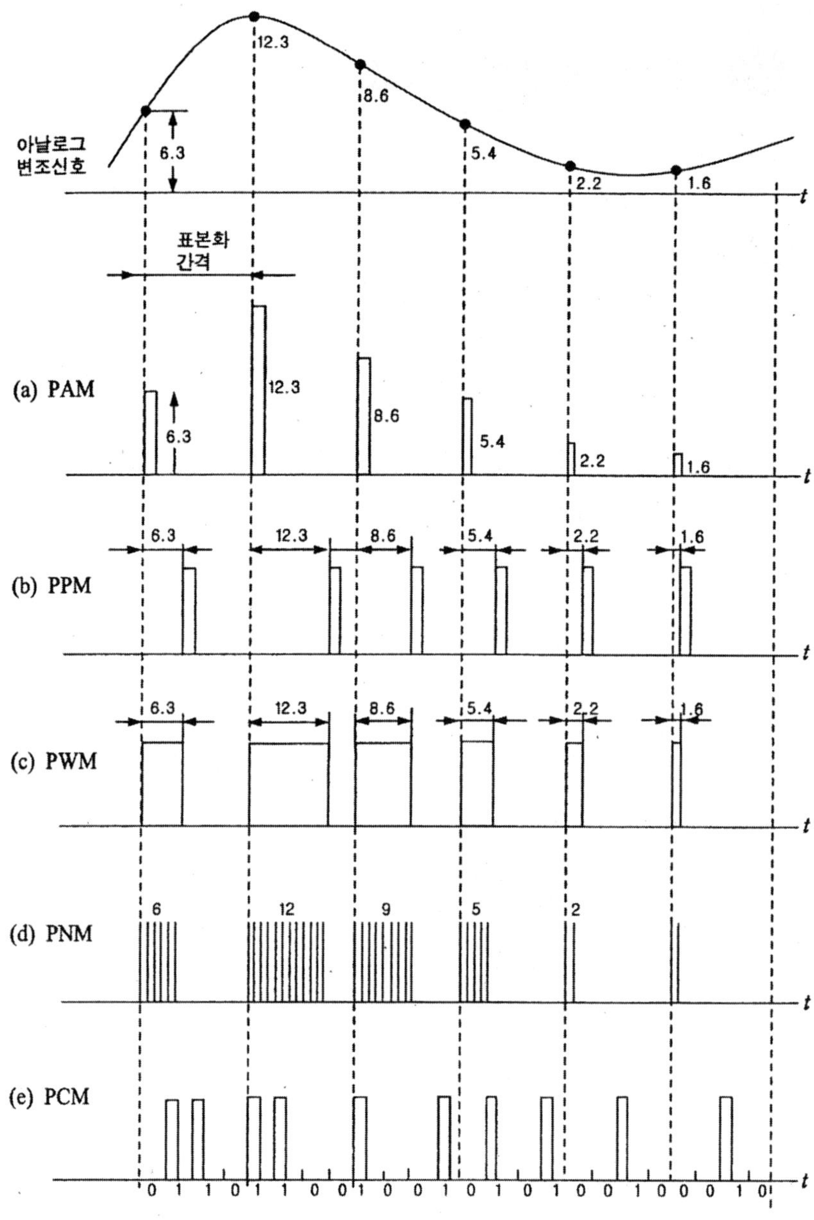

[그림 6-3] 기본적인 펄스변조의 종류

6-5 펄스진폭변조(PAM)

신호파의 진폭에 비례하여 정현반송파의 진폭을 변화시키는 AM의 경우와 마찬가지로 신호파의 진폭에 비례하여 펄스열반송파의 각 펄스의 진폭을 변화시키는 것이 **펄스진폭변조**(PAM : Pulse Amplitude Modulation)이다.

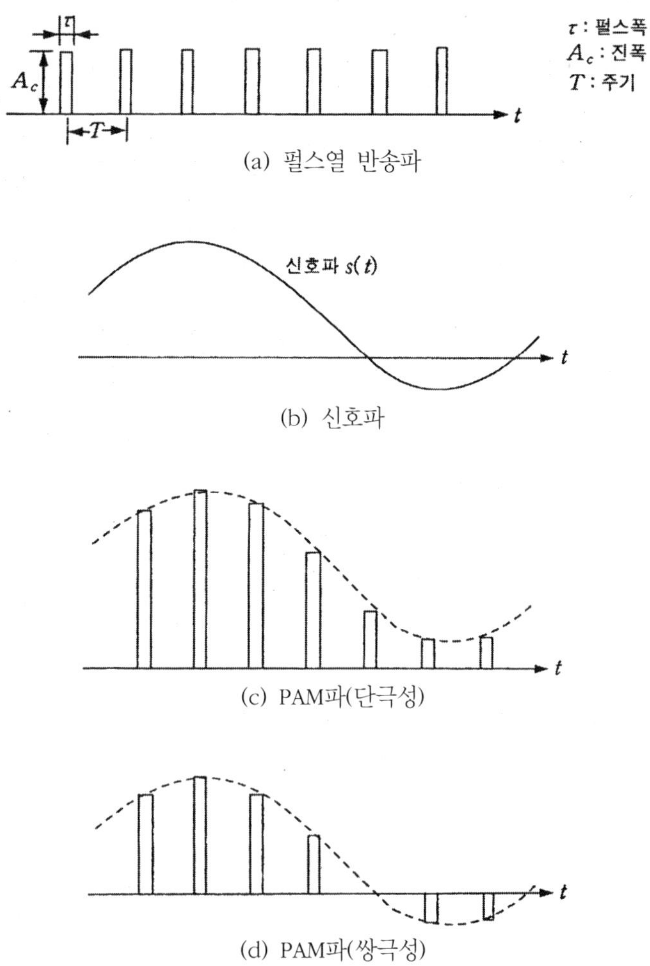

[그림 6-4] PAM파형

표본화정리에 의하여 나이퀴스트 간격으로 취한 표본값에 의해 원래의 신호가 복원되기 때문에, 펄스열반송파의 펄스간격을 나이퀴스트 간격으로 잡아 그의 표본값의 정보를 펄스진폭에 실어서 보낸다면 수신측에서 원래의 신호파를 바르게 복조할 수 있다. PAM파형의 예를 [그림 6-4]에 나타내었다.

PAM파는 무한 개의 주파수성분을 갖고 있으므로 전송할 때에 무한의 대역폭을 갖는 전송로가 필요하다. 그러나 정보는 펄스의 높이에만 포함하고 있기 때문에 펄스의 형이 왜곡을 받아 어떤 형태로 일그러져 있어도 높이가 유지되는한 수신측에서 바르게 신호파를 복원할 수 있다.

PAM파의 주파수스펙트럼에는 신호파 자신의 성분도 포함하고 있어 전송할 때에는 적어도 이 성분을 바르게 전송하면 되기 때문에 신호파의 대역폭이 1/2T일 때 PAM파의 전송에 필요한 대역폭은 1/2T 이상이다.

6-6 펄스폭변조(PWM)

펄스열반송파의 각 펄스에 폭을 신호파의 진폭에 비례하여 변화시키는 것이 **펄스폭변조**(PWM : Pulse Width Modulation)이다. PWM파형의 예를 [그림 6-5]에 나타내었다.

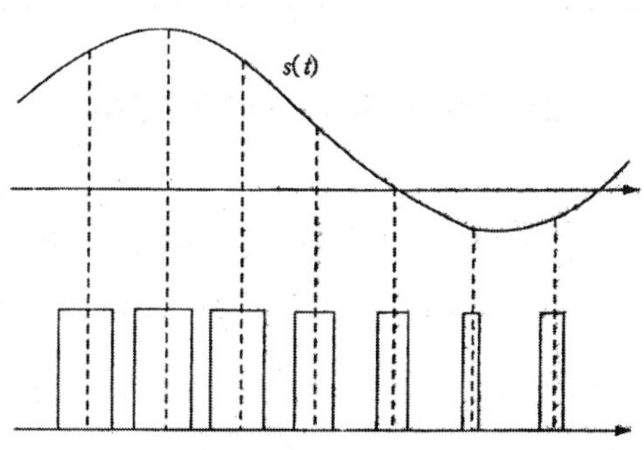

[그림 6-5] PWM파형

[그림 6-6]에 보인 바와 같이 신호파 (a)에 반복주파수가 샘플링주파수와 같은 톱니파 (b)를 가한 (c)를 적당한 레벨로 슬라이스하여 펄스정형을 하면 PWM파가 얻어진다. 이 방법에서는 펄스폭이 시각 b_1, b_2, b_3, …… 에 있어서 신호의 진폭에 비례하고 표본화 간격은 일정하지 않다. 이와 같은 경우를 **자연표본화**(natural sampling)라고 한다.

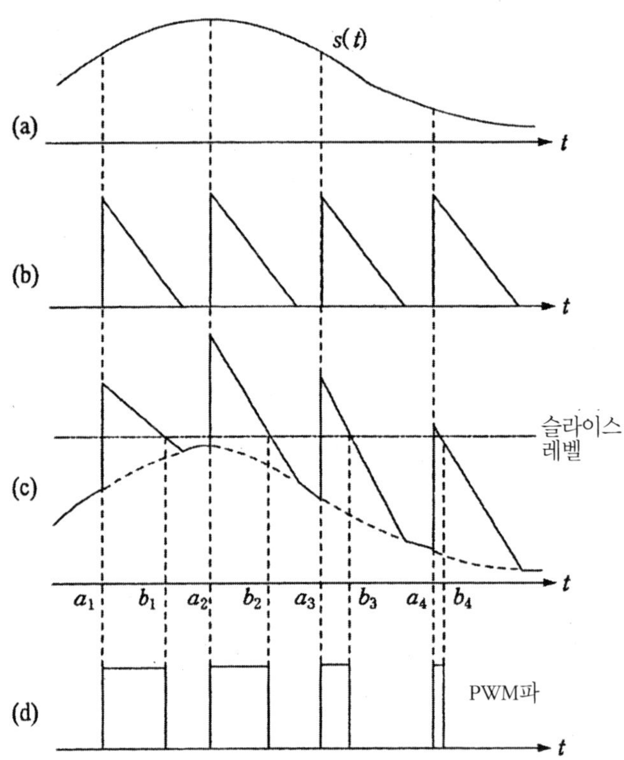

[그림 6-6] PWM의 원리(자연표본화)

표본화간격을 일정하게 하려면 [그림 6-7]에 보인 바와 같이 신호파의 PAM파를 만들고 (a)에 톱니파 (b)를 가하여 (c)를 적당한 레벨로 슬라이스하여 펄스정형하면 된다. 이 방법에서는 펄스폭이 시각 a_1, a_2, a_3, …… 에 있어서의 신호의 진폭에 비례한다. 이것을 **균일표본화**(uniform sampling)라고 한다.

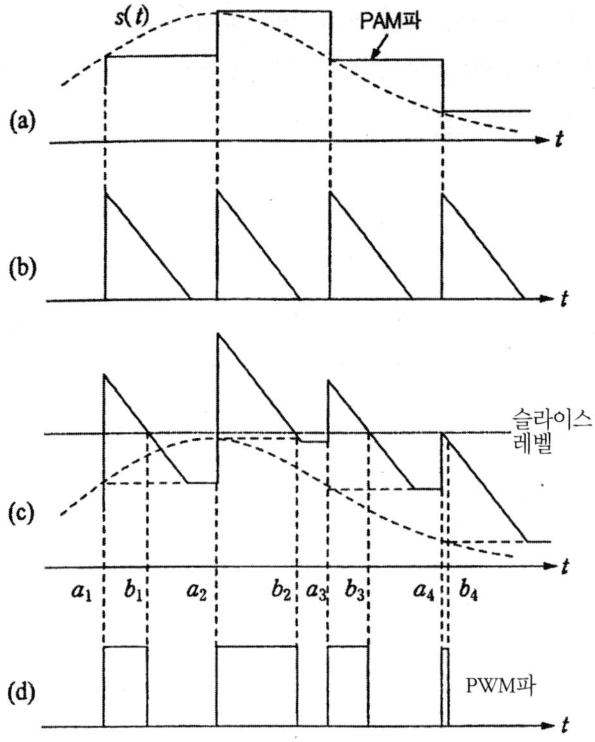

[그림 6-7] PWM의 원리(균일표본화)

6-7 펄스위치변호(PPM)

펄스열반송파의 각 펄스의 위치를 진폭에 비례하여 기준위치에서 편이시킴에 따라 정보를 전달하는 변조방식이 **펄스위치변조**(PPM : Pulse Position Modulation)이다.

PPM파형의 예를 [그림 6-8]에 나타내었다. [그림 6-5]와 비교하면 알 수 있듯이 PPM파는 PWM파의 정보를 포함하고 있는 부분만을 꺼내는 것이다. 이와 같이 PWM과 PPM은 본질적으로 같은 것으로 생각할 수 있다. 그러나 송신전력의 경제성인 점에서 보면 PPM 쪽이 유리하다. PPM파는 [그림 6-9]에 보인 바와 같이 먼저 PWM파를 만들고, 이 PWM파를 미분하여 정보를 포함하는 측의 미분파형을 정형함에 따라 얻어진다.

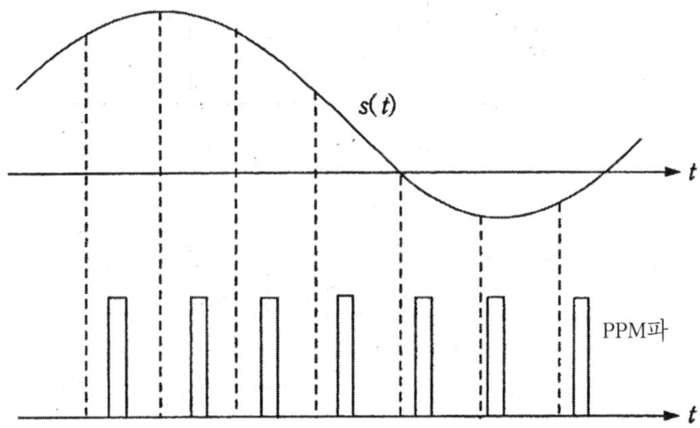

[그림 6-8] PPM파형

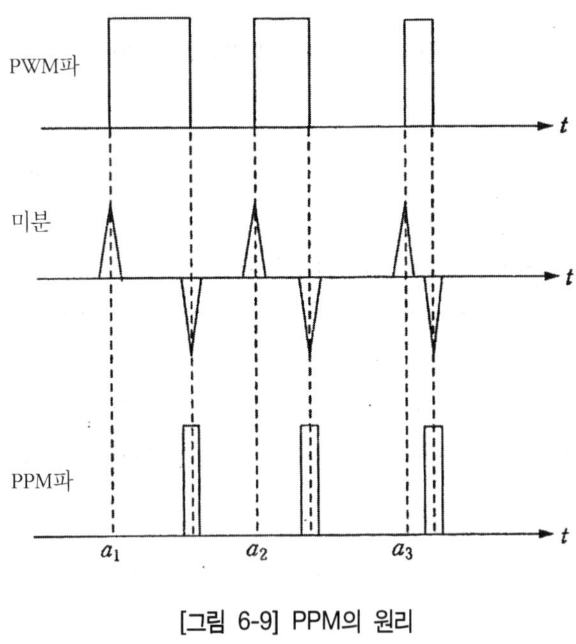

[그림 6-9] PPM의 원리

6-8 펄스부호변조(PCM)

1. PCM의 원리

벨(Bell)연구소에 의하여 개발된 **펄스부호변조**(PCM : Pluse Code Modulation)는 컴퓨터의 음성합성이나 음질이 아주 좋다고 하는 콤팩트디스크(CD)에서 사용되고 있는 기술과 똑같은 것으로, 음의 고저・강약을 부호화해서 보내는 것이다. 즉, 원리는 음성의 부호화(디지털화)이다.

이점은 잡음에 강하고 원래의 음성을 충실히 전하며, 다중도가 높아 경제적으로 전송할 수가 있다.

이와 같은 PCM의 전송방식은 [그림 6-10]에 나타낸 것처럼 5가지의 과정을 필요로 한다.

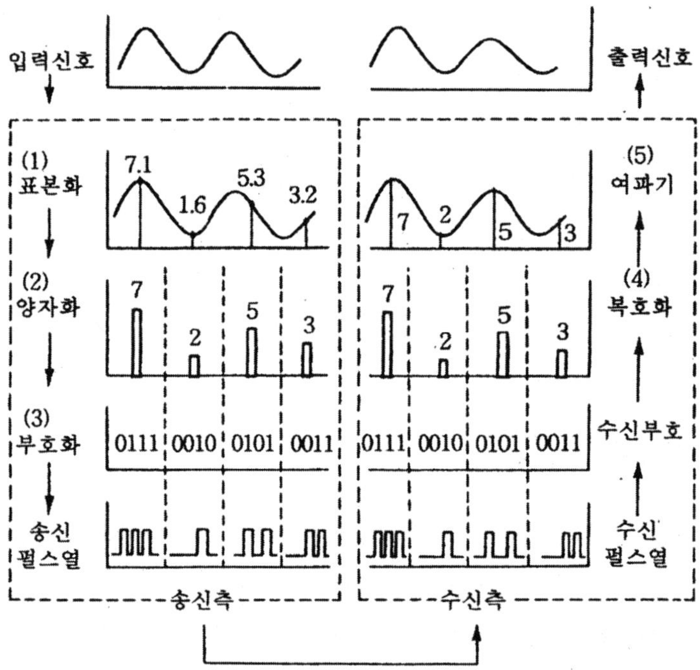

[그림 6-10] PCM의 원리

이들 5가지의 과정을 간단히 설명하면 다음과 같다.

1) 표본화(sampling)

샘플링이라고 하며 연속적으로 변화하고 있는 신호의 진폭을 일정 시간간격으로 읽을 수가 있다. 이 순간값을 표본값이라고 한다. 이 일정 시간간격이 문제이지만 1948년 **샤논**(C.E.Shannon)이 '전송해야 할 정보량의 최고주파수가 W일 때는 1/2W 이하의 간격으로부터 순간값을 읽으면 원래의 정보를 재현할 수가 있다'라는 정리를 발표한 후부터 이 **표본화정리**(sampling theorem)가 이론적 근거로 되었다.

표본화(sampling)해서 얻은 신호를 **PAM**(Pulse Amplitude Modulation)**신호**라고 하며, 각 표본화 펄스는 입력신호의 진폭 정보를 갖고 있다.

2) 양자화(quantizing)

읽은 표본값을 수량화하는 단계이다. 이 때 다음 스텝(step)의 사정을 고려해서 정수가 되도록 사사오입하게 되므로 약간의 에러가 포함되는 셈이다. 이것을 **양자화잡음**(quantizing noise)이라고 한다. 이 단계에서 만들어지는 것은 양자화된 표본펄스열이다.

3) 부호화(encoding)

양자화된 표본펄스의 진폭값을 디지털부호로 변환하는 과정이다. 몇 비트로 변환하는가는 양자화의 정도와 깊은 관련이 있지만, [그림 6-10]에서는 4비트(2^4 = 16, 16값 양자화)로 **부호화**(encoding)하고 있다.

4) 복호화(decoding)

디지털화된 표본 펄스의 진폭값을 디지털회선을 통해서 송신되게 되지만, 수신측에서는 이 디지털정보를 원래의 표본펄스열로 복원할 필요가 있다. 이 과정을 **복호화**(decoding)라고 부른다.

5) 여파기(filter)

복호화된 표본펄스열로부터 입력신호를 재현하는 최후의 과정에 있어서는 이 표본펄스의 파고값(peak value)을 연결하여 원래의 입력신호를 얻게 된다.

2. PCM 방식의 특징

PCM의 통신방식은 반도체기술의 진보를 배경으로 급속하게 이용이 확대되고 있다. 이것은 아날로그방식에 비해서 PCM방식이 우수한 특성을 가지고 있기 때문이다.

그 주된 특징은 다음과 같다.

① PCM은 디지털전송방식이므로 재생에 있어 1이나 0을 검출하면 되므로 잡음 방해에 대해서 강하다. 따라서 전송특성이 나쁜 매체에 사용할 수 있다.

② 재생중계를 행하는데 부호오류의 영향은 있지만 잡음과 누화, 왜곡이 거의 없기 때문에 다중계전송에 적합하다.

③ PCM 특유의 양자화잡음이 있지만, 전송품질은 거리와 통신망의 구성에 관계없이 일정하며, 레벨변동이 없는 안정한 통화품질이 얻어진다.

④ 전화, 데이터, 텔레비전, 팩시밀리 등의 각종 신호를 디지털화함으로써 거의 구별없이 다중화전송이 가능하며, 다른 전송매체간의 상호접속도 용이하고 정보원 및 전송매체에 대한 유연성이 있다.

⑤ 가격이 비싼 필터를 거의 사용하지 않으므로 PCM 단국장치의 가격이 저렴하며, 또한 전송로의 가격이 저렴하여 전송로의 경우 세심화가 가능하므로 경제적이다.

6-9 양자화레벨과 양자화잡음

1. 양자화레벨

만약 입력신호가 −4[V]에서 +4[V]까지 변화한다고 했을 때, 이것을 8레벨(level)로 **양자화**(quantization)한다면 [그림 6-11](a)와 같이 계단모양의 근사파형이 된다. 이것을 16레벨로 양자화한다면 [그림 6-11](b)와 같은 계단모양이 되며, 정밀도는 [그림 6-11](a)의 경우보다 더 향상된다.

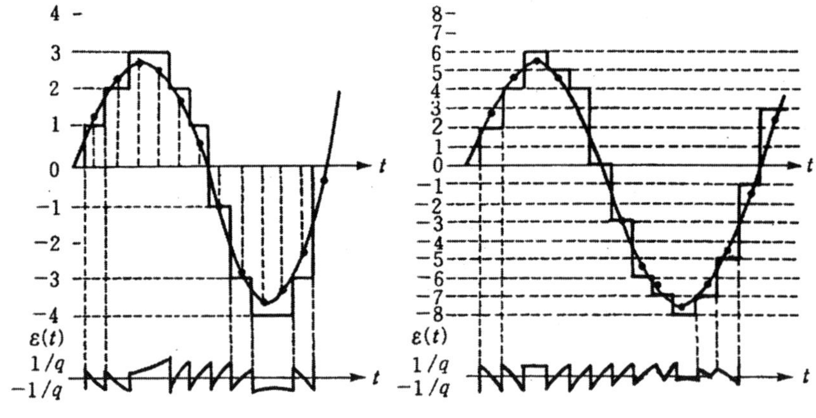

(a) 8레벨의 양자화 (b) 16레벨의 양자화

[그림 6-11] 양자화레벨

이 두 가지 경우의 부호화에 있어서 차이점은 [그림 6-11](a)의 경우는 3비트(bit)로 [그림 6-11](b)의 경우는 4비트로 부호화할 수 있다는 점이다. 따라서 이 부호화의 결과로부터는 1비트간의 차이를 갖는다. 이것을 다시 5비트로 부호화해야 할 경우라면 $2^5 = 32$레벨로 양자화해야 한다. 이와 같이 1비트의 부호화의 증가가 양자화레벨을 2배로 증가하게 하여 정밀도를 더욱더 향상시킨다.

보통, 전화회선에서는 8비트로 부화화하므로 양자화레벨 수는 $2^8 = 128$이다. 그리고 오디오시스템의 PCM녹음은 12비트로 부호화되므로 양자화레벨수는 $2^{12}=4096$이므로 충실도가 높은 것은 당연하다.

[예제 6-3] $e(t)=4\cos 377t$ [V]인 신호를 PCM 4bit로 전송하고자 할 때 양자화레벨의 크기 S는 몇 [V]인가?

◀풀이▶ $4-(-4)=8$ [V]이므로 $2^4=16$등분하므로

$$S=\frac{8}{16}=\mathbf{0.5}\,[\mathrm{V}]$$

2. 양자화잡음

입력파형의 표본화된 진폭과 양자화된 계단파형의 진폭의 값이 일치하지 않으므로 생기는 **양자화잡음**(quantization noise)을 최소화하는 방법을 알아보자.

아날로그신호를 디지털신호로 변환하기 위해서는 먼저 표본화를 하고, 그 표본화된 개개의 펄스의 진폭을 일정한 수로 등분된 진폭에 가장 가까운 값에 대응시키는 과정을 **양자화**(quantization)라고 한다.

이때 표본화된 신호의 진폭과 양자화된 값이 일치하지 않으면 에러가 생기는데, 이 에러를 **양자화잡음**(quantization noise)이라고 한다.

양자화는 신호의 크기를 나누어주는 방법에 따라 **균일양자화**(uniform quantization)와 **비균일양자화**(non-uniform quantization)로 구분된다.

균일양자화는 **선형양자화**(linear quantization)라고도 하며, 신호를 똑같은 양자화 간격으로 나누는 것을 말한다.

비균일양자화는 **비선형양자화**(non-linear quantization)라고도 하며, 큰 값을 지니는 신호부분에 대해서는 양자화간격을 넓게 하고 비교적 작은 값을 가지는 신호부분에 대해서는 양자화간격을 좁게 하는 것이다.

비균일양자화를 할 때에는 비균일양자화기를 사용하는데, 비균일양자화기는 [그림 6-12](c)와 같이 큰 신호값을 가지는 부분보다 작은 신호값을 가지는 부분에서 더 가파른 특성을 지니는 대수적 특성을 이용하여 원래의 신호를 변형

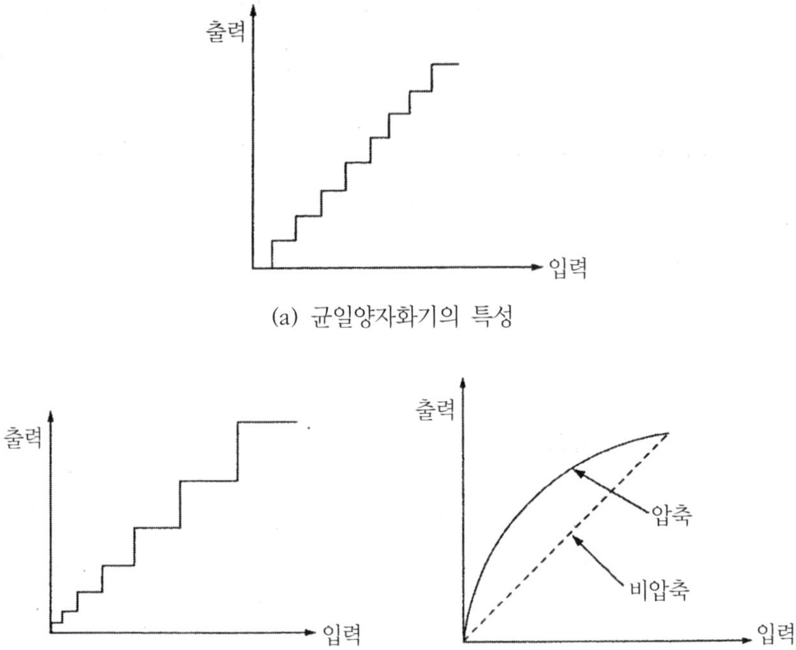

(a) 균일양자화기의 특성

(b) 비균일양자화기의 특성

(c) 압축기의 특성

[그림 6-12] 균일양자화기와 비균일양자화기

시키는 **압축기**(compressor)와 [그림 6-12](a)와 같이 압축기의 출력신호를 균일하게 양자화해주는 균일양자화기로 구성된다. 그러면 수신측 종단에서는 압축기의 역 특성을 갖는 **신장기**(expander)를 균일양자화기(선형복합기) 다음에 사용하면 압축된 값을 신장하여 다시 원래의 표본값을 얻는다. 이와 같이 압축과 신장의 한쌍의 처리과정을 **압신**(companding : compressing and expanding)이라고 한다. 이러한 압신시스템의 계통도는 [그림 6-13]과 같다.

즉, 비균일특성을 얻기 위하여 송신기에는 입력신호를 균일양자화기(선형양자화기)에 인가하기 이전에 압축기를 통과시키고, 수신기에서는 수신신호를 복호화(균일양자화기) 다음에 신장기를 통과시키는 것이다.

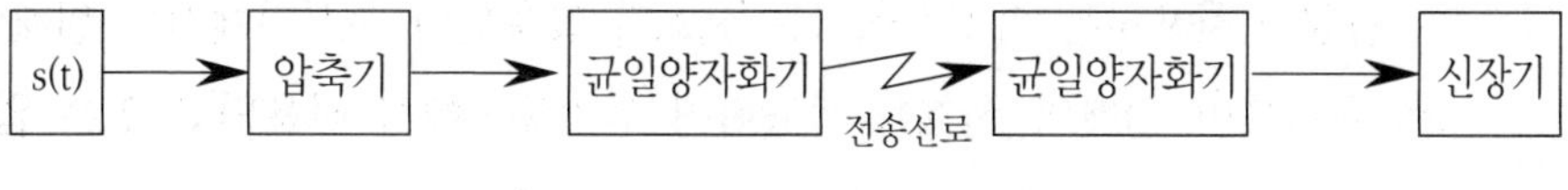

[그림 6-13] 압신시스템의 계통도

이 압신과 균일양자화의 조합에 따라 비선형양자화를 행하는 부호기를 **압신부호기**(companded coder)라고 부르는데 반해 양자화스텝자체를 압축신장특성에 상당하는 비선형특성을 가지는 부호기를 **비선형부호기**(non-linear coder)라고 한다. 이러한 것을 실현하는 방법을 [그림 6-14]에 나타내었다.

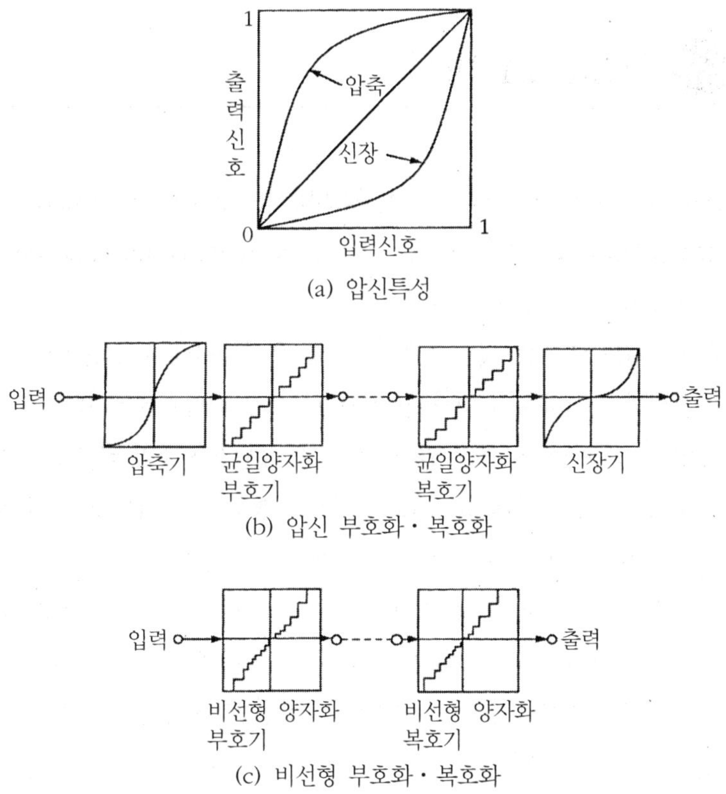

[그림 6-14] 압신과 비선형 부호화

압신을 사용하는 송신기에서는 신호가 압축되며 수신기에서는 원래의 형태로 확장되어 원래의 신호를 복원하며 전기통신에서 사용되고 있는 **압신법칙**(companding law)은 μ-법칙과 A-법칙이 있다.

μ-법칙은 북미(미국과 캐나다), 일본, 한국 등에서 주로 사용되고, A-법칙은 유럽, 아프리카, 남미 등 대부분의 나라에서 사용되고 있다.

또한 미국의 벨시스템은 T-1 디지털 반송시스템에 $\mu=255$ 압신법칙을 채용하고 있으며 유럽 PCM방식에서는 A=87.6 압신법칙을 적용하고 있다.

6-10 PCM-24 방식

현재 사용되고 있는 PCM방식은 **북미방식**(NAS : North American Standard)과 **유럽방식**(CEPT : Conference of European Posts and Telecommunication Administration)이 있다.

북미방식(PCM－24 채널방식)은 현재 우리나라에서 실용화되고 있으며 24개의 음성채널을 하나의 채널에 TDM방식으로 다중화하는 방식이다. 즉 1프레임 내에 24개의 채널이 할당되어 있고, 각 채널은 8개의 비트로 구성되어 있으며 [그림 6-15]에 나타내었다. 1프레임에는 통화로가 되는 24개의 채널과 프레임동기를 취하는 1비트를 합한 193비트로 구성된다.

음성신호의 대역이 4[kHz]이면 매초 8,000회 속도로 표본화가 되므로 PCM 1차군의 펄스전송속도는 193비트×8000＝1.544 M비트/초가 된다. 이 방식은 비교적 장거리 시내중계선이나 근거리 시내회선에서 활용되며 2선식이나 4선식 통화로에 적용된다.

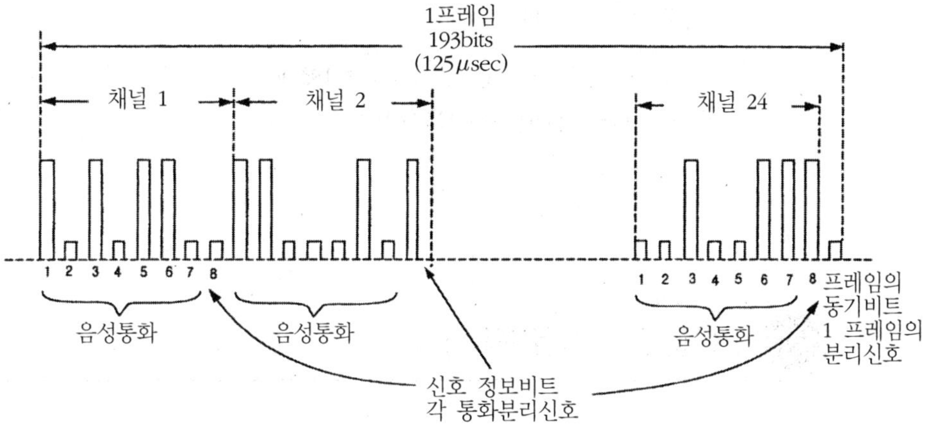

[그림 6-15] PCM－24 방식의 프레임 구성

유럽방식(PCM－32 채널 방식)은 1프레임 내에 32개의 채널이 할당되어 있고, 각 채널당 8개의 비트로 구성되어 있다. 30개의 채널을 다중화하는 방식으로 타임 슬롯은 32개이고, 이중 음성이나 데이터채널수는 30개이며 2개는 동기 및 신호용으로 사용된다. 이 방식의 1차군의 펄스전송속도는 2.048[Mbps]이다.

[예제 6-4] PCM－24방식에서 다음을 답하여라.

① 1프레임 시간 T_f[μs]

② 1통화로에 할당된 시간 T_c[μs]

③ 1time slot 점유시간 T_s[μs]

④ 1프레임에 수용되는 펄스의 수[N]

⑤ 부호펄스의 clock 주파수 f_c[MHz]

◀풀이▶ ① $T_f = \dfrac{1}{2f_0} = \dfrac{1}{2 \times 4000} = \mathbf{125}$

② $T_c = \dfrac{125}{24} \fallingdotseq \mathbf{5.2}$

③ $T_s = \frac{5.2}{8} \fallingdotseq \mathbf{0.65}$

④ N=8bit × 24ch + 1(동기 pulse) = **193**개

⑤ f_c = 193×8000[Hz] = **1,433**[MHz]

6-11 PCM의 변조방식

1. 차동PCM

음성이나 영상과 같은 신호는 상관관계가 강하여 한 표본점에서 다른 표본점으로 옮길 때 신호값이 천천히 변한다. 이와 같은 사실은 앞의 표본값들로부터 추정한 표본값과 실제의 표본값과의 차동(difference)을 전송 가능하게 한다. 이 차동값의 범위는 원래 표본값의 범위보다 작아지기 때문에 이 차동을 양자화하는데 필요한 레벨수가 원래의 표본값을 양자화할 때보다 적어지므로 데이터의 압축이 가능해진다.

[그림 6-16]의 예에서 보면 PCM의 신호값은 0, 3, 5, 6, ……으로 그 범위는 −3~8이지만 차동을 취하면 3−0=3, 5−3=2, 6−5=1, …… 등으로 −4~3의 범위에 들어간다. 즉, 전송하고자 하는 데이터량이 감소되므로 데이터의 압축효과를 볼 수 있는데, 이와 같은 방법을 **차동펄스부호변조**(DPCM : difference PCM)라고 한다.

실제로는 현재 표본값과 직전 표본값의 차동을 부호화하는 것이 아니라 n개의 과거 표본값들을 가지고 통계적 예측기법을 통하여 현재 표본값을 예측하고, 예측값과 현재 표본값의 차동을 부호화하는 방법을 사용한다.

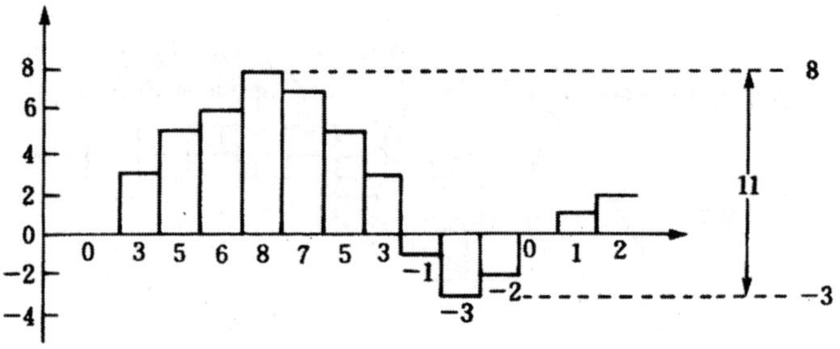

(a) PCM 신호값

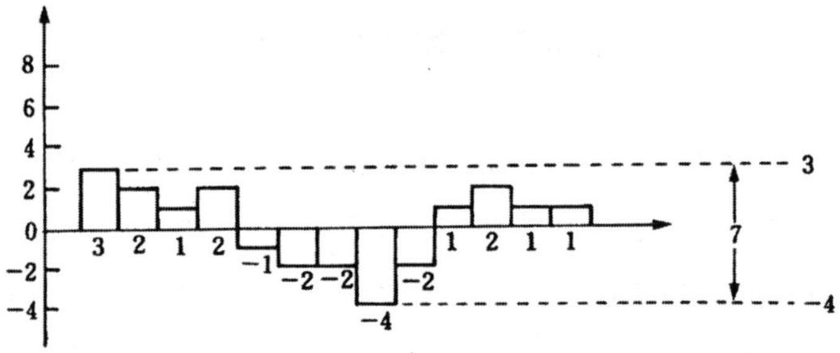

(b) DPCM 차동값

[그림 6-16] PCM과 DPCM의 비교

2. 델타변조

델타변조(DM : Delta Modulation)는 차동신호에 대하여 표본당 1비트만을 사용하는 DPCM의 특별한 경우이다. 이 단일비트는 차동표본의 극성만을 나타낸다. 만약 현재신호가 직전신호보다 크면 즉 차동신호가 (+)이면 1이 발생되고, 현재신호가 직전신호보다 작으면 즉 차동신호가 (−)이면 0이 발생한다.

따라서 델타변조기의 출력은 1과 0으로 구성된 2진부호열이 되어 DPCM보다 간단한 형태가 되며, 이와 같은 출력 1과 0에 따라 $+\Delta$ 또는 $-\Delta$의 진폭을 갖는 스텝(step)을 발생한다.

이와 같은 신호는 [그림 6-17]에 보인 것과 같은 균일한 스텝이 갖는 계단파형이 된다.

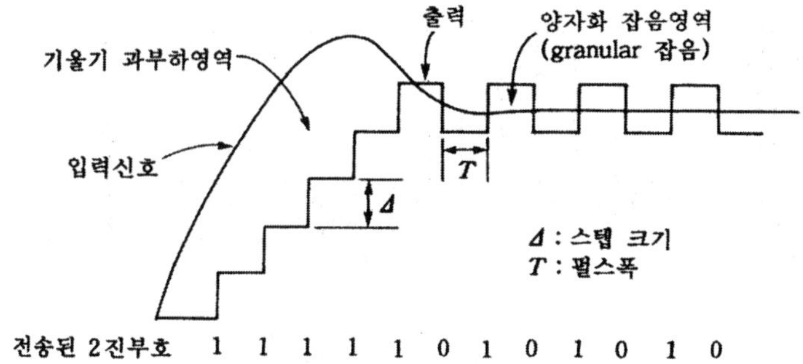

[그림 6-17] 델타변조기의 파형

델타변조에서는 표본화시간 T와 스텝의 크기 Δ를 잘 선택하는 것이 중요하다. 표본화시간 T가 너무 느리면 표본화오차가 발생하고 표본화시간 T가 너무 빠르면 데이터의 양이 많아진다. 한편 스텝의 크기 Δ가 너무 작으면 입력신호를 제대로 따르지 못하여 오차가 발생하고 너무 크면 양자화잡음이 생긴다.

[그림 6-17]은 기울기 **과부하잡음**(slope overload noise)과 **양자화잡음**(granular noise)의 영향을 설명하고 있다. 입력신호의 기울기가 계단의 기울기 Δ/T보다 높으면 **기울기 과부하잡음**이 발생된다. 그러나 입력신호의 기울기가 Δ/T보다 낮으면, 양자화잡음의 형태가 된다. 표본화율이 일정한 경우 기울기 과부하잡음과 양자화잡음의 합이 최소화되도록 스텝크기를 선택하면 최적의 S/N비를 얻는다. 즉, 작은 스텝크기를 택하면 기울기과부하잡음이 주가 되고, 큰 스텝크기를 택하면 양자화잡음이 주가 된다.

3. 적응델타변조

델타변조에서는 신호의 기울기가 표본화간격 Δ의 비를 초과하면 기울기 과부하잡음이 발생하고, 작으면 양자화잡음이 발생한다.

적응델타변조(ADM : Adaptive DM)에서는 신호의 변화에 따라 스텝의 크기를 조절함으로써 DM에서 발생하는 이러한 단점을 없앤 것이다.

[그림 6-18]에서 알 수 있듯이 입력신호의 기울기가 커지면 스텝의 간격은 증가되어 기울기의 과부하에 의한 오차를 감소시키며, 반면에 정보신호의 기울기 변화가 느리면 스텝의 크기를 작게 하여 **입상잡음**(또는 granular 잡음)을 동시에 줄일 수가 있다.

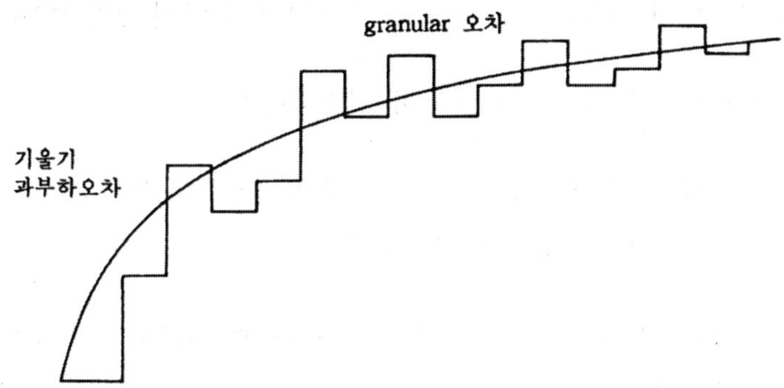

[그림 6-18] ADM에서 신호의 변화

연습문제

1. 아날로그통신과 디지털통신의 장단점을 기술하여라.

2. 디지털통신의 계통도를 그리고 단계적으로 간단히 설명하여라.

3. Shannon의 표본화정리를 간단히 설명하여라.

4. 신호 $s(t)$의 최고주파수성분을 f_h, 최저주파수성분을 $f_l(\neq 0)$이라 하면 표본화주파수 f_s는 어떻게 선정해야 하는가?

5. 에일리어싱(aliasing)과 인접심볼간간섭(ISI)에 대하여 설명하여라.

6. 펄스변조의 종류를 들고 그림으로 비교하여라.

7. 펄스진폭변조(PAM)의 방식을 설명하여라.

8. 펄스위치변조(PPM)의 방식을 설명하여라.

9. 펄스폭변조(PWM)의 원리를 설명하여라.

10. PCM의 계통도를 그리고 단계적으로 설명하여라.

11. PCM통신방식의 특징을 써라.

12. 양자화레벨과 양자화잡음의 관계를 설명하여라.

13. 균일양자화기의 의미에 대하여 설명하여라.

14. 비균일양자화기의 제안목적에 대하여 설명하여라.

15. 압신시스템의 계통도를 그리고 단계별로 간단히 설명하여라.

16. PCM－24 채널방식의 특징을 기술하여라.

17. 차동부호변조(DPCM)방식을 간단히 설명하여라.

18. 델타변조(DM)방식을 간단히 설명하여라.

19. 적응델타변조(ADM)방식을 간단히 설명하여라.

20. 전화의 음성주파수대역인 300~3400[Hz]를 완전히 전송하기 위해서는 표본화주파수 f_s[kHz] 및 표본화주기 T_s[μs]를 구하여라.

답 실용 음성최대주파수는 4[kHz]로 되어 있으므로

$f_s = 2f_m$ 에서 **8**[kHz]

$T_s =$ **125**[μs]

21. 음성신호를 4[kHz]로 대역제한해서 나이퀴스트(Nyquist)율로 표본화하여 8bit로 부호화전송하려고 할 때, 전송속도(bit율)는 몇 [kbps]인가?

답 2×4[kHz]×8[bit] = **64**[kbps]

22. 정현파신호 $s(t) = 8\cos 377t$[V]를 4비트 PCM을 이용하여 양자화할 때, 양자화 간격의 한 단계는 몇 [V]인가?

답 신호의 전체폭은 ±8 = 16[V]이므로

$d = \frac{16}{2^4} = \mathbf{1}$[V]

23. －16[V]~16[V] 범위의 아날로그를 디지털화할 때, 각 단계의 레벨을 2[V]로 하려면 몇 [bits]가 필요한가?

답 $d = \frac{16 \times 2}{2^2} = 2$ 에서 $n = \mathbf{4}$[bits]

24. 8비트 PCM 다중전화에서 24채널의 다중화를 시켰을 때, 펄스의 반복주파수는 몇 [MHz]인가?

답 8[kHz]×(24×8×1) = **1.544**[MHz]

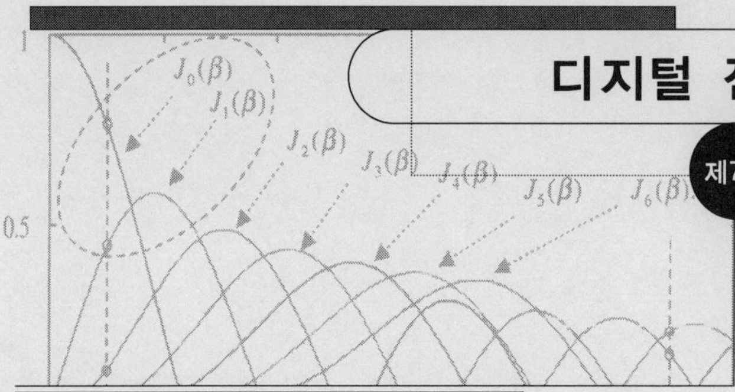

디지털 전송방식

제7장

7-1 직렬전송과 병렬전송

인간이 이해할 수 있는 정보의 최소단위는 문자(영자, 숫자, 특수기호)이지만, 정보처리 분야에서는 이 문자를 비트의 조합으로 표현하고 있다. 일반적으로 컴퓨터에서는 8비트를 1개의 단위(바이트)로 해서 문자를 구성하고 있다.

문자를 통신회선(전송로)에 실어서 상대편에 보내는 방법에는 8비트를 1비트씩 차례대로 보내는 **직렬전송**(serial transmission)방식과 1문자분의 8비트를 동시에 보내는 **병렬전송**(parallel transmission)방식의 2가지가 있다.

1. 직렬전송

직렬전송은 [그림 7-1]과 같이 1회선의 통신회선을 사용해서 1문자분의 비트를 1개씩 보내는 것으로 병렬전송보다 데이터를 보내는 시간은 더 소요되므로 전송속도는 느린 반면, 통신회선 설치비용이 적게 들어 원거리 통신에 널리 이용된다.

한편, 컴퓨터 혹은 단말장치의 내부에서 데이터는 병렬로 처리되고 있기 때문에 송신측에서는 1문자분의 비트를 병렬에서 직렬로 변환하고(병/직렬변

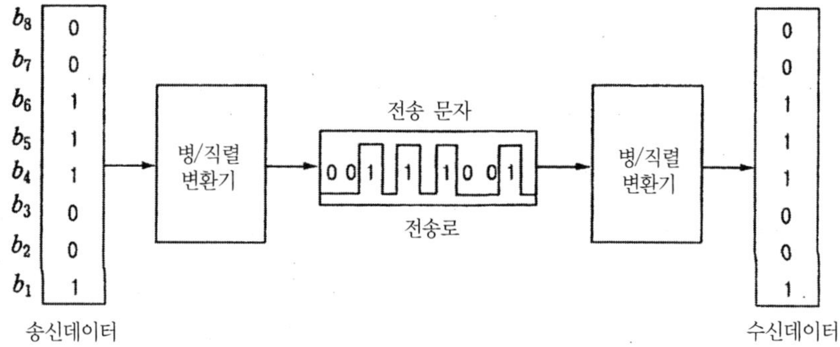

[그림 7-1] 직렬전송

환), 수신측에서는 직렬에서 병렬로 다시 변환하는(직/병렬 변환) 장치가 필요하다.

현재의 데이터전송은 일반적으로 직렬전송이 통신회선에 이용된다.

2. 병렬전송

병렬전송은 [그림 7-2]와 같이 1문자분의 비트를 각 전송로를 통해서 동시에 보내는 방식이므로 직렬전송과 같이 바이트를 비트단위로 분해할 필요가 없다.

병렬전송방식은 통신회선수만큼 여러 비트를 동시에 보내는 방식으로 비교적 근거리의 데이터전송에 이용하거나 고속의 데이터전송에 이용된다.

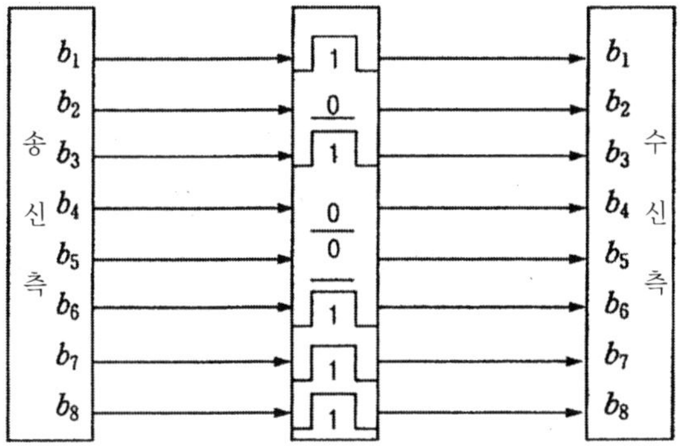

[그림 7-2] 병렬전송

병렬전송은 단위시간에 대량의 데이터를 전송할 수 있으며, 단말장치의 구성이 직렬전송보다 간단한 반면, 데이터를 구성하는 비트 수만큼 전송회선이 필요하므로 회선비용이 많이 들고, 전송거리가 길어지면 각 전송로마다 비트가 도착하는 시간이 다를 수 있어 원래의 비트블록을 정확히 복원하기 어려워진다.

또한, 병렬전송방식에서는 송신측과 수신측에서 동시에 보내는 각 비트의 타이밍을 맞추지 않으면 안 된다. 이 때문에 데이터를 보내는 통신회선과는 별도로 전송시의 타이밍을 맞추기 위해 송출하는 동기부호용의 통신회선을 필요로 한다.

7-2 통신방식

송신측과 수신측의 2개의 단말이나 통신회선간에 정보를 어떻게 전달하는가를 **통신방식**(communication method)이라고 한다.

통신방식에는 통신회선상에 전송되는 데이터가 어느 방향으로 전송되고 있는가에 따라서 **단방향**(simplex) **통신방식**, **반이중**(half duplex) **통신방식**, **전이중**(full duplex) **통신방식**이 있다.

1. 단방향 통신방식

데이터의 흐름이 항상 일방통행인 통신방식이다. 라디오, 텔레비전 등도 단향 통신방식의 일종이며, 보통의 온라인시스템에서는 거의 사용하지 않는다. 그러나 대표적인 데이터수집시스템인 POS(Point Of Sales)에서는 양방향의 통신은 불필요하므로 이 방법을 사용해서 데이트를 전송할 수가 있다([그림 7-3] 참조).

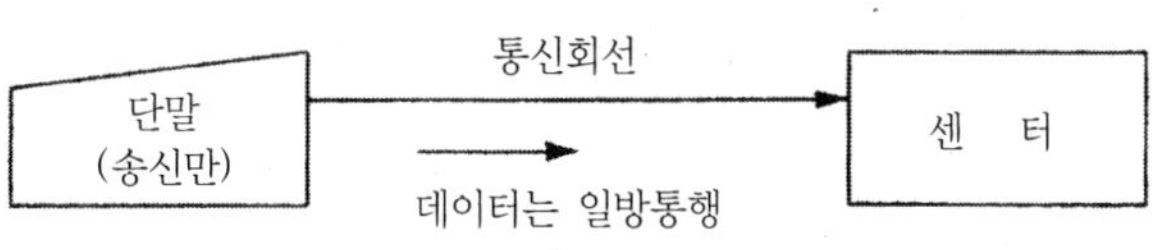

[그림 7-3] 단방향 통신방식

2. 양방향 통신방식

단말장치나 컴퓨터에는 각각 송신, 수신의 기능이 준비되어 있어 데이터는 어느 방향으로도 전송할 수가 있다.

그러나 한 시점에 있어서는 한 방향으로만 전송할 수 있고, 한 방향의 전송을 완료한 후 송·수신의 절체를 해서 역방향의 전송을 하는 방법이며, 동시에 양방향의 전송을 할 수는 없다. 반이중통신방식은 2선식의 회선이라도 좋고, 조회 형의 시스템에 적합하여 온라인시스템에서 제일 많이 채용되고 있는 방법이다([그림 7-4] 참조).

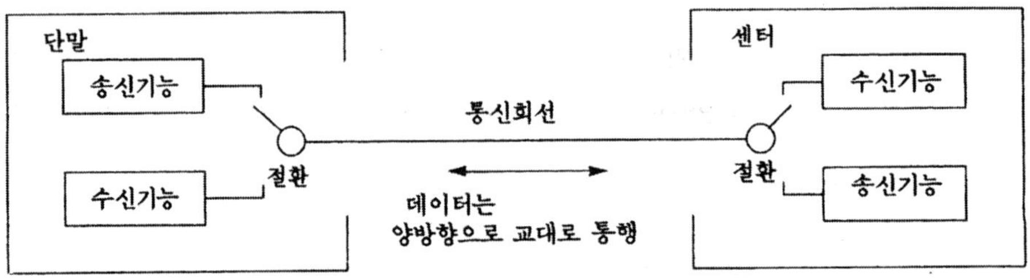

[그림 7-4] 반이중 통신방식

동시에 양방향의 통신이 가능하며 서로 송신하면서 동시에 수신도 할 수 있는 방식이다. 이것은 일방통행의 통신회선이 반대방향으로 2조 준비되어 있는 것과 똑같다.

이 통신방식은 메시지교환시스템 등에서 많이 사용되는 주파수분할된 2선식으로도 가능하지만 통상은 4선식을 필요로 한다. 또한 전이중통신을 할 수 있는 통신시설로는 반이중통신도 가능하지만 반이중통신용의 시설로는 전이중통신을 할 수가 없다([그림 7-5] 참조).

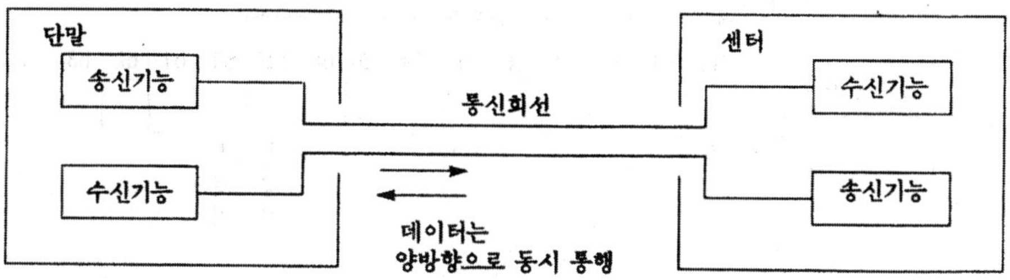

[그림 7-5] 전이중 통신방식

7-3 동기방식

데이터는 통신회선을 통해서 송신측에서 수신측으로 보내지만, 데이터를 정확하게 송・수신하기 위해서는 타이밍을 정확히 일치시킬 필요가 있다. 각 비트간의 타이밍이 정확히 일치하고 있는 것을 '동기를 취하고 있다'고 한다. 동기를 취하는 방법에는 비동기식(조보 동기방식)과 동기식(독립 동기방식)이 있다.

1. 비동기 방식

비동기(asynchronous)**방식**은 1문자마다 전후에 스타트비트와 스톱비트를 붙여서 전송하며, 수신측에서는 이 2개의 비트로 동기를 취해 문자를 조립한다.

이 방식에서는 문자의 구분으로 되어 있는 스타트 및 스톱비트가 동기신호로 되어 있으며, 문자와 문자 사이에 임의의 간격이 있어도 정확하게 데이터를 전송할 수가 있다. 그러나 1문자마다 2비트를 여분으로 전송해야 하므로(1문자가 8비트로 표시되는 경우에는 10비트를 보내게 된다.) 전송효율이 동기방식에 비해서 나쁘다([그림 7-6] 참조).

이 방식은 비교적 저속도(1200bps 이하)의 데이터전송에 이용되고 있다.

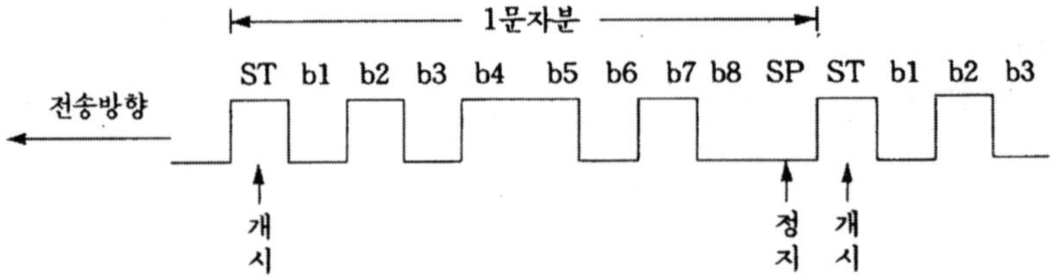

[그림 7-6] 비동기 방식

2. 동기방식

동기(synchronous)**방식**에서는 문자마다 동기를 취하기 위한 특정의 비트는 존재하지 않고, 어느 비트로부터 데이터가 시작되는가를 나타내는 동기부호(전송제어 문자)를 2개 이상 데이터 앞에 부가해서 전송하여 동기를 취하는 방식이다.

수신측에서는 동기부호(일반적으로 SYN 부호)가 2개 혹은 그 이상 연속해서 검출되었을 때 동기가 취해지는 것으로, 이후 비트를 필요 비트(8비트)씩 구분해서 문자로 인식한다([그림 7-7] 참조).

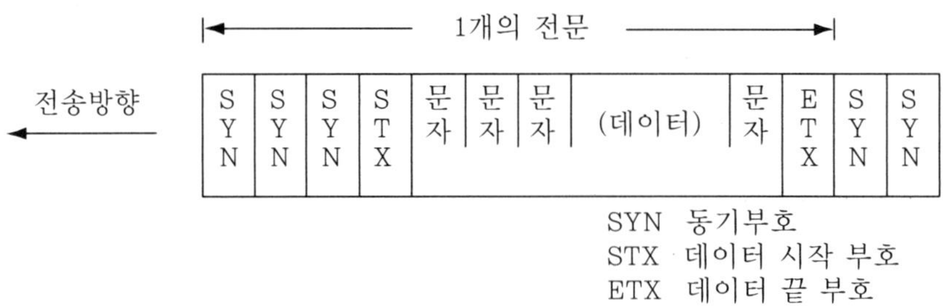

[그림 7-7] 동기방식

이 동기방식은 문자마다 동기를 취하지 않기 때문에 전송 효율이 좋고, 고속인 데이터 전송에 적합하다. 그러나 송·수신과 동시에 동기부호를 부가하기도 하고 검출하기도 하는 하드웨어 기구가 필요하게 된다.

7-4 베이스밴드 전송방식

컴퓨터나 단말장치의 내부에서 데이터는 모두 2진의 디지털 부호로 표시되어 있다.

이러한 데이터를 전송하는 방법으로는 디지털 부호인 정보를 0과 1로 표시하고 이것을 그대로 직류의 전기신호로 전송하는 방법과 정보를 별도의 반송파(carrier wave)에 실어서 전송하는 방법이 있다.

전자의 방법을 **베이스밴드**(base band) **전송방식** 또는 **기저대역 전송방식**이라 하고, 후자를 **광대역**(broad band) **전송방식** 간단히 **대역**(band) **전송방식**이라 한다([그림 7-8] 참조).

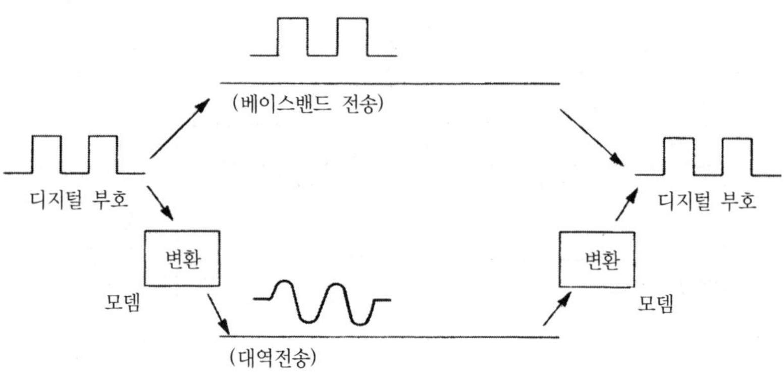

[그림 7-8] 베이스밴드전송과 대역전송

베이스밴드(baseband) **전송방식**은 통신회선을 통하여 베이스밴드신호(변조되기 이전의 컴퓨터나 단말장치의 출력신호, 즉 직류신호)를 변조하지 않고 그대로 전송하는 방식을 말하며 **디지털 전송방식**이라고도 한다.

베이스밴드 전송방식의 특징은 신호자체가 직류이므로, 진폭에너지의 감쇠나 잡음의 영향을 받기 쉽기 때문에 장거리전송에는 별로 사용되지 않고, 만일 장거리전송을 사용할 경우에는 도중에 증폭기나 재생중계기가 필요하기 때문에 회선설비의 비용이 많이 드는 결점이 있다.

이 때문에 아날로그전송을 사용하지 않는 컴퓨터와 단말장치간의 전송이나 구내 또는 빌딩내의 네트워크(LAN) 등 비교적 단거리에서 저속인 전송에 이용되고 있다. 베이스밴드 전송방식에는 [그림 7-7]에 보인 바와 같이 여러 가지의 종류가 있다.

방 식	신 호 파 형 (2진부호: 1 0 1 0 0 1 1 0)	특 징
단류 NRZ	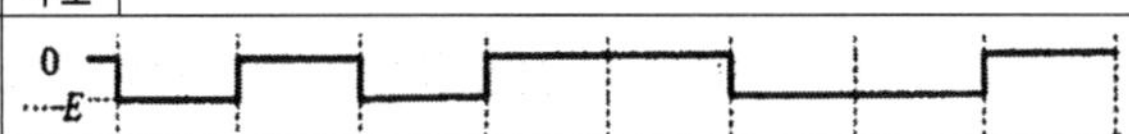	'1'을 $-E$, '0'으로 한다.
단류 RZ	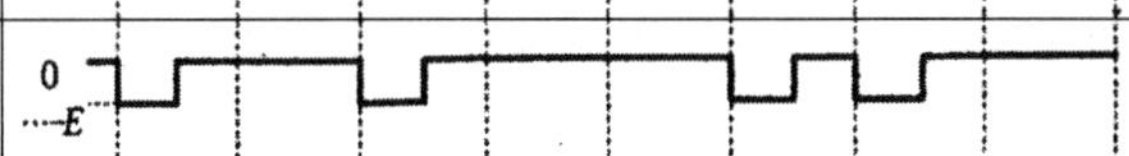	'1'일 때 일정시간 $-E$로, 기타는 모두 0으로 한다.
복류 NRZ	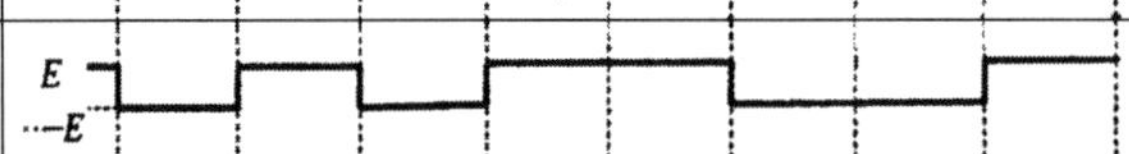	'1'일 때 $-E$로, '0'일 때 E로 한다.
복류 RZ	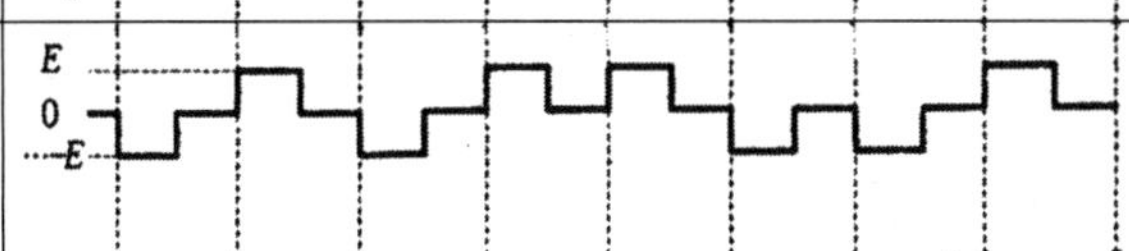	'1'일 때 일정시간 $-E$로, '0'일 때 일정시간 E로 하고, 기타 모두 0으로 한다.
바이폴라	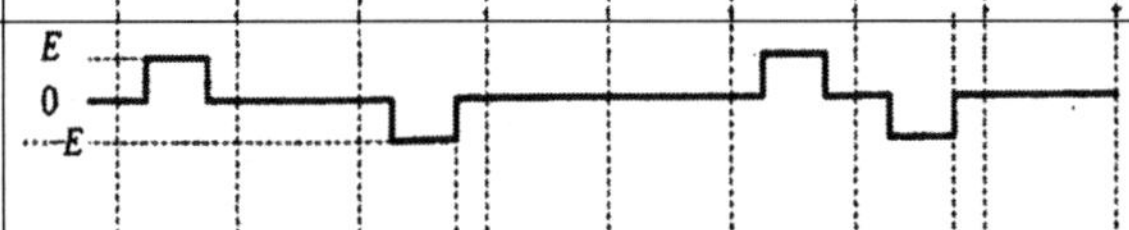	'1'이 나타나면 교대로 일정시간 $-E$ 또는 E로 '0'의 경우 전구간 0으로 한다.
차분	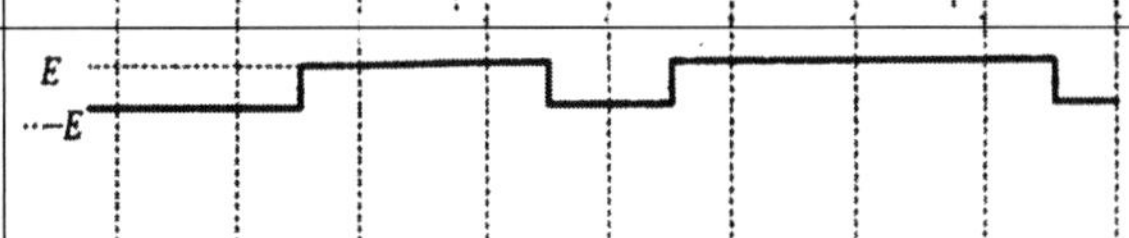	'0'일 때만 E에서 $-E$, 또는 $-E$에서 E로 변화시키고, '1'일 때는 변화없다.
다이코드	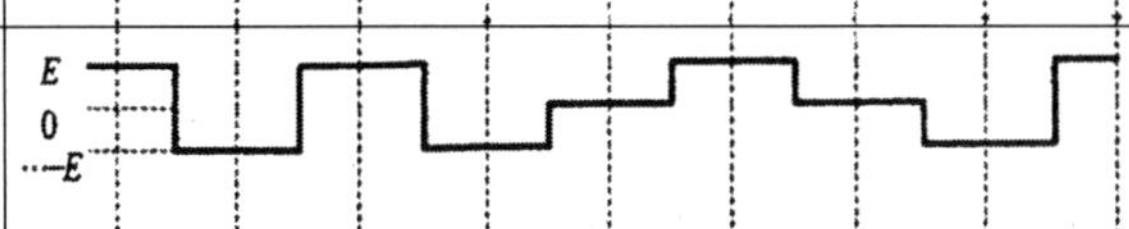	'1'에서 '0'을 $-E$에서 '0'에서 '1'일 때, E, '0'에서 '1'은 0으로 한다.
다이펄스	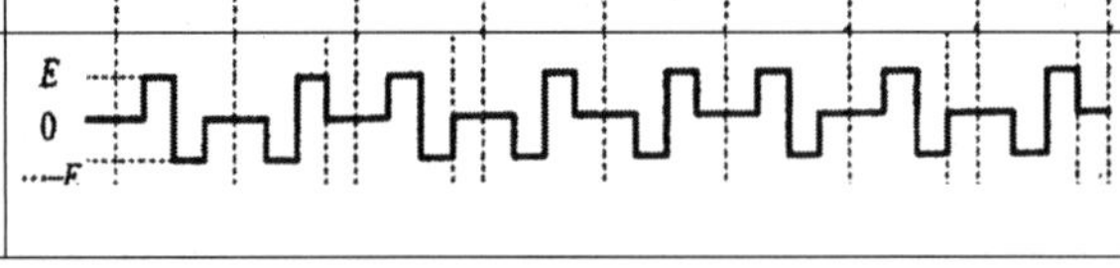	'1'과 '0'에 대해서 위상이 180° 다른 파형을 할당한다.

[그림 7-9] 베이스밴드 전송방식의 직류신호

1) 단류방식

단류방식은 디지털신호의 0을 전압 0과 1을 (+)전압 또는 (−)전압에 대응시킨 신호로 전송하는 방식으로서, 극성은 한쪽밖에 사용되지 않는다.

단류방식의 특징은 가장 간단한 전송방식이지만 직류분을 포함하기 때문에 전송이 어렵고, 타이밍도 취하기 어려우며 잡음의 영향을 받기 쉽다는 결점이 있다. 또 수신측에서 "0"인가 "1"인가를 판정할 때 판정임계값을 선택하기가 어렵다는 등의 이유에서 근거리의 데이터전송에만 주로 사용된다.

2) 복류방식

복류방식은 디지털 신호의 0을 (+)전압, 1을 (−)전압에 대응시킨 신호로 전송하는 방식으로, "0"인가 "1"인가의 신호판정은 0전위를 기준으로 하면 좋기 때문에 오류가 적어 가장 널리 사용되는 방식이다.

복류방식의 특징은 단류방식에 비해서 파형변현(저주파, 차단 변형)이 적고, 타이밍도 취하기 쉽다는 특징을 가지고 있다.

3) NRZ방식

NRZ(non-return to zero)**방식**은 비트펄스 사이에 전위 0으로 유지하지 않고 계속해서 펄스를 전송하는 방식이다.

4) RZ방식

RZ(Returen to zero)**방식**은 비트펄스와 다음 비트펄스 사이에 전위 0을 일정시간 동안 유지한 후 에 다음 신호를 보내는 방식으로서, 펄스가 나온 후 즉시 전위 0의 상태로 되돌아가는 것을 뜻한다. 복류 RZ 방식에서는 각 비트에서 반드시 미분펄스가 꺼내지므로 동기하기 쉽다.

5) 바이폴라 방식

바이폴라(bipolar)**방식**은 0일 때는 전위 0상태에 머무르고, 1일 때는 (+)전압과 (−)전압을 교대로 나타나는 방식이다. 여기서 **바이폴라**(bipolar)란 두 개의 극이라는 뜻이다.

바이폴라방식의 특징은 극성이 교대로 변화하는 펄스를 사용하므로 파형의 평균값은 0이 되고, 전송로에 직류차단 특성이 있어도 파형변형이 생기지 않는다는 특징을 가지며, 펄스가 있으면 그 극성에 관계없이 1로 간주되고, 펄스가 없으면 0으로 간주된다.

6) 차분방식

차분(differential)**방식**은 극성이 변화하면 0, 변화하지 않으면 1로 전송되는 방식이다.

7) 다이코드 방식

다이코드(dicode) **방식**은 0에서 1로 변화할 대 (+)전압, 1에서 0으로 변화할 때 (−)전압 및 전혀 변화가 없을 때 0전압으로 하는 방식이다.

8) CMI방식

CMI(Coded Mark Inversion)**방식**은 (−)에서 (+)로 극성이 변화하면 0이고, 극성이 (+) 또는 (−)로 변화하지 않으면 1로 전송하는 방식이다.

9) 다이펄스 방식

다이펄스(dipulse) **방식**은 위상변조와 동일한 현태로 저속전송에서도 잡음의 영향을 받기 어려워서 잡음이 많은 통신로와 고속통신에서 널리 사용된다.

7-5 대역전송방식

송신측에서는 직류신호를 교류신호로 변환하여 전송하고, 수신측에서는 직류신호로 역변환할 필요가 있는 방식 즉, 이 방식은 베이스밴드방식과는 달리 원래의 2진부호를 별도의 신호로 변화시켜서 송신하기 위하여 통신회선상에서는 원래의 신호와는 전혀 다른 형태로 된다. 이 별도의 신호는 교류신호가 사용되며, **반송파**(carrier wave)라고 부른다. 원래의 2진부호에 대해서 반송파를 변화시키는 방법에는 여러 가지가 있다. 예를 들면 교류신호의 진폭을 변화시키기도 하고 혹은 주파수 및 위상 등을 변화시키기도 한다. 이처럼 반송파의 상태를 변화시킬 때 어느 범위를 설정한다. 예를 들면 진폭의 범위라든가 주파수의 범위이다. 이 범위를 **대역**(band)이라고 부른다. 이 때문에 **대역전송방식**(band transmission method)이라고도 한다. 또한, 반송파가 교류신호이기 때문에 **아날로그전송**(analog transmission)이라고도 부른다.

디지털 데이터전송의 변조방식으로는

① **진폭변조**(AM : Amplitude Modulation)**방식**인 **진폭편이변조**(ASK : Amplitude Shiftkeying Modulation 방식

② **주파수 변조**(FM : Freguency Modulation)**방식**인 **주파수편이변조**(FSK : Freguency Shift Keying Modulation)방식

③ **위상변조**(PM : Phase Modulation)**방식**인 **위상편이변조**(PSK : Phase Shift keying Modulation)방식

의 3가지가 있다. 이들 파형을 [그림 7-10]에 나타내었다.

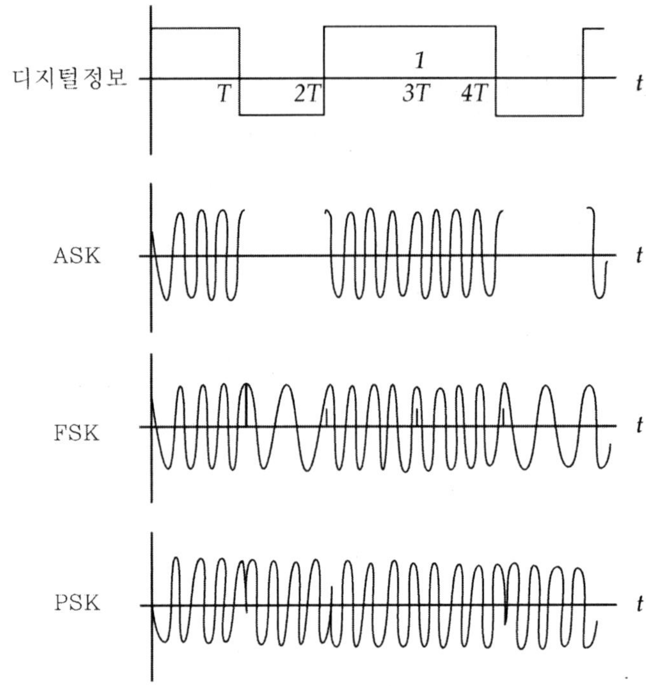

[그림 7-10] ASK, FSK, PSK의 파형

7-6 진폭편이변조(ASK)

진폭편이변조(ASK : Amplitude Shift Keying Modulation)는 디지털신호에 따라 반송파의 진폭을 변화시키는 방식으로서 2진 부호인 "1"에 대해서는 정현파신호가 존재하고 "0"에 대해서는 정현파신호가 존재하지 않는다. ASK방식은 갑작스런 이득(gain)의 변화에 민감하게 반응하며, 다소 비효율적인 변조기법이다. 음성급회선에서는 보통 1200bps이하의 속도에서 사용된다.

ASK방식의 기본원리와 파형의 예를 [그림 7-11]에 나타내었다.

이와 같이 변조된 신호 파형은 스위칭에 의해서 반송파의 단속(on-off)파형이므로 OOK(On-Off-Keying)이라고도 부른다.

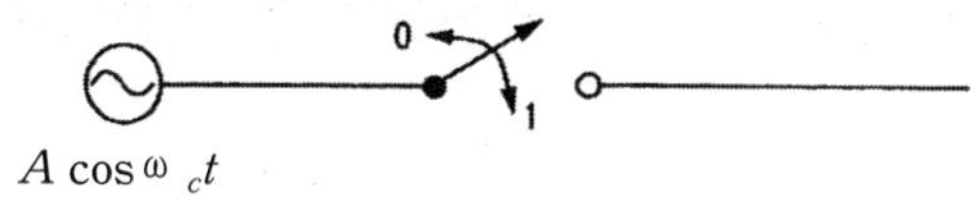

(a) OOK의 변조기의 설명도

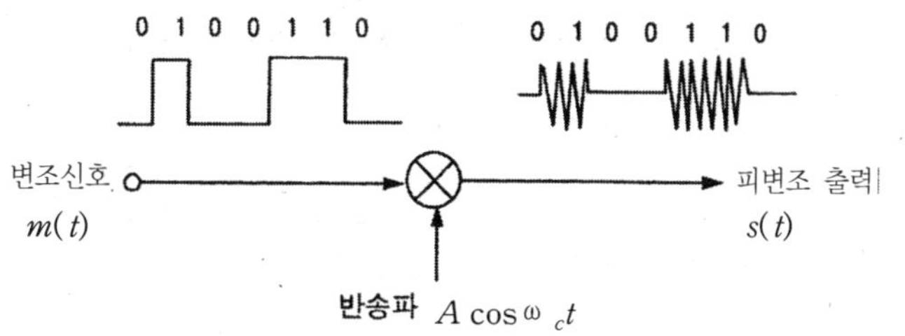

[그림 7-11] ASK방식의 원리

이 변조방식은 통신회선상에서 발생한 잡음이나 신호의 레벨 변동에 약하다는 결점이 있다. 그러나 반송파를 간단히 on · off하는 방식이기 때문에 회로가 간단하고 모뎀값이 싸다. 더구나 주파수대역을 효과적으로 이용할 수 있는 등의 이점도 있다. 따라서 디지털통신의 초창기에는 실제적으로 많이 사용되던 변조방식이었으나 현재는 거의 사용하지 않는다.

7-7 주파수편이변조(FSK)

주파수편이변조(FSK : Freguency Shift Keying Modulation)란 디지털신호에 따라 반송파의 주파수를 변화시키는 방식이다.

가장 단순하고 널리 사용되는 방식으로 2개의 독립된 발전기를 정보비트에 따라 스위칭시키면 발생되는 **2진주파수편이변조**(BFSK : Binary FSK)이다.

즉, BFSK방식의 원리는 베이스밴드신호의 펄스 '1'에 대해서는 반송파 f_1을 할당하고, '0'에 대해서는 다른 반송파주파수 f_2를 할당하는 것으로서 [그림 7-12]와 같다.

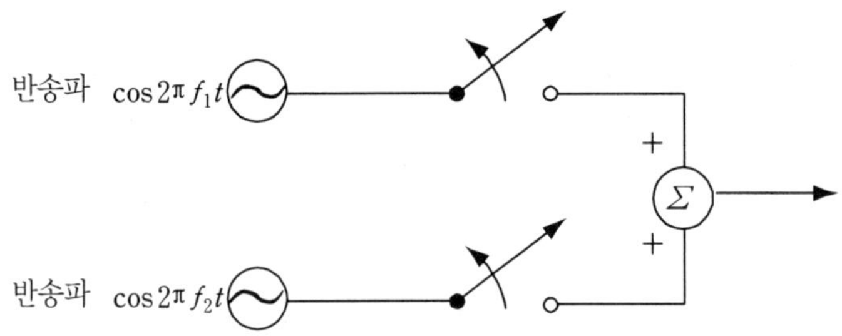

[그림 7-12]BFSK의 원리

FSK는 ASK에 비해서 통신회선상에서 발생하는 잡음이나 레벨변동에 강해서 에러가 적으며, 비교적 회로가 간단하기 때문에 데이터전송용으로 많이 사용되고 있다. 또한 동축 케이블을 사용하는 근거리 통신망에서도 사용될 수 있다.

7-8 위상편이변조(PSK)

위상편이변조(PSK : Phase Shift Keying Modulation)방식은 2진부호에 대응해서 반송파의 위상을 변화시키는 방식이다.

위상(Phase)이란 기준 시간을 중심으로 해서 파형이 어디에서부터 시작되는가, 그 나아가는 과정을 나타낸 것이다.

가장 간단한 PSK방식은 디지털 신호의 '0', '1'을 반송파 위상의 0° 및 180°에 대응시키는 방식으로서 **2진PSK**(2level psk) 또는 **BPSK**(Binary Phase

Shift Keying)방식이라고도 부르며, 간단히 2-PSK로 표시하기도 한다.

또한, 반송파의 위상으로서 0°, 90°, 180°, 270°의 4개의 위상을 이용하면 2진 PSK방식의 2배의 정보량, 즉 2비트의 조합(00, 01, 10, 11)에 대응한 정보량을 한번에 전송할 수 있는데, 이것을 **4진PSK** 또는 **4상위상변조**(four phase modulation)방식이라고 부른다. 또 4진PSK는 벡터가 직교하기 때문에 QPSK(Quadrature Phase Shift Keying)방식이라고도 부르며 반송파 전송방식 중에서 가장 널리 사용된다.

더욱이 0°에서 315°까지 45°씩 취한 8개의 위상을 이용하면 3비트의 조합(000, 001, 010, 011, 100, 101, 110, 111)에 대응한 정보량을 한번에 전송할 수 있는 **8진PSK(8상위상변조)방식**도 있다.

이와 같은 2상, 4상 및 8상 위상변조에서 비트의 조합과 위상을 나타내면 [그림 7-13]과 같다.

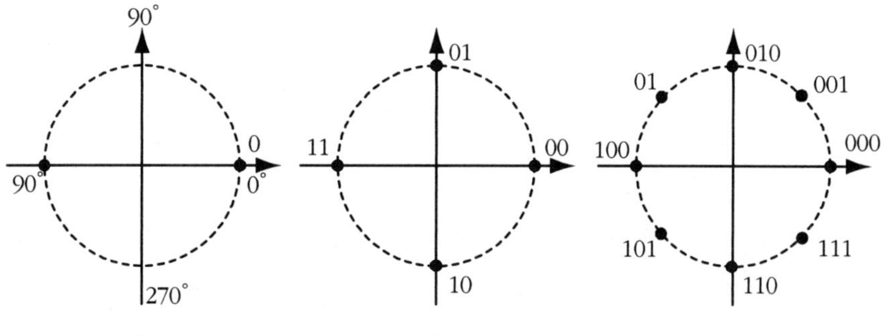

(a) 2상 PSK (b)4상 PSK (c)8상 PSK

[그림 7-13] 비트의 조합과 위상배치

4상, 8상 위상변조를 **다위상변조**라고 한다. 이들 방식이 데이터 전송에 사용되는 것은 고속의 데이터전송을 실현할 수 있기 때문이다.

8상위상변조의 경우 3비트의 조합을 1회의 변조로 전송이 가능하므로 2상위상변조에 비해 3배의 정보를 전송할 수 있다. 이와 같이 디지털신호와 위상을 대응시키는 방법은 여러 가지 있으며, 그 중 4상위상변조(QPSK)의 변조를 만드는 과정을 [그림 7-14]에 나타내었다.

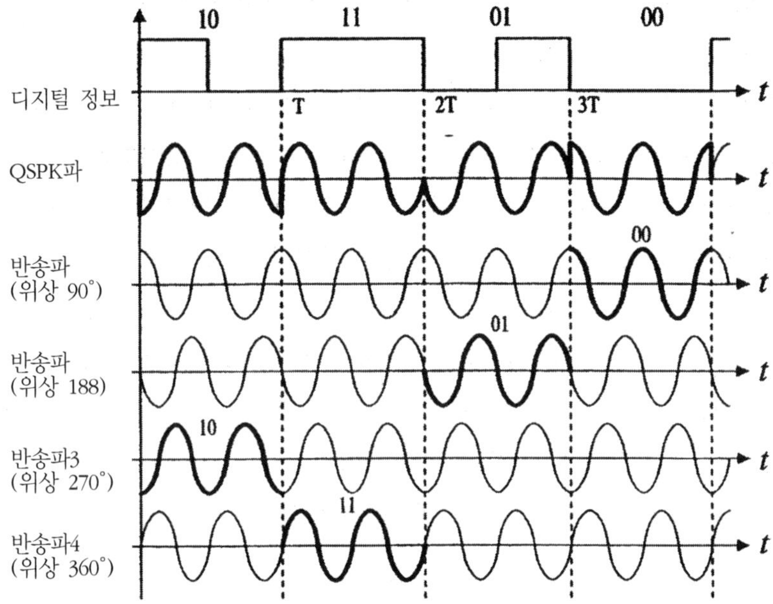

[그림 7-14] 4상위상변조

PSK는 송신측과 수신측에서 위상의 동기를 취하는 동기전송방식이기 때문에 회선의 각종 변동에 대해서도 동기를 확실히 취하지 않으면 안되고, 회로도 복잡하게 되어 비용이 비싸진다. 또한, 동기전송방식이기 때문에 진폭편이변조나 주파수편이변조처럼 전송속도를 자유로 결정할 수가 없다.

7-9 차동 위상편이변조(DPSK)

차동위상편이변조(DPSK : Differential PSK)는 차동부호화 및 위상편이변조가 결합된 형태로 수신단에서 동기를 맞추기에 보다 유리하다. DPSK는 반송파의 절대위상에 정보를 싣기보다는 이전 데이터와 현재 데이터의 차이를 부호화하고 부호화 결과를 위상편이변조한다.

1) DPSK 부호화

DPSK 부호화는 정보신호를 DPSK 부호화기의 입력비트로 하여 DPSK부호화기의 출력비트를 만들고, 전송신호의 각 심벌구간 시작에서의 심벌의 위상을 0과 π로 변조하여 DPSK 전송위상을 만든다. 예를 들어 DPSK 부호화기의 입출력특성에서 입력비트 x_n에 대한 출력비트 y_n을 $y_n = \overline{x_n \oplus y_{n-1}}$로 만들고, DPSK 전송위상은 출력비트 y_n값이 1일 때는 0으로, y_n값이 0일 때는 π로 만들어 전송한다.

2) DPSK 복호화

DPSK 수신신호가 들어오면 각 심벌마다 심벌신호의 위상 0과 π를 판정하여 송신측에서 보낸 DPSK 복호화기의 출력비트 y_n을 검출하여 판정하고, 이것을 DPSK 복호화기의 입력비트로 사용하여 DPSK복호화기의 출력에서 송신측에서 보내온 정보신호를 복원해낸다. 예를 들어 DPSK 복호화기의 입출력특성에서 입력비트 y_n에 대한 출력비트 x_n을 $x_n = \overline{y_n \oplus y_{n-1}}$로 복원한다.

[예제 7-1] DPSK 부호화기의 입출력특성을 설계할 때 입력비트 x_n에 대한 출력비트 y_n을 $y_n = \overline{x_n \oplus y_{n-1}}$로 나타내고, DPSK 전송위상은 출력비트 y_n값이 1일 때는 0으로, 출력비트 y_n값이 0일 때는 π로 만들어 전송하였다. 다음의 DPSK 부호화표에서 굵은 선 안에 부호화 처리과정을 적어 넣어 부호화표를 완성하라.

◀풀이▶

부호화 입력비트 x_n	X	1	1	0	1	0	1	0
부호화 출력비트 y_n	1	1	1	0	0	1	1	0
DPSK 전송위상	0	0	0	π	π	0	0	π

[예제 7-2] DPSK 복호화기의 입출력특성을 설계할 때 입력비트 y_n에 대한 출력비트 x_n을 $x_n = \overline{y_n \oplus y_{n-1}}$로 나타내었다. 다음의 DPSK 복호화표에서 굵은 선 안에 복호화 처리과정을 적어 넣어 복호화표를 완성하라.

◀풀이▶

부호화 입력비트 y_n	1	1	1	0	0	1	1	0	X
지연된 입력비트y_{n-1}	X	1	1	1	0	0	1	1	0
복호화 출력비트x_n	X	1	1	0	1	0	1	0	X

7-10 직교진폭변조(QAM)

제한된 대역폭을 사용하여 효율이 높은 디지털 정보를 전송하는 데는 아무래도 다치 전송이 필요하게 된다. PSK변조 기법으로 8상 PSK가 사용되는 것도 이 때문이다. 왜냐하면 위상상태의 개수가 많아질수록 신호공간은 더욱 밀집되어 에러가 발생할 확률이 그만큼 증가하기 때문이다. 예를 들면 2상 PSK에서 수신기는 서로 180° 위상차가 나는 2개의 신호만을 분별하면 되지만, 8상 PSK에서는 45° 위상차로 줄어들게 된다. 따라서 반송파의 위상변화에 진폭의 변화를 조합하여 데이터신호를 전달하는 방법이 있는데 이것을 **직교진폭변조**(QAM : Quadrature Amplitude Modulation)라고 한다.

즉 다진변조방식중에서 M진ASK, M진FSK, M진PSK는 각각 반송파의 진폭, 주파수, 위상의 어느 하나를 변화시키는 변조방식이지만 반송파의 진폭과 위상을 동시에 변화시키는 변조방식을 **직교진폭변조**(QAM : Quadrature Amplitude Modulation)라고 한다.

QAM은 서로 90° 위상차가 나는 동일 주파수를 가지는 두 개의 반송파에 의해서 발생되는데, 이 두 개의 반송파는 먼저 하나의 반송파를 90° 위상천이함으로써 얻어진다.

QAM은 I반송파성분과 Q반송파성분의 2가지 성분을 가지며, 이때 Q반송파성분은 I반송파성분에 대해 90° 위상차이가 있다. QAM의 신호 $s(t)$는 I와 Q성분의 함수로서 다음과 같이 식으로 표현할 수 있다.

$$s(t) = I(t)\sin 2\pi f_c t + Q(t)\cos 2\pi f_c t \qquad (3.43)$$

여기서 $I(t)$는 I 성분(sine)의 진폭이며, $Q(t)$는 Q 성분(cosine)의 진폭이다.

이 신호는 2차원 신호공간내의 점 $[I(t)_i, Q(t)_i]\, i = 1, 2, \cdots\cdots k$로 표시할 수 있는데 이와 같은 신호를 표시하는 점의 집합을 **신호점배치**(singal sonstellation)라고 부른다.

예를 들면 9.600[bit/s]로 데이터전송을 하는 경우 변조속도를 2,400[Baud]로 하고 1변조에 4비트(quard bit)를 전송한다고 하면 2^4=16의 값의 위상과 진폭의 조합으로 된 상태가 신호배치점을 나타내고 있다.

이 방식은 한정된 전송대역내에서 고속의 데이터전송이 이루어지며, 또 신호의 진폭・위상을 나타내는 신호점배치가 전송로의 잡음에 대해서 우수한 특징을 가지고 있다.

QAM에서 각각의 반송파는 여러 개의 디지털레벨 중의 하나로 변조된다. 만약 각각의 반송파에 대하여 n개의 레벨이 있다면 모두 $n \times n = n^2$개의 유일한 디지털상태가 하나의 QAM신호에 의해서 나타낼 수 있다.

예를 들면 두개의 진폭레벨과 두 개의 위상레벨은 모두 2×2＝4개의 디지털 신호점을 만들고, 이 4개의 점들은 각각 하나의 2비트 패턴을 나타낸다. 또한 4×4 변조에 있어서는 모두 16개의 신호점들이 있으며 각각의 신호점들은 4비트에 의해서 표현되고 있으며 가장 널리 사용된다. 여러가지 QAM의 신호배치를 나타내면 [그림 7-15]와 같다.

그림에서 LSB는 Least Significant Bit의 약자이고 MSB는 Most Significant Bit의 약자로 비트를 조합하는 경우에 LSB가 뒤쪽으로 배치되어 하위비트를 나타내고 MSB는 앞쪽으로 배치되어 상위비트를 나타낸다. 결국 00에서 11까지의 4개와 0000에서 1111까지의 16개 상태에 대한 성상(constellation)을 나타낸다.

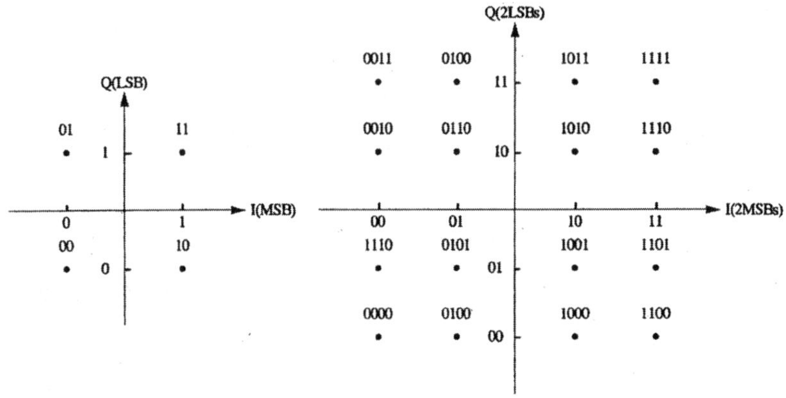

(a) 2×2 QAM의 성상도 (b) 4×4 QAM의 성상도

[그림 7-15] QAM 성상도

7-11 전송속도

전송속도는 단위시간에 보낼 수 있는 정보의 양으로 나타내며, 변조속도, 데이터신호속도, 데이터전송속도 및 베어러속도의 4가지 표시방법이 있다.

1. 변조속도

변조속도(modulation rate)는 통신회선상에서 1개의 변조상태가 계속되는 시간길이 T(최단 엘레멘트의 시간길이)의 역수로, 그의 단위는 **보오**(baud)를 사용하고 있다. 이 값은 1초간에 변조할 수 있는 최대변조횟수로 된다.

$$B = \frac{1}{T}\text{[baud]}$$

예를 들면, [그림 7-16]에서 2진 부호 "0"혹은 "1"상태의 최단시간이 4[ms]이라면 변조속도는 250[보오]가 된다.

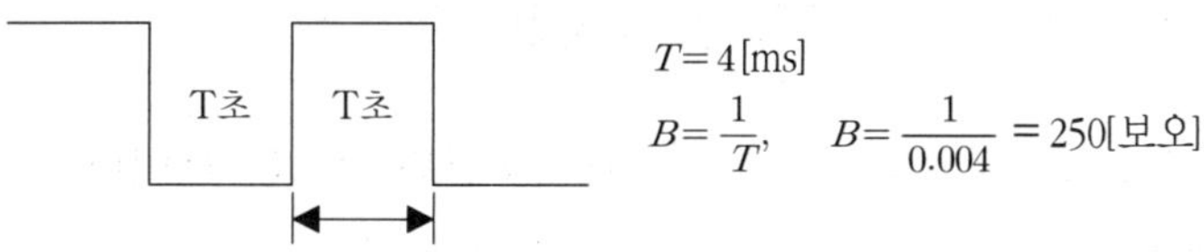

[그림 7-16] 변조속도

2. 데이터 신호속도

데이터 신호속도(data signaling rate)는 1초간에 전송할 수 있는 비트수로 표시되며, 단위는 비트/초(bit/s 또는 bps)이다.

직렬전송시의 진폭편이변조나 주파수편이변조에서는 변조속도(보오)와 데이터 신호속도가 일치되지만, 병렬전송이나 다위상변조에서는 데이터신호속도가 변조속도보다 크다. 즉, 변조속도와 신호속도와는 다음과 같은 관계가 있어서 반드시 동일한 것은 아니므로 주의할 필요가 있다. 따라서, 데이터신호속도와 변조속도의 관계는 아래와 같다.

데이터신호속도=변조속도×k(1변조로 전송 가능한 비트수)

예를 들면, 8위상변조에서는 1회의 변조로 3비트를 전송할 수 있으므로 변조속도를 200보오라고 하면, 데이터신호속도는 600bps로 된다.

3. 데이터 전송속도

데이터 전송속도(data transfer rate)는 단위시간에 전송되는 데이터양을 나타내는 단위이다. 데이터의 단위로는 비트, 자, 블록이 사용되며, 시간의 단위로는 초, 분, 시간이 사용된다.

일반적으로 자/분이 자주 사용되며, 자/분을 사용했을 때 데이터신호속도(bps)와의 관계는 아래식으로 된다.

$$\text{데이터전송속도} = \frac{\text{데이터신호속도} \times 60}{\text{1문자를 구성하는 비트수}}$$

예를 들면, 1200bps의 회선을 사용해서 8단위 코드의 데이터를 비동기식으로 전송하면, 데이터전송속도는 다음과 같이 된다.

$$\text{데이터전송속도} = \frac{1200 \times 60}{8+2} = 7200(\text{자/분})$$

4. 베어러속도

베어러속도(bearer rate)는 그림 [7-17]과 같이 디지털회선에서 데이터비트($D_1 \sim D_6$)에 동기를 취하는 프레임비트(F)와 통신의 상태를 상대방에게 전하는 상태비트(S)를 갖춘 **엔벨로프**(envelope)라고 하는 신호형식으로 변환하여 전송한다.

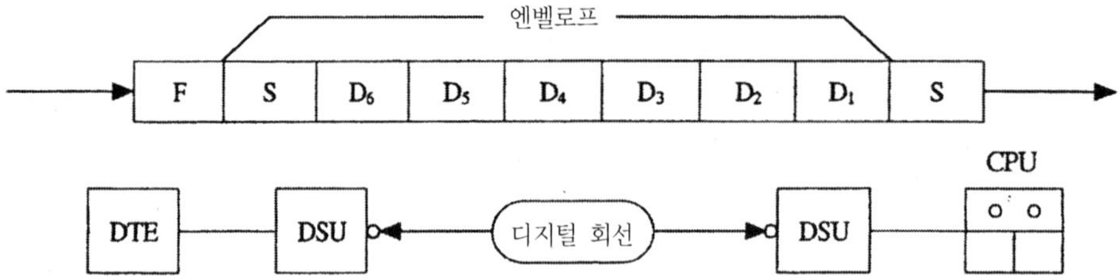

F : 프레임비트, S : 상태비트, $D_1 \sim D_6$: 단말장치의 송신데이터

[그림 7-17] 엔벨로프 형식

이 엔벨로프형식으로 전송되는 전송속도를 베어러속도(bearer rate)라 하고, 베어러속도와 데이터신호속도와의 관계는 다음과 같다.

$$\text{베어러속도} = \text{데이터신호속도} \times \text{샘플링수} \times \frac{8}{6}$$

여기서 샘플링수는 데이터 1비트를 디지털전송회선상에서 몇 비트로 대응시키는가를 나타내는 수이며, 데이터신호속도와 베어러속도와의 관계는 〈표 7-1〉과 같다.

〈표 7-1〉 베어러속도(동기식)

데이터전송속도(bps)	샘플링방식(bps)	베어러속도(bps)
2.4k	2.4k(단점샘플링)	3.2k
4.8k	4.8k(단점샘플링)	6.4k
9.6k	9.6k(단점샘플링)	12.8k
4.8k	4.8k(단점샘플링)	64.0k

DSU의 타이밍에 맞추어 단말이 데이터를 송신하는 2400bps 이상의 동기식의 데이터전송에서는 데이터신호속도와 동일한 클록으로 샘플링(단점샘플링)한다. 반면에 1200bps이하의 소위 비동기식의 데이터전송의 경우에는 DSU는 단말로부터의 데이터신호보다 빠른 클록으로 샘플링(다점샘플링)하여 디지털 전송회선에 내보내게 된다.

예를 들면 단말에서 2400[bps]의 데이터 신호 속도로 보내어 온 데이터는 DSU에서 3.2[kbps]의 신호 속도가 되어나간다.

[예제 7-3] 8-PSK와 2-ASK를 혼합하여 변복조할 때 동기식 모뎀의 신호전송속도 1200[Baud]인 경우에 비트 속도는?

◀풀이▶ Baud $= \log_2 8 + \log_2 2 = 4$ [bit]

$\therefore$ 1200[Baud] = **4800**[bps]

연습문제

1. 직렬전송과 병렬전송의 차이점을 설명하여라.

2. 단방향통신방식과 양방향통신방식의 차이점을 설명하여라.

3. 양방향통신방식의 종류를 들고 간단히 설명하여라.

4. 동기방식과 비동기방식의 차이점을 설명하여라.

5. 베이스밴드 전송방식과 대역전송방식의 차이점을 기술하여라.

6. 단류방식과 복류방식을 그리고 특징을 써라.

7. RZ와 NRZ방식의 특징과 부호파형을 그려라.

8. "10010110"을 복류방식과 바이폴라신호방식의 파형을 그려라.

9. 디지털변조방식의 종류를 들고 간단히 정의하여라.

10. 디지털신호의 변조방식인 ASK, FSK, PSK방식에 대한 변조파형을 그리고 각각의 특징에 대하여 써라.

11. BPSK방식의 의미에 대하여 써라.

12. QPSK와 8-PSK방식의 의미에 대하여 써라.

13. DPSK를 정의한 후 특징을 써라.

14. QAM을 정의한 후 특징을 써라.

15. 전송속도를 나타내는 종류를 들고 각각 설명하여라.

16. 전송속도의 단위인 비트(bit)와 보오(Baud)에 대해서 설명하여라.

17. 각 심벌당 비트수가 3이고, 28개의 심벌이 16[ms]로 전송될 때 변조속도는?

답 변조속도 $= \dfrac{\text{심벌수}}{\text{sec}} = \dfrac{28}{16 \times 10^{-3}} = \mathbf{1750}$ [baud]

18. 4상PSK 변조방식을 사용한 모뎀에서 데이터신호속도가 2400[bit/s]일 때 변조속도는 얼마인가?

답 변조속도 $= \dfrac{2400}{\log_2 4} = \mathbf{1200}$ [baud]

19. 모뎀에서 시간길이 $T = 833 \times 10^{-6}$[sec]의 단위펄스가 8위상 변조방식에 의하여 전송될 때 데이터 신호속도는 몇 [kbps]인가?

답 변조속도 $\dfrac{1}{T} = 1200$ [baud]이므로

신호속도 $12000 \times \log_2 8 = 36000$ [bps] $=$ **3.6**[kbps]

20. 8단위부호를 사용하여 50[baud]로 통신할 때 1분간 몇자를 전송할 수 있는가?

답 $50 \times 60 \div 8 =$ **375**자

21. 통신속도 50[baud]인 전송부호에 최단펄스의 시간길이는 얼마인가?

답 $\dfrac{1}{T} = 50$[baud]에서 T = **0.02**[s]

22. DPSK 부호화기의 입출력특성을 설계할 때, 입력비트 x_n에 대한 출력비트 y_n을 $y_n = \overline{x_n \oplus y_{n-1}}$로 나타내고, DPSK 전송위상은 출력비트 y_n 값이 1일 때는 0으로, 출력비트 y_n 값이 0일 때는 π로 만들어 전송하였다. 다음의 DPSK 부호화 표에서 굵은 선 안에 부호화 처리과정을 적어 넣어 부호화표를 완성하여라.

답

부호화 입력비트 x_n	X	1	0	1	1	0	1	0
부호화 출력비트 y_n	1	1	0	0	0	1	1	0
DPSK 전송위상	0	0	π	π		0	0	π

23. DPSK 복화기의 입출력특성을 설계할 때 입력비트 y_n에 대한 출력비트 x_n을 $x_n = \overline{y_n \oplus y_{n-1}}$로 나타내었다. 다음의 DPSK 복호화표에서 굵은선 안에 복호화 처리과정을 적어 넣어 복호화표를 완성하여라.

답

복호화 입력비트 y_n	1	1	0	0	0	1	1	0	X
지연된 입력비트 y_{n-1}	X	1	1	0	0	0	1	1	0
복호화 출력비트 x_n	X	1	0	1	1	0	1	0	X

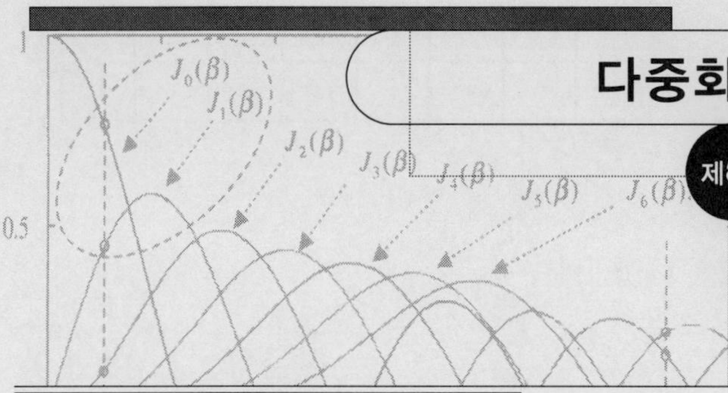

다중화 방식

제8장

8-1 다중화의 개요

전화의 가입자가 급증하면서 하나의 통신선로에 한 가입자의 신호만을 전송한다면, 많은 가입자의 신호를 동시에 전송하기 위해서는 엄청난 통신선로가 필요하게 될 것이다. 많은 가입자의 신호를 기술적인 조작을 통하여 하나의 통신선를 통하여 여러 가입자의 서로 다른 신호를 동시에 전송하고 수신측에서는 이것을 다시 분리시켜 복조하는 효율적인 방식을 **다중화**(multiplexing)라고 한다.

이 다중화 방법을 사용하면 시스템이 약간 복잡해지지만 전체적으로는 경제성, 전송효율, 통신선로의 유지 및 보수의 용이성 등 많은 장점이 있다.

이와 같이 전송로를 다중적으로 이용하는 방식에는 **주파수분할다중화**(FDM : Frequency Division Multiplexing), **시분할다중화**(TDM : Time Division Multiplexing) 및 **부호분할다중화**(CDM : Code Division Multiplexing)방식으로 크게 구분된다.

FDM방식은 각 통화로에 들어오는 음성신호를 각각의 다른 반송파주파수로 변조하고, 서로 다른 주파수의 대역으로 이동시켜 전송로를 통하는 여러 신호가 서로 혼합되지 않도록 주파수적으로 분할하여 전송하는 방식이다.

이에 반하여 TDM방식은 다수의 통화로가 전송로를 점유하는 시간을 미세하게 분할하여 전송로를 통하는 신호가 서로 혼합되지 않도록 시간적으로 분할하여 전송하는 방식이다.

또한, CDM은 하나의 통신로가 주파수채널과 시간구간을 넘나드는 FDM과 TDM의 혼합한 형태로 서로 다른 부호(code)로 분할하여 전송하는 방식이다. 이 3가지 방식을 [그림 8-1]에 나타내었다.

이와 같이 여러 개의 통신신호가 통신자원인 시간, 공간, 주파수등을 공유하기 위한 전제조건은 각 통신신호가 사용하는 자원이 상호배타적이어야 한다. 예를 들어서 FDM방식에서 두 개의 서로 다른 통신신호가 동시에 같은 주파수대역을 사용해서 안된다. TDM방식에 있어서도 이와 마찬가지로 같은 시간구간에 두 개 이상의 통신신호가 존재해서는 안 된다.

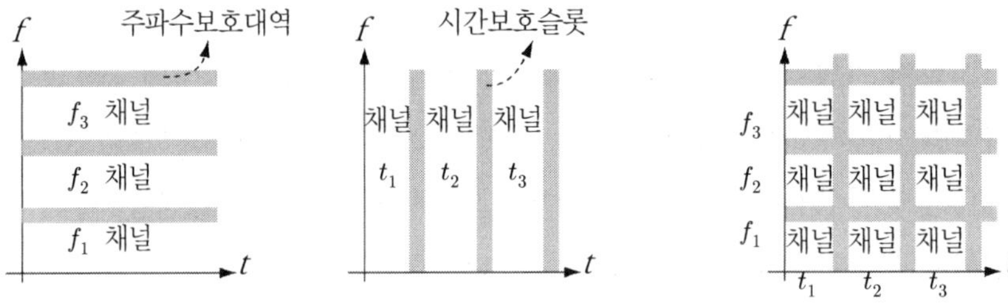

(a) FDM (b) TDM (c) CDM

[그림 8-1] 다중화 방식

이러한 조건을 확장한 개념을 **직교성**(orthogonal)이라고 하고, 주어진 자원영역에 같이 존재하는 두 신호가 그 자원 안에서 서로 직교성을 유지하면 두 신호는 상호 간섭을 일으키지 않으며, 분리도 가능하다. 이것을 식으로 표현하면 두 신호 $S_1(x)$, $S_2(x)$에 대해서

$$\int_{-\infty}^{\infty} s_1(x)s_2(x)dx = 0, \text{ (} x\text{는 자원영역)} \tag{8.1}$$

와 같이 나타낼 수 있다.

예를 들어서 같은 주파수를 가지는 sine파와 cosine파, 서로 다른 주파수를 가지는 정현파, 시간적으로 중복되지 않는 펄스파 등은 모두 서로 직교한다.

8-2 주파수분할다중화(FDM)방식

하나의 전송로를 공동으로 이용하기 위해서 각 전송회선에 조금씩 주파수가 벗어난 반송파(carrier)를 사용하여 변조하고 서로 신호가 중복되지 않도록 하여 하나의 전송로에 다수의 이용자들이 동시에 신호를 전송하는 방식으로 진폭변조나 주파수변조에 주로 사용된다.

이 방식은 아날로그전송회선의 다중화에 주로 이용되는 신호파에 비해 조금 높은 일정한 정현파의 주파수(반송파)를 선택하여 변조하면 반송파에 따라 높은 것(상측파대)과 낮은 것(하측파대)이 생기는 데 전송에는 이 중에서 어느 한쪽을 주파수의 필터를 통해 꺼내서 보내고 수신측은 이 보내온 측파대를 원래의 신호로 회복하는 것이다. 이것이 진폭변조에 의한 전송의 원리이다.

FDM통신의 목적은 보통 단측파대(SSB)변조 방식을 선택하는데 그 이유는 SSB변조방식을 사용하는 것이 점유주파수대역폭을 가장 효율적으로 사용할 수 있기 때문이다.

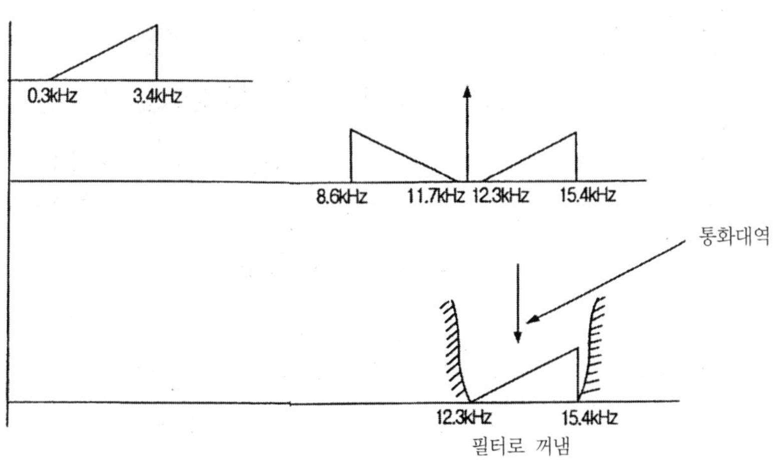

[그림 8-2] SSB의 변조방식

지금 전화회선을 사용하여 음성대역으로 300~3400[Hz]를 전송한다고 가정하면 반송파를 12[kHz]로 하는 양측파대-억압반송파(DSB-SC)변조방식의 양측파대 중 상하 어느 측파대를 사용해도 SSB의 신호로 할 수 있다. 이것이 SSB 변조방식을 사용한 FDM 통신의 원리로서 [그림 8-2]와 같다.

다음에 별도의 음성회선을 16[kHz]로 변조하면 16.3~19.4[kHz]의 변조파를 얻을 수 있고, 20[kHz]로 변조하면 20.3~23.4[kHz]의 변조파를 얻을 수 있다. 이와 같이 동일주파수대역을 갖는 음성신호가 있다면 변조 후에는 각각의 다른 주파수대역이 된다. 따라서 하나의 전송회선에 동시에 보내도 혼선이 생기지 않으므로 다중화 된 것이다. 최종적으로는 A, B, C 3개의 음성신호는 각각 반송파에 따라 변조되어 12.3에서 23.4[kHz]까지 주파수축상에 배치된다. 이러한 관계를 [그림 8-3]에 나타내었다.

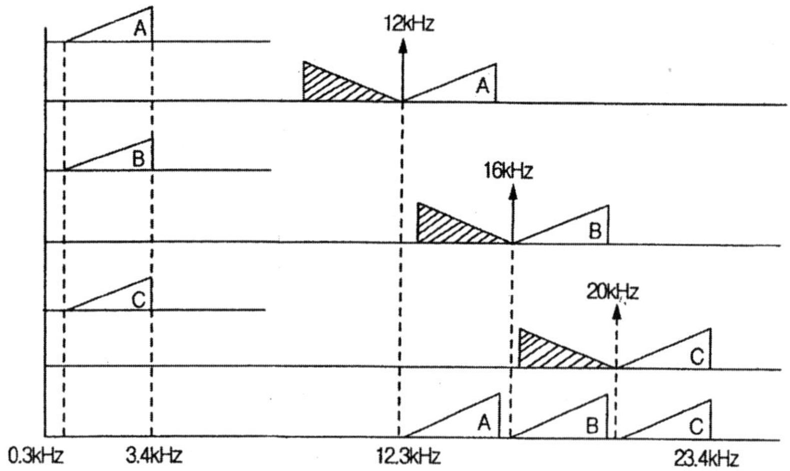

[그림 8-3] AM에 의한 다중화 예

[그림 8-3]에 보인 바와 같이 각 신호에 대해서 각각 다른 반송파를 사용하여 서로 중복되지 않는 주파수대역으로 이동시킬 수 있다. 실제로 사용되고 있는 SSB에 의한 12채널 FDM통신의 원리와 각각의 반송주파수를 [그림 8-4]에 나타내었다.

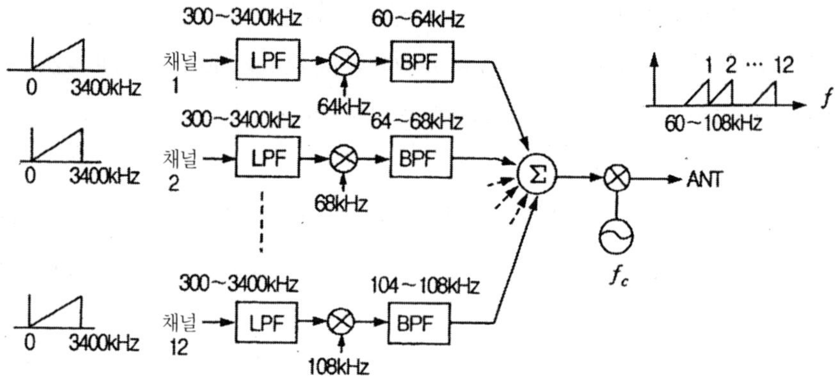

[그림 8-4] 12채널 FDM통신의 원리

음성 전송인 경우에는 반송주파수를 적당히 선택함으로써 12개의 채널을 서로간에 간섭없이 주파수축상에 배열시킬 수 있다.

이와 같이 12채널의 음성신호를 다중화시킨 신호는 4[kHz]×12채널=48[kHz]의 대역폭을 가진 하나의 **기초군**(basic group) 신호로 된다. 이러한 기초군신호를 다시 하나의 신호로 간주하고 그보다 높은 주파수대역으로 재배치할 수 있다. 5개의 군을 다시 다중화하여 하나의 **초군**(super group)을 형성시키고 있는데, 이 한 개의 초군은 12(채널)×5=60(채널)의 음성을 다중화한다.

다중통신방식을 합리적으로 구성하기 위해서는 다중화의 과정을 가능한 체계적으로 행할 필요가 있다. 그래서 공중전화망에서는 다음과 같이 다중변조를 반복하여 회선묶음을 계층 구성적으로 쌓아가는 방법을 채용하고 있다.

① **기초군**(BG : Basic Group) : 4개의 전군을 모으거나 또는 직접변조에 의해 구성한 60~108[kHz]의 12회선의 회선묶음.

② **초군**(SG : Super Group) : 5개의 기초군을 모아서 구성한 312~552[kHz]의 12×5=60회선의 회선묶음.

③ **주군**(MG : Master Group) : 5개의 초군을 모아서 구성한 812~2044[kHz]의 60×5=300회선의 회선묶음.

④ **초주군**(SMG : Super Master Group) : 3개의 주군을 모아 구성한 8516~

12388[kHz]의 300×3＝900회선의 회선묶음.

⑤ 거군(JG : Jumbo Group) : 4개의 초주군을 모아 구성한 42612~59684 [kHz]의 900×4＝3600회선의 회선묶음.

현재 약 4[MHz]의 대역폭을 갖는 960회선의 다중통신방식, 약 12[MHz]의 대역폭을 갖는 2700회선의 다중통신방식, 약 60[MHz]의 대역폭을 갖는 10800회선의 다중통신방식이 실용화되고 있는데, 이것들은 상기의 회선묶음을 계층적으로 쌓아 올려서 구성된 것이다.

FDM통신은 라디오, TV방송 또는 이동통신, 위성통신 등 무선통신분야에서 많이 사용되고 있다.

8-3 시분할다중화(TDM)방식

FDM 방식이 주파수를 각각 다르게 하여 여러 개의 통화로를 다중화하는 데 반해 TDM방식은 1개의 전송로에 송출되는 음성신호를 각 통화로 별로 시간차를 두어 전송하게 된다.

[그림 8-5]는 TDM방식의 원리를 나타낸 것으로, [그림 8-5](a)는 동기의 원리를 나타낸 것이며, [그림 8-5](b)는 통화로별로 표본화가 행해지는 시간 위치를 조금씩 비켜 합성하도록 하고 있다. 즉, 그림에서는 4개의 통화로가 1개의 공통된 전송로를 이용하여 시간차를 두고 전송되는 순서를 나타냈다. 그리고 송신측과 수신측의 회전형 전환스위치는 송수신의 회전속도가 동일하여야 하고, 회전방향도 같은 방향이 되어야 하며, 반시계방향으로 회전하게 되면 송신측과 수신측의 전환스위치가 CH1에 연결이 되어 있는 동안에는 CH2~4는 음성신호가 전달되지 않고 통화로 1번(CH1)만이 전송 가능해진다. 이 전환스위치는 반시계방향으로 각각 순차적으로 스위치가 2, 3, 4번에 연결되며 각 통화로는 음

성신호가 스위치에 연결된 순간에만 회로가 연결되어 전송로에 흐르는 음성신호의 파형은 [그림 8-5](b)의 하단에 표시된 바와 같이 입력신호파형의 짧은 시간 동안만 전송되는 펄스모양의 출력파형이 되며 이 펄스파형의 음성신호는 CH 1~4, 다시 CH 1~4, …의 순서대로 전송된다. 즉, 시간적으로 분할다중화가 된다.

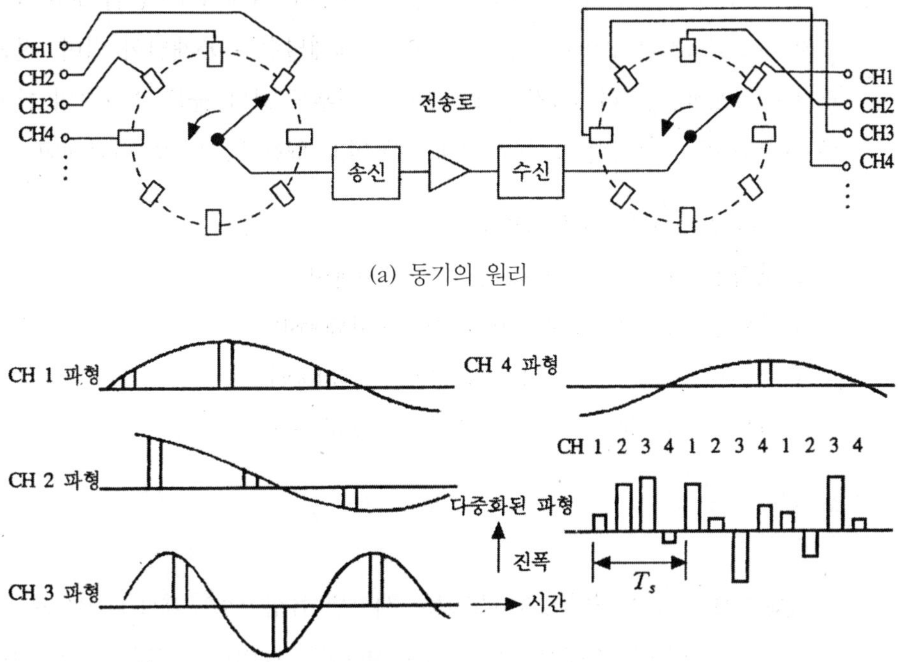

(b) 출력파형과 다중화된 파형

[그림 8-5] TDM방식의 원리

이와 같이 다수의 입력신호를 시간축상에서 다중화하여 전송하는 TDM방식 중에서 통신 전송용에는 잡음, 누화, 왜곡 등에 강하고 안정한 전송특성을 가지는 **펄스부호변조**(PCM, Pulse Code Modulation)방식을 이용한 PCM다중화 방식이 전적으로 사용되고 있다.

앞에서 설명한 바와 같이 FDM방식의 다중화에서는 전군, 기초군, 초군 등의 다중화계급이 있으며, 이러한 다중화계급을 **다중화계층**(hierarchy)이라고 한다.

PCM(TDM)에 있어서의 다중화계층은 1차군, 2차군, 3차군 등과 같이 부르고, 1차군은 24채널을 수용하며, 8비트 부호의 전화인 경우 전송속도(bit rate)는 앞에서 설명한 바와 같이 {(전송신호의 부호화 비트수×채널수) + 프레임 동기비트수}×표본화 주파수[bit/s] = {(8비트×24채널) + 프레임 동기 1비트}×8000[Hz]=1.544[Mbps]이며, 1채널당 64[kbps]이다.

2차군은 1차군의 4배인 클록(6.312[MHz])이고, 4개의 1차군을 표본화하여 행하므로 펄스폭은 1차군의 1/4이 되어 전체채널수는 96채널이 되며, 전송속도는 6.312[Mbps]이다. 마찬가지로 3차군 이후도 보다 높은 주파수의 클록으로 표본화된다. 이러한 것들을 현재 사용되고 있는 방식으로 나타내면

① 1차군 : 24채널(1.544[Mbps])
② 2차군 : 1차군×4 = 96채널(6.312[Mbps])
③ 3차군 : 2차군×5 = 480채널(32.064[Mbps])
④ 4차군 : 3차군×3 = 1440채널(97.728[Mbps])
⑤ 5차군 : 4차군×4 = 5760채널(397.2[Mbps])

로 된다.

[예제 8-1] 주파수 대역이 0~4[kHz]로 제한된 음성신호를 8bit PCM으로 다중화하여, 최대전송속도 1.544[Mbps]인 데이터를 전송하려고 한다.

① 이 음성신호의 전송에 필요한 최소전송속도는 채널당 몇 [kbps]인가?

② 이 전송로에는 최대 몇 명의 전화가입자를 동시에 수용할 수 있는가?

◀풀이▶ ① $2 \times 4000 \times 8 = 64,000 =$ **64**[kbps]

② $\frac{1.544 \times 10^6}{64 \times 10^3} \fallingdotseq 24.15$채널이므로 **24**명

8-4 부호분할다중화(CDM)방식

[그림 8-1](a)에서는 통신채널평면을 수평(주파수축)으로 잘라서 FDM 주파수대역을 형성하게 했으며 [그림 8-1](b)에서는 같은 통신채널평면을 수식(시간축)으로 잘라서 TDM 시간슬롯을 형성하게 했다. 이 두 기술은 다중화의 가장 일반적인 것이다.

[그림 8-1](c)와 [그림 8-6] 통신채널을 FDM과 TDM을 혼합한 형태로 나눈 것을 나타내며 이 방식을 **부호분할다중화**(CDM : Code Division Multiplexing) **방식**이라 한다.

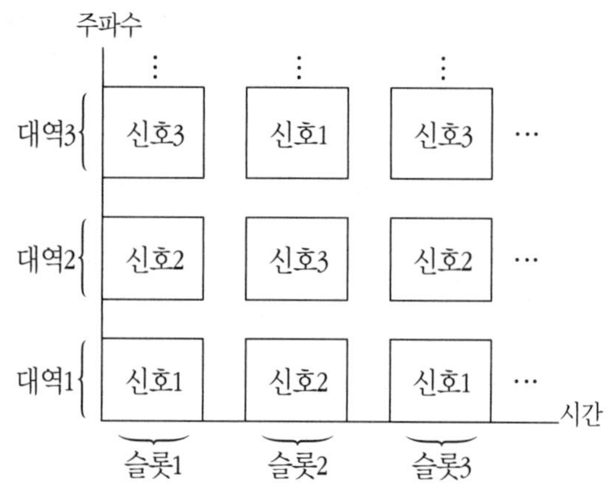

[그림 8-6] CDM방식

CDM방식은 **대역확산**(SS : Spread Spectrum)기술의 응용으로 TDM방식보다 늦게 개발을 시작하였지만, 그 기본기술인 대역확산방식은 오래 전에 군통신에서 이미 개발하여 사용되어 왔고, FDM방식이나 TDM방식과 달리 여러 명이 같은 시간에 같은 주파수를 이용하여 동시에 정보를 전공할 수 있으므로 가입자의 수용용량이 높다.

위에서 언급한 CDM방식의 기본기술은 대역확산기술로서 각기 고유한 언어를 사용하는 여러 나라 사람들이 모여 동시에 말을 할 때 같은 언어를 사용하는 사람들끼리만 말을 주고받을 수 있는 원리와 같다.

대역확산기술은 송신과 수신 간에 정보전송을 위한 변조와 복조과정에서 동일한 코드를 사용해야 하는데, 위에서 든 예가 고유한 언어에 해당된다고 말할 수 있다.

대역확산(SS)기술을 이용한 CDM방식은 **직접확산**(DS : Direct Sequence)**방식**과 **주파수도약**(FH : Frequency Hopping)**방식**으로 구현할 수 있다. 다음 절에서 대역확산의 개요와 직접확산 및 주파수 도약방식을 배우게 된다.

8-5 대역확산의 개요

대역확산기술을 이용하면 전송된 신호자체의 특성을 이용하여 방해신호를 제거할 수 있으며, 이 외에도 부수적으로 얻어지는 다음과 같은 중요한 장점들이 있다.

① 신호의 전력밀도스펙트럼이 작아지므로 상대편으로 하여금 현재신호가 존재하고 있다는 사실조차 감지할 수 없도록 할 수 있다.

② 대역을 넓히고 좁힐 때 서로 동일한 방법을 특정한 절차에 의하여 사용하여야만 신호를 검출할 수 있으므로 그 방법과 절차를 모를 때에는 신호가 검출되지 않는다. 따라서 전파를 통한 무선통신이면서도 마치 유선통신과 같이 어느 특정한 가입자를 지정하여 통화할 수 있으며, 도청에 의한 보호가 높다.

③ 서로 다른 부호에 의하여 확산된 신호를 동시에 전송할 경우에도 각각의 신호를 다시 분리할 수 있으므로 부호분할다중전송(CDMA : Code Division multiple access)이 가능하다.

이와 같이 대역확산통신에서는 대역을 확산한 후에 다시 좁히므로써 일반통신에 비하여 많은 장점들을 얻을 수 있으며, 대역확산통신과정에서 얻어지는 이득을 **수행이득**(processing gain) 또는 **처리이득** G_p 라고 하고 다음과 같이 나타낸다.

$$G_p = \frac{(S/N)_{\mathrm{out}}}{(S/N)_{\mathrm{in}}} \tag{8.2}$$

여기서 $(S/N)_{\mathrm{in}}$은 수신기 입력단에서 수신된 신호의 신호대잡음전력비를 나타내며, $(S/N)_{\mathrm{out}}$은 수신기내부에서 신호처리하여 대역이 좁혀진 출력신호의 신호대잡음진력비를 나타낸다. 그러나 식 (8.2)를 이용하여 수행이득을 정확하게 계산하는 것은 매우 어려우며, 또한 사용하는 대역확산기법에 따라 계산방법이 달라진다. 따라서 일반적으로 수행이득은 다음과 같이 확산된 신호의 대역폭 $\mathrm{BW_{RF}}$와 확산시키지 않은 원래신호의 좁은 대역폭 $\mathrm{BW_{info}}$의 비로 간단히 나타낸다.

$$G_p = \frac{\mathrm{BW_{RF}}}{\mathrm{BW}_{\infty \mathrm{o}}} \tag{8.3}$$

식 (8.3)으로부터 수행이득이 30dB이라고 하면, 그 의미는 전송시 확산된 신호의 대역폭이 원래의 신호의 대역폭보다 1000배 넓어졌음을 의미한다. 또한 이는 수신단에서의 입력신호대잡음전력비가 －20dB로 신호레벨이 잡음레벨의 1/100밖에 안될지라도, 수신기 내부에서 신호처리되어 대역폭이 좁혀진 출력신호의 신호대잡음진력비는 10dB로 신호레벨이 잡음레벨보다 10배 커지게 되므로 정상적으로 통신이 가능하다는 것을 의미한다.

따라서 수행이득을 크게 하기 위하여는 가능한 대역폭을 넓게 확산시켜야 한다. 그러나 기술적인 문제로 확산시킬 수 있는 대역폭은 한계가 있으며, 또한 사용하는 기법에 따라 그 특성을 달리한다. 그러므로 대역확산시스템을 설계할 때에는 그 사용분야 및 환경조건 등을 고려하여 어느 기법을 어떻게 사용할 것인가를 결정하여야 한다.

[예제 8-2] 대역폭이 3[kHz]인 송신신호를 대역확산하여 3[MHz]의 대역폭으로 신호를 전송할 때, 이 대역확산시스템의 수행이득은 몇 [dB]인가?

◀풀이▶ 수행이득 G_p 는

$$G_p = 10\log\frac{BW_{RF}}{BW_{info}} = 10\log\frac{3\times10^6}{3\times10^3} = 10\log10^3 = \mathbf{30}[dB]$$

8-6 직접확산방식

확산부호로 비교적 널리 사용되는 부호는 **의사잡음**(PN : Pseudo Noise)부호라 부르는 특수한 파형이다. PN 부호는 +1 또는 −1를 랜던(random)한 순서로 발생하는 랜덤신호발생기로 생각할 수 있다. +1 또는 −1의 레벨을 유지하는 시간을 칩시간 T_c 라 부르고 +1 또는 −1의 한 비트에 대응하는 파형을 칩(chip)이라 부른다.

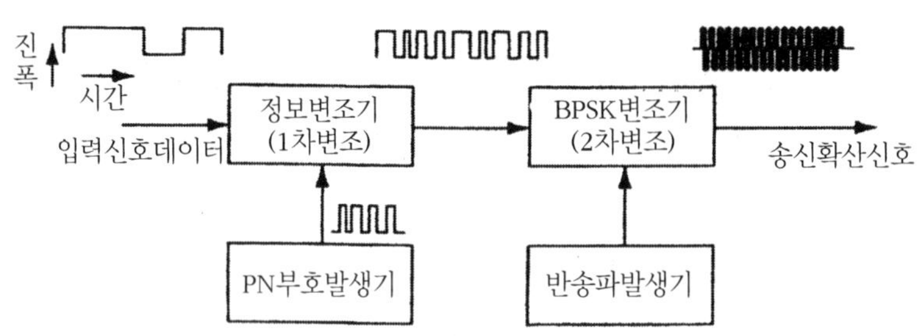

[그림 8-7] 직접확산 BPSK통신의 원리

직접확산통신방식에는 2가지 형태가 있다. 첫 번째 형태는 입력정보데이터를 1차 변조기에서 보통의 협대역전송으로 사용하는 ASK, FSK 및 PSK 방식으로 변조한 반송파신호를 고속의 PN부호로 2차 변조를 하면 대역폭이 매우 넓게 된다. 두 번째 형태는 입력정보 데이터를 PN부호로 우선 1차 변조한 다음 PSK 등으로 2차 변조하는 방식이다. 두 번째 형태의 예를 들면 [그림 8-7]에 보인 바와 같다.

또한, 정보데이터 $b(t)$와 확산신호 $c(t)$의 곱신호 $m(t)$의 한 예를 보이면 [그림 8-8]에 보인 바와 같다.

수신측에서는 송신측의 PN부호와 동일한 것을 발생하게 하여 동기를 이루어야 한다.

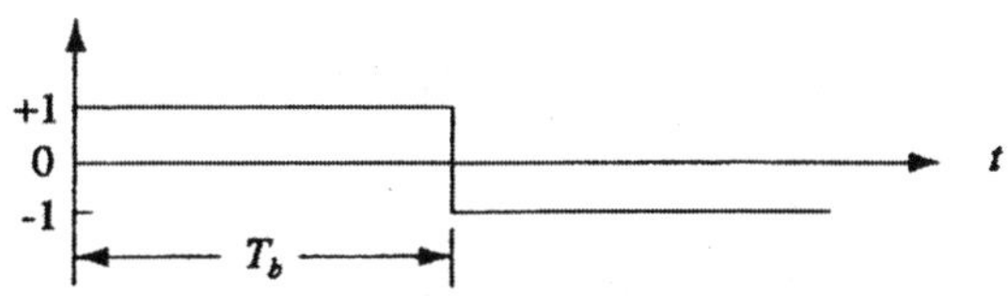

(a) 데이터 $b(t)$

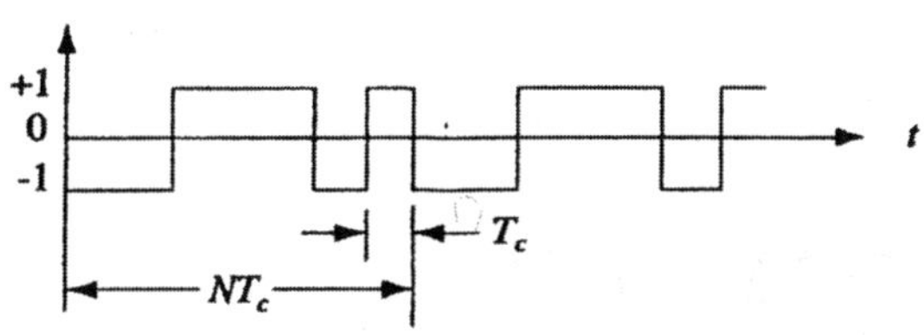

(b) 확산부호 $c(t)$

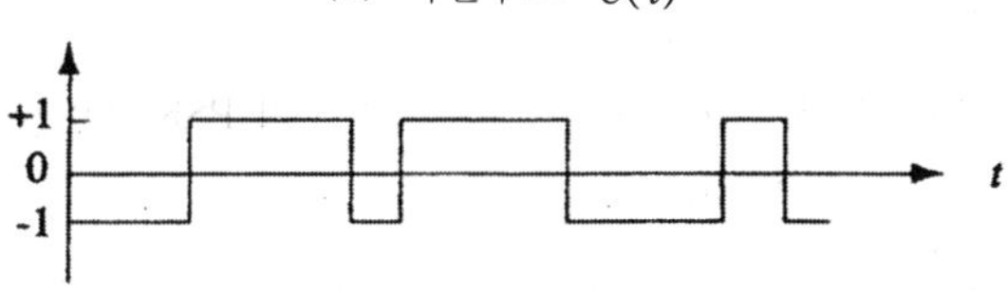

(c) 곱부호 $m(t)$

[그림 8-8] $b(t) \times c(t) = m(t)$의 예

[예제 8-3] 10[GHz]의 DS스펙트럼확산시스템을 사용하면 정보데이터열을 19.6[kbaud]의 속도로 전송하고, 확산부호의 데이터율이 10[Mbps]

일 때 다음을 구하여라.

① 변조방식이 BPSK인 시스템의 처리이득

② 변조방식이 QPSK인 시스템의 처리이득

③ 변조방식이 BPSK인 시스템에서 손실이 3[dB]이고, 최소 SNR이 10[dB]인 경우 재밍마진

◀풀이▶ ① BPSK의 스펙트럼효율은 1[b/s/Hz]이고, 10[Mb/s]가 요구하는 대역폭은 10[MHz], BPSK인 경우 [baud]=[bit]이므로

$$G_p = 10\log\frac{10 \times 10^6}{19.6 \times 10^3} = 10\log510 = \mathbf{27.1}\,[\mathrm{dB}]$$

② QPSK의 스펙트럼효율은 2[b/s/Hz]이고, 10[Mb/s]가 요구하는 대역폭은 5[MHz]이므로

$$G_p = 10\log\frac{5 \times 10^6}{19.6 \times 10^3} = \mathbf{24.1}\,[\mathrm{dB}]$$

③ $M_j = G_p - L_s - (SNR)\mathrm{min}$

$$= 27.1 - 3 - 10 = \mathbf{14.1}\,[\mathrm{dB}]$$

8-7 주파수도약방식

앞에서 설명한 DS방식은 PN부호를 사용하여 PSK신호를 변조시킴으로써 전송대역폭을 순간적으로 확산시키는 방식이다. 이러한 DS시스템의 간섭(재미)의 제거능력은 PN부호의 주기(또는 길이)와 관계되는 시스템의 처리이득에 의해 결정된다.

처리이득을 크게 하기 위해서는 칩시간을 작게 하여 전송대역폭을 더 넓게 하고 비트당 칩의 수가 더 많은 부호를 사용함으로써 가능하다.

그러나, 스펙트럼의 확산신호기에 사용되는 소자의 제한된 기능 때문에 시

스템의 처리이득은 제한된다. 따라서 스펙트럼의 확산통신에서 사용되는 PN 부호에 의해서 얻어지는 처리이득은 간섭을 극복하기에 충분하지 않다.

DS시스템이 얻을 수 있는 처리이득보다 더 큰 이득을 얻을 수 있는 또 다른 스펙트럼확산통신은 전송데이터에 의해서 변조된 반송파의 협대역스펙트럼(중간주파수대)을 원하는 주파수대역(RF 대역)으로 주파수변환시킬 때 주파수합성기의 발진주파수를 PN부호 패턴에 따라 랜덤하게 도약시킴으로써 의도적인 재머가 더 넓은 스펙트럼을 포함하도록 하는 스펙트럼확산방식이다. 현재의 기술은 확산대역폭을 수 [GHz]에 이르게 하고 있다.

이 경우 확산부호는 데이터를 변조된 반송파를 직접 변조하지 않고 반송파 주파수열(sequence)을 조절한다. 즉, 전송된 신호는 데이터로 변조된 반송파를 한 주파수에서 다른 주파수로 도약시키고 있기 때문에 **주파수도약스펙트럼확산**(FHSS : frequency hopping spread spectrum)이라 부른다. 수신기에서 송신신호와 동기하며 도약하는 국부발진신호와 수신신호를 혼합(down-converting)시키면 주파수도약이 제거된다. 여기에 사용된 데이터 변조방식은 PSK 또는 FSK방식이 사용될 수 있으나 가장 일반적인 변조방식은 FSK 방식이다. FSK 방식을 사용한 FH 시스템, FH/FSK의 송시기의 수시기의 일반적인 계통도는 [그림 8-9]에 보인 바와 같다.

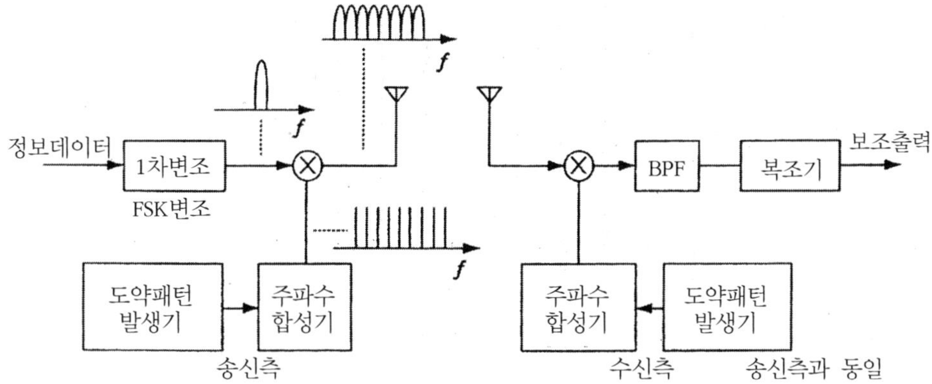

[그림 8-9] FH/FSK 시스템의 원리

확산부호(PN부호) 발생기의 2진 부호에 따라 출력주파수가 결정되는 주파수합성기(frequency synthesizer)의 출력 신호와 FSK 신호가 혼합기(mixer)(또는 평형 변조기)에 의해서 두 신호의 주파수 차와 합이 발생되나 합의 주파수 성분만을 대역통과 필터를 통화시켜 송신된다.

FH 방식에서 사용되는 확산부호는 DS방식의 경우와는 달리 정보데이터와 확산부호를 곱해서 전송대역을 확산시키는 것이 아니고 도약주파수만을 결정하므로 FH통신에서는 확산부호라 부르는 대신에 **주파수도약패턴**(pattern)이라고 한다. FH통신에 사용되는 확산신호는 반드시 PN 부호일 필요는 없다.

주파수합성기의 출력주파수의 도약을 시간축으로 나타내면 [그림 8-10]에 보인바와 같다.

수신측에서는 수신파를 국부도약패턴에 의한 합성기의 출력으로 주파수변환하면 일정한 중간주파수를 얻는다. 그 다음은 통상의 FSK 검파회로를 사용하여 원하는 신호의 복조를 마무리한다.

FH 스펙트럼 확산통신시스템이 사용중인 대역내에 간섭파가 혼입된 경우 간섭을 받은 몇 개의 도약 주파수를 사용하는 시간대의 데이터에 에러가 발생한 것으로 생각할 수 있다. DS의 경우는 간섭파가 광대역의 잡음으로 변환되

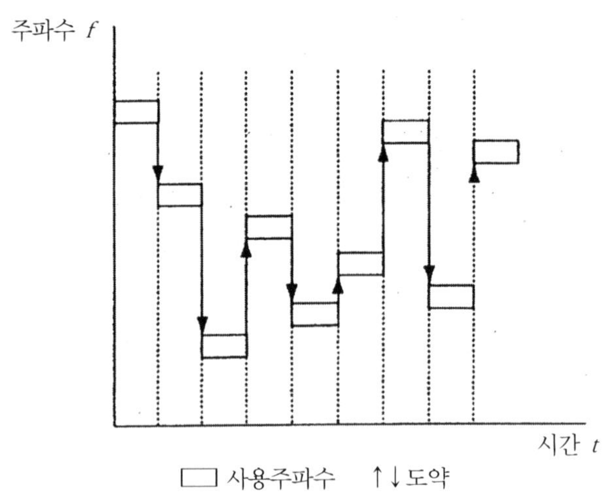

[그림 8-10] 도약패턴에 의한 주파수도약

고 있으므로 신호는 확률적으로 에러가 없으나 FH의 경우는 간섭을 받는 주파수를 사용하고 있는 시간대는 1/2의 에러확률을 갖는다. 그러므로 FH는 반드시 에러정정부호의 기술을 병용해야 한다.

FH에서는 DS방식과 마찬가지로 복수의 이용자가 동일한 주파수대역을 동시에 사용하는 다원접속이다. 다원접속의 경우 복수 이용자의 신호가 어느 주파수에서 통신이 겹쳐서 경합이 종종 일어난다. 이와 같은 상태를 **히트**(hit)라 한다.

$$P_e = J/N \tag{8.4}$$

여기서 J는 신호전력보다 크거나 같은 재밍신호의 수이고 N은 채널의 수이다.

[예제 8-4] FH시스템의 채널수 N=2000에 30개의 재밍신호가 혼재한 경우 비트의 에러확률을 구하여라.

◀풀이▶ $P_e = J/N = \dfrac{30}{2000} = 1.5 \times 10^{-2}$

이는 일반적으로 수용할 수 없는 에러율이다.

8-8 공간분할다중화(SDM)방식

공간분할(space division)이라는 용어는 잘 사용되지 않는다. 다만 통신에서 사용하기에 유용한 전파의 도달거리에는 공간적으로 한계가 있다는 데서 출발하여, [그림 8-11]과 같이 위성통신에서 같은 지역에서 사용하는 전파는 다른 주파수를 써야 다중화가 가능하지만, 다른 지역과 통신할 때는 같은 주파수를 다시 사용해도 된다는 이른바 위성의 다중빔주파수재사용(multi beam frequency reuse)에서 이런 용어를 사용하기도 한다.

또한 전화국의 교환기에서 사용하는 회선교환기법으로, 전화가입자들의 통화회선을 실제로 연결하기 위해서 각 연결은 스위치를 통해 물리적으로 서로 분리되어 전용경로가 형성된다는 점에서 **공간분할교환**(space division switching)이라고도 한다.

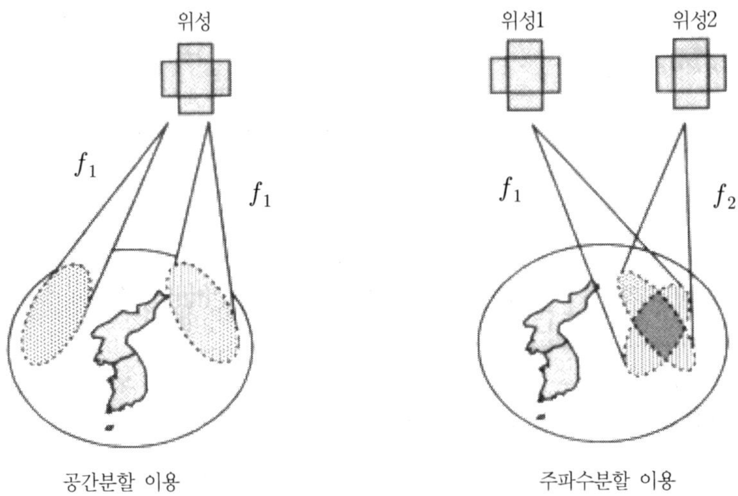

[그림 8-11] 공간분할과 주파수분할

연습문제

1. 다중화란 무엇인지 간단히 설명하여라.

2. 다중화의 예를 3가지 이상 들고, 의미를 간단히 비교하여라.

3. FDM방식의 원리와 장・단점을 설명하여라.

4. FDM방식의 다중화계층의 구성에 대하여 써라.

5. TDM방식의 원리와 장・단점을 설명하여라.

6. TDM방식에 의한 PCM의 다중화계층의 구성에 대하여 써라.

7. CDM방식의 원리와 장・단점을 설명하여라.

8. SDM방식에 대해서 간단히 설명하여라.

9. 대역확산방식의 정의와 종류에 대하여 설명하여라.

10. 대역확산방식의 장점에 대하여 설명하여라.

11. PN부호에 대하여 설명하여라.

12. 직접확산방식의 원리에 대하여 설명하여라.

13. 주파수도약방식의 원리에 대하여 설명하여라.

14. FDM, TDM 및 CDM 방식의 장・단점을 간단히 비교하여라.

15. 대역폭이 4[kHz]인 송신신호를 대역확산하여 40[MHz]의 대역폭으로 신호를 전송할 때, 이 대역확산시스템의 수행이득 G_p는 몇 [dB]인가?

답 $G_p = 10\log\frac{40 \times 10^6}{4 \times 10^3} = 10\log 10^4 = \mathbf{40}$[dB]

16. 주파수대역이 0~3800[Hz]로 제한된 음성신호를 8bit의 PCM으로 다중화하여 최대전송속도 2.8576[Mbps]인 전송로를 이용하여 데이터를 전송하려고 한다.

① 이 음성신호의 전송에 필요한 최소전송속도는 채널당 몇 [kbps]인가?
② 이 전송로에는 최대 몇 명의 전화가입자를 동시에 수용할 수 있는가?

답 ① $2 \times 3800 \times 8 = 60{,}800$[bps] = **60.8**[kbps]

② $\frac{2.8576 \times 10^6}{60.8 \times 10^3}$[채널]이므로 **47**명

17. 최대전송속도가 2.448[Mbps]인 전송로를 사용한 CDM장비로 8bit의 PCM 데이터를 전송하려고 한다. 이때 최대 45명의 전화가입자를 동시에 수용하려면 음성신호를 최대 얼마까지 대역제한할 수 있는가?

답 $2 \times B \times 8 = 16B$[bps]

$$\frac{2.448 \times 10^6}{16B} = 45\text{[채널]}$$

$$\therefore B = \frac{2.448 \times 10^6}{16 \times 45} = \mathbf{3400}\text{ [Hz]}$$

제9장

위성통신

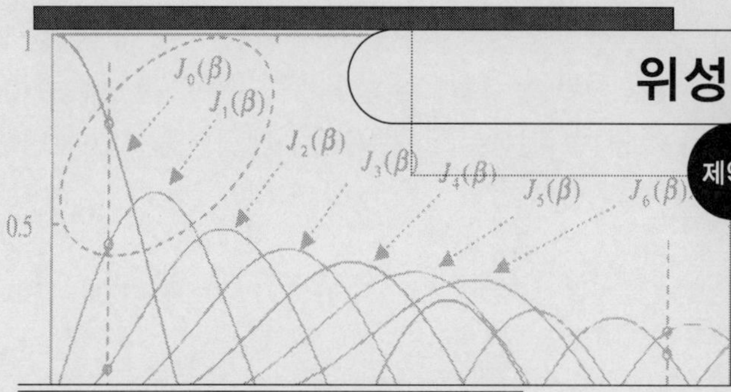

9-1 위성통신의 개요

위성통신(satellite communication)은 우주공간에 통신위성을 띄워놓고 지상의 지구국에서 전파를 송신하면, 우주국인 통신위성(communication satellite)에서 전파를 받아 이를 다시 지구국으로 중계함으로써 원하는 목적지와의 통신이 이루어지는 무선통신방식으로 초기에는 국제통신과 국제방송중계에 주로 사용되어 왔으나 최근에는 이동통신 등에도 사용이 되면서 중요성이 증대되고 있다.

세계 최초로 발사된 **인공위성**(artificial satellite) 제 1호는 1957년 소련의 **스푸트니크**(sputnik) 1호였으며, 중계기를 탑재한 저궤도 위성에 의한 통신실험은 1962년 미국의 **텔스타**(telstar) 1호와 **릴레이**(relay) 1호 등을 시작으로 세계 각국의 위성통신에 대한 연구는 활발히 진행되었다.

그리하여 1962년 미국의 통신위성기구 **COMSAT**(Communication Satellite Corporation)와 1965년 **국제전기통신위성기구 INTELSAT**(International Telecommunication Satellite Consortium)가 발족되었고, 1965년 세계 최초의 정지형 상업용 위성인 INTELSAT 1호인 'Early Bird'가 대서양 상공에 발사된 이후 INTELSAT 2호에 의해 전화 240[채널]이 중계되므로 위성통신이 국제통신망의 핵심을 이루면서 TV프로그램의 세계중계에 대해 거의 모두, 또 국제전화회선의 대부분을 담당하고 있는 상태에 이루면서 본격적인 위성통신의 시대가 열리게 되었다. 또한, 1981년 미국의 NASA의 'Space shuttle' 성공 등에 희한 전 세계의 우주개발은 한층 더 가속화 되고 있다. 이와 같은 상황에서 유럽을 비롯해 개발도상국 등에 있어서도 자국내 위성통신방식이 적극적으로 도입되는 추세에 있다.

한편, 우리나라에서는 1990년 7월 무궁화 위성사업을 추진하여 1995년 8월 주위성, 1996년 1월에 부위성을 발사하여 적도상공 3578[km]인 인도네시아 보르네오 상공의 정지궤도에 진입하여 직접위성방성(DSB : Direct Broadcasting

Service), 데이터통신, 비디오중계, 국간 중계, 비상재해통신, TV/CATV 프로그램 중계 등 본격적인 서비스가 **무궁화위성**(Korea Sat)에 의해 제공되고 있다.

통신위성에는 지구의 자전주기와 동일한 각속도로 적도상을 회전함으로써 지구상에서 정지상태로 보이는 **정지위성**(geostationary satellite)과 적도 이외의 일정한 궤도를 회전하는 **궤도위성**(orbital satellite)이 있다. 이 궤도위성은 지구로부터의 높이에 따라 비행속도가 다르므로 원 또는 타원궤도를 그린다.

저궤도위성(LEO : Low Earth Orbit)은 방사전력이나 수신감도가 낮아도 되지만 통신가능한 시간이 제한되기 때문에 통신을 위해서는 복수의 위성은 사용함과 동시에 지상에서는 추적장치를 설치해야 하는 이해득실을 고려하면 정지위성이 편리하다.

적도상의 한 정지위성은 전 지표의 약 38%를 커버한다. 따라서 정지위성은 북위 76°와 남위 76°이상의 극지(polar)를 제외한 지구상의 3분의 1이상의 넓은 서비스 지역을 갖게 된다. 그러므로 [그림 9-1]에 보인 바와 같이 서로 120°만큼 떨어진 3개의 통신위성을 사용하면, 극지를 제외한 전세계의 통신을 가능케 한다.

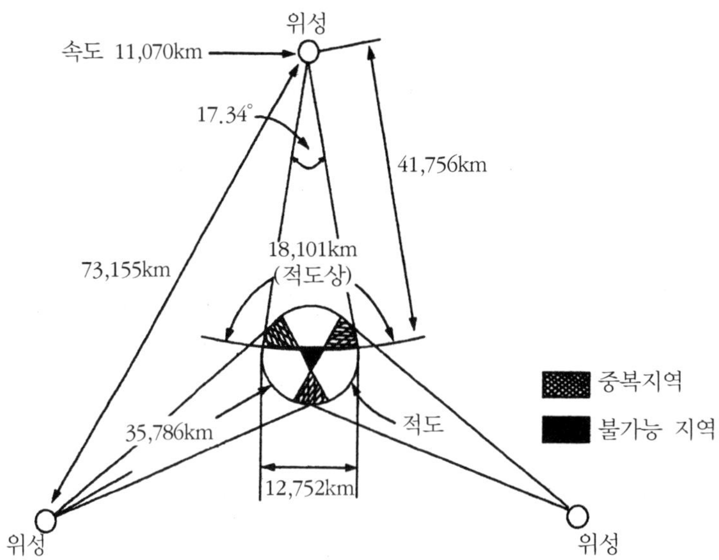

[그림 9-1] 정지위성의 배치

따라서, 오늘날에는 특별한 경우를 제외하고는 정지위성의 통신위성으로 거의 사용되고 있다.

정지위성의 장점을 살펴보면 다음과 같다.

① 위성이 주어진 지구국에 대하여 거의 정지상태에 있으므로 복잡하고 고가의 추적장치가 필요 없다.

② 위성이 상공을 지날 땐 한 위성에서 다른 위성으로 스위치할 필요가 없기 때문에 스위칭시간으로 인한 전송중단이 전혀 없다.

③ 높은 궤도의 정지위성은 저궤도위성의 경우보다 지구의 훨씬 넓은 영역을 커버한다.

④ doppler 효과를 무시할 수 있다.

또한, 정지위성의 단점을 살펴보면 다음과 같다.

① 정지위성의 궤도가 높으면 높을수록 전파시간이 많이 걸린다. 예를 들면 통신위성까지의 최단왕복거리 72,000[km]를 왕복하는데 걸리는 지연시간은 0.24초이다. 일반적으로 전송지연 시간은 약 0.3초이다.

② 정위성은 저궤도위성보다 높은 궤도를 돌기 때문에 거리가 더 멀고 통신로에 의한 손실이 더 크기 때문에 송신전력과 수신기의 감도가 더 커야 한다.

③ 정지위성을 궤도에 진입시켜서, 그 궤도를 유시키기 위해서는 정확도가 높은 우주인선(spacemanship)이 필요하다. 이를 위해서는 추진엔진(propulsion engine)이 필요하다.

9-2 위성통신의 분류

위성통신은 우주공간에 발사된 위성을 이용하여 이루어지는 모든 종류의 무선통신을 의미하는 것이고, 실제적으로는 통신위성은 중계에 의하여 이루어지는 위성방송과 위성통신을 말하는 것이 보통이다.

이와 같이 위성통신에 사용되는 위성을 기능, 궤도, 용도 및 통신방식 등으로 분류하면 다음과 같다.

1. 수동위성과 능동위성

위성에 실치된 반사판으로 전파를 반사시키기 위한 인공위성으로 지상중계방식의 무급전중계방식과 그 기능이 같은 위성을 **수동위성**(passive satellite)이라 하고, 전파를 수신하여 증폭하고 주파수변환을 하여 재발사하는 중계기능을 갖는 위성을 **능동위성**(active satellite)이라고 한다.

2. 궤도에 따른 위성

지상에서 수백~수천[km]의 상공에 쏘아올려서 수 시간마다 지구를 일주하게 하는 위성을 **저궤도위성**(LEO : Low Earth Orbit)이라 하며, 주로 지구에 근접하여 사진촬영을 하거나 정밀지도 작성등 군사적 목적에 주로 사용된다. 특기 LEO위성은 90분 주기로 동기되고 15분 지속관측하며 60개 이상 위성이 소요된다.

중궤도위성(MEO : Middle Earth Orbit)은 위성이 태양이 떠 있을 때 출현하도록 하므로 **태양동기위성**이라고도 하는데, 주로 지상에서 10,000~20,000[km]의 상공에 쏘아올려서 지구에 7시간 주기를 동기가 되고 3시간 관측하며 위성수는 10개 이상 소요된다.

고궤도위성(HEO : High Earth Orbit)은 지구에 24시간 주기로 동기가 된 약 36,000[km]의 동기궤도와 지구 적도상공 35,860[km]의 정지궤도로 크게 구별되고, 24시간 관측하며 3개의 위성이 소요된다.

3. 용도에 따른 위성

위성의 용도가 일반적인 통신용이면 **통신위성**(CS : Communication Satellite), 방송용이면 **방송위성**(BS : Broadcasting Satellite), 해상통신용이면 **해사위성**(MS : Maritime Satellite), **기상위성**, **지구관측위성** 및 **군사위성** 등으로 분류된다.

4. 위성통신방식

1) 임의위성방식(random satellite system)

초기의 통신위성방식으로 지구고도 수백 km에서 수천 km의 궤도상을 수 시간의 주기를 갖고 도는 위성방식이다. 이 방식은 통신을 행하는 지구국간에 위성이 서로 마주보이는 시간만 사용할 수 있으므로 항상 통신회선을 확보하기 위해서는 많은 위성을 사용하여야 한다. 이 방식은 지구국에서 항상 2~3개의 안테나를 설비하여 위성을 추적하지 않으면 안 되기 때문에 현재는 정지위성방식으로 대체되고 있다.

2) 위상위성방식(phased satellite system)

지구주위상공에 등간격으로 복수개의 위성을 띄우고 각 지구국은 안테나를 사용해서 차례로 위성을 추적하여 항상 통신망을 확보하는 방법이다. 이 방식을 사용하면 정지위성에서는 커버할 수 없는 극지점과의 통신이 가능하게 되며, 정지위성의 경우보다 고도를 낮게 할 수 있기 때문에 지연시간이 적은 이점은 있지만 지구국을 포함한 총비용이 비경제적이라는 결점이 있다. 아직 실용화되고 있지 않은 방식이다.

3) 정지위성방식(stationary satellite system)

지구적도상공 35,860[km]에 지구의 자전과 같은 공전주기를 갖는 위성 2개를 이용하므로 지구국은 항상 위성을 찾을 필요가 없고 위성을 교체할 필요가 없어 정지위성의 투영범위에만 있으면 언제나 통신위성에 의한 통신이 가능한 통신방식이다.

이 책에서 위성이라고 함은 능동정지위성을 의미하며, 위성통신이라 함은 일반통신과 위성방송을 합한 개념이다.

9-3 위성통신의 시스템구성 및 특징

통신위성은 통신을 하기 위한 인공위성 그 자체를 가리키고, 위성통신은 통신위성 또는 인공위성을 사용하는 통신이다. 그러므로 단어배열의 순서에 따라 의미가 달라지므로 용어에 유의해야 한다.

위성통신의 시스템은 2개의 기본기구를 구성되어 있다. 즉 지지국의 송·수신장치와 우주국의 **위성중계기**(transpnder)이다.

송신지구국에서 위성을 연결하는 링크를 **업링크**(up-link) 또는 **상향링크**라 하고, 반대로 위성으로부터 지상의 수신지구국으로 연결하는 링크를 **다운링크**(down-link) 또는 **하향링크**라고 한다. 상호간의 간섭을 피하기 위해서 이들의 사용주파수는 다르다. 예를 들면 6[GHz](up-link) 4[GHz](down-link) 또는 14/12[GHz]가 사용된다.

1. 지구국의 송신시스템

위성통신시스템의 업링크 모델의 중요한 부분은 지구국의 송신기이다. 대표적인 지구국의 송신시스템 계통도를 나타내면 [그림 9-2]와 같다.

중간주파수(IF : Intermediate Frequency)변조기는 입력의 베이스밴드신호를 FM, PSK 또는 QAM의 IF로 변화시킨다. 혼합기, 대역통과필터(BPF : Band Pass Filter) 및 마이크로파발진기로 구성된 **상측변환기**(up-converter)는 IF를 적절한 반송주파수인 RF(Radio Frequency)로 변환시킨다. **HPA**(Hight Power Amplifier)는 신호가 위성의 트랜스폰더(중계기)까지 전파하는데 요하는 적절한 입력감도와 출력을 공급한다. 보통 사용되는 HPA는 클라이스톤(klyston)과 TWT(Traveling Wave Tube)진행파관이다.

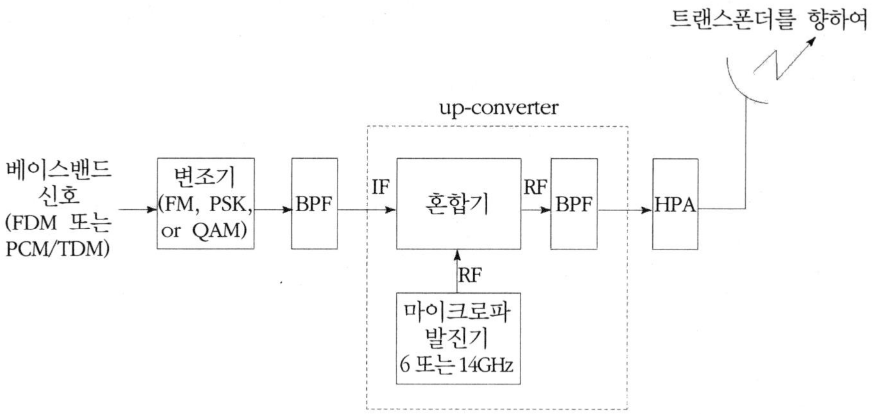

[그림 9-2] 지구국 송신시스템의 계통도

2. 트랜스폰더의 시스템

위성중계기(transponder)의 계통도를 나타내면 [그림 9-3]과 같다.

입력측의 BPF는 **저잡음증폭기**(LNA : Low Noise Amplifier)의 입력으로 들어온 잡음의 주파수대역을 제한한다. LNA로 사용되는 소자는 보통 터널다이오드(tunnel diode)이다. LNA의 출력은 변환용 마이크로파발진기와 BPF로 구성된 **주파수변환기**(frequency translator)에 급전된다. 이 변환기는 높은 대역의 업링크 주파수를 2[GHz] 낮은 대역의 다운링크 주파수를 변환시킨다.

저전력증폭기는 일반적으로 TWT가 사용된다. 이는 다운링크를 통하여 지구국송신기로 전송하는 IF신호를 증폭한다. 각 RF위성채널은 각각 다르게 분리된 중계기를 갖는다.

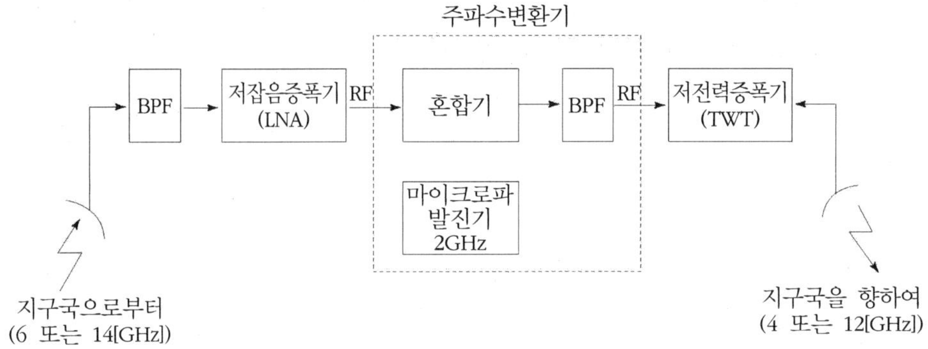

[그림 9-3] 위성 트랜스폰더의 계통도

3. 지구국의 수신시스템

지구국의 수신시스템 계통도를 나타내면 [그림 9-4]와 같다.

BPF는 LNA의 입력잡음전력의 대역을 제한시킨다. LNA는 고감도, 저잡음 증폭기로서 터널(tunnel)증폭기 또는 패러매틱(parametic)증폭기를 사용한다. RF-to-IF의 하측변환기(down-converter)는 혼합기와 BPF로 구성된다. 이는 수신된 RF신호는 IF주파수로 변환시킨다.

지구국 송・수신안테나는 반사경(reflector)을 갖는 파라볼라(parabola)형이 많이 사용된다.

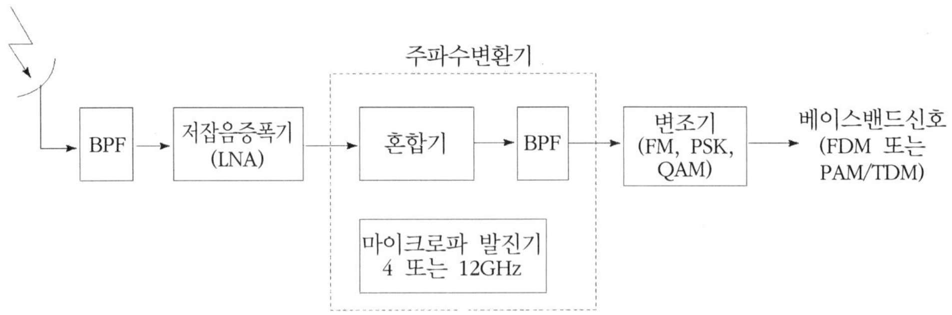

[그림 9-4] 지구국 수신시스템의 계통도

4. 위성통신의 특징

위성통신은 지상통신에 대하여 다음과 같은 특징을 갖는다.

① 1개의 통신위성으로 넓은 영역을 커버할 수 있으므로 산간이나 떨어져 있는 섬들과의 통신이 용이하다.
② 지상계통신에 비하여 지상설비가 적기 때문에 지진, 태풍 등의 재해의 영향을 적게 받는다.
③ 통신위성은 1개만으로 중계를 하므로 품질의 열화가 적다.
④ 통신위성을 이용하기 때문에 시스템의 구축과 변경이 용이하다.
⑤ 지상계통신에서처럼 거리의 대소에 따른 정보의 격차가 발생치 않는다.

위와 같은 좋은 장점에 반하여 다음과 같은 단점도 있다.

① 앞에서 이미 설명한 위성통신까지의 왕복 거리에 인한 전송지연
② 전파가 대기중을 전파하므로 대기가스에 의한 잡음증가, 빗방울에 의한 흡수 또는 산란, 대기굴절률의 고도변화에 의한 수신전계강도의 불규칙 변동 등의 대기권의 영향을 받는다.
③ 위성통신은 광역성과 동보성의 이점이 있으며 이로 인한 개인의 통신기밀이 누설될 염려가 있으나 이는 통신방식에 의해 해결될 수 있다.
④ 정지위성과 태양이 지구와 동일한 방향으로 배열되면 태양에서의 열잡음이 수신국안테나에 들어오므로 단시간이지만 수신의 신호대잡음비가 열화된다. 이와 같은 현상은 춘분 또는 추분 시에 1일 수분간, 며칠에 걸쳐 일어난다.
⑤ 일식현상으로 인한 통신위성의 태양전지의 충전불량을 위하여 백업(back up)전지가 필요하다.
⑥ 정지위성의 궤도는 하나밖에 없으므로 이 궤도에 다수의 위성을 배치할 수밖에 없다. 따라서 정지위성의 수의 증가로 인한 위성통신의 간섭이 발생된다. 이를 피하기 위한 여라 가지 조치가 국제전기통신조약 부속 무선통신규칙 등에 규정되고 있다.

9-4 다원접속방식

많은 지국국이 하나의 통신위성을 사용하여 동시에 통신을 행하려면 각 지구국의 송신신호가 서로 간섭하지 않도록 운용해야 한다. 이 때문에 각 지구국의 정보를 주파수, 시간, 공간 등으로 적당히 분할하여 통신을 행하는 방식이 사용되고 있는데, 이것을 **다원접속**(multi access)이라고 한다. 즉, 다수의 지구국이 하나의 통신위성을 이용하여 동시에 필요한 통신로를 설정하는 것을 다원접속이라고 한다.

다원접속은 위성통신방식이 갖는 유용한 기능중의 하나로 두 지점간의 중계전송 뿐만 아니라 다수의 지구국 사이를 동시에 자유롭게 접속할 수 있다. 그러므로 통신위성의 중계기(transponder)의 전송용량이 허락되는 한 지구국을 증설하는 것만으로 통신범위를 용이하게 확장할 수 있으며, 지상의 전송에 비해 운용이 편리하게 된다.

다수의 지점 상호간을 하나의 위성을 모체로 하여 접속된 각각의 전송로를 독립적으로 분리하는 통신방식으로는 주파수를 분할하는 **주파수분할다원접속**(FDMA : Frequency Division Multiple Access), 시간적으로 분리하는 **시분할다원접속**(TDMA : Time Division Multiple Access), 부호를 분할하는 **부호분할다중접속**(CDMA : Code Division Multiple Access), 지구국의 지역으로 분할하는 **공간분할다원접속**(SDMA : Space Division Multiple Access) 등이 있다.

〈표 9-1〉 다원접속방식의 장·단점

방식	장 점	단 점
FDMA	• 변복조기의 동작속도가 낮을 경우 시스템의 성능이 양호하다. • 다원접속이 용이하다. • 동기가 간단하다. • 소용량 지구국에 적합하다.	• 중계기 이용효율이 제한되어 있다. • 속도가 다른 디지털 신호 전송이 어렵다.

방식	장 점	단 점
TDMA	• 각종 속도의 디지털 신호의 전송이 용이하다. • 회선용량 변경시 유연성이 있다. • 중계기 송신전력 및 대역의 이용효율이 높다. • 멀티빔 통신방식에서의 빔간의 접속이 용이하다(SS-TDMA).	• 타국 송신신호와의 간섭을 피하기 위해 동기가 필요하다. • 낮은 트래픽 지구국도 TDMA속도에 대응하는 송신전력이 필요하다. • 기저대역 신호처리 장치가 복잡하게 구성된다.
CDMA	• 각 지구국에 채널(부호)을 이용하여 고정 할당방식 또는 요구할당방식의 운용이 가능하다. • 간섭 및 방해에 강하다. • 비화성이 있다.	• 넓은 대역폭이 소요되어 주파수의 이용효율이 낮다.
SDMA	• 대용량 전송이 가능하다. • 주파수 이용효율이 높다. • 지구국의 안테나가 소형이어도 된다.	• 위성의 안테나가 대형으로 된다. • 중계기나 안테나의 구조가 복잡하다.

이들 4개의 다원접속 원리는 앞의 8장에서 배운 다중화방식의 원리와 같으므로 생략하고, 다원접속방식의 장 · 단점을 비교하면 〈표 9-1〉과 같다.

1970년대 다원접속방식은 디지털신호의 고속처리 동기확립기술이 미숙했으며, 각 지구국에 고가인 대용량 메모리 등이 필요했긴 때문에 모두 FDMA방식이었다. 그러나 그 후에 디지털기술의 급속한 진보와 그에 따른 경제화로 TDMA과 CDMA방식이 실현할 수 있게 되었다.

다원접속은 회선할당면에서, 각 지구국사이를 연결하는 주파수나 타임슬롯(time slot)을 고정적으로 결정해 놓는 **사전할당**(pre-assignment) 또는 **고정할당접속**, 전송정보량의 요구에 따라서 주파수나 타임슬롯의 할당을 변경하여 주는 **요구할당**(demand assignment)**접속**, 통신의 요구가 발생할 때마다 비어 있는 임의의 주파수나 타임슬롯을 골라서 접속하여 주는 **랜덤접속**(random access)**방식**이 있다. 사전할당방식은 통신을 하지 않을 경우에는 회선이 비어 있기 때문에 전송효율이 가장 나쁘고, 요구할당 방식은 사전할당방식보다는 전송효율을 개선되지만 랜덤접속방식만큼 개선되지는 않는다.

9-5 우리나라의 위성통신

1. 개 요

우리나라는 1992년 9월 25일 임차위성지구국이 개통됨으로써 국내위성통신 시대가 개막되었다. 임차내용은 동경 177°에 위치한 인텔샛-VA(F-11)위성의 예비위성으로서 중계기(대역폭 : 72[MHz]) 1대를 선매임차(Preemptible)방식으로 1990년 11월에 계약 체결하였다. 임차기간은 5년(1992년 4월 ~ 1997년 3월)이며, 임차료는 5년간 864만 달러로서 사용중 계약취소가 가능한 조건이다.

국내 위성지구국은 서울, 부산, 대구, 광주, 대전 등 5개 도시에 건설하였으며, 서울 지구국에는 인텔샛 E-3표준 지구국(안테나 직격 9m) 및 VSAT Hub를, 나머지 4개 지구국에는 인텔샛 E-3표준 지구국(안테나 직경 6m)을 설치하였으며, VSAT지구국은 가입자 구내에 직접 설치되어 이용된다.

임차위성으로 제공되는 서비스는 위성기업통신망서비스(VSAT, 2400bps~64Kbps), 위성디지털회선서비스(128Kbps~2048Kbps) 및 위성비디오통신서비스로 운용되고 있다.

2. 무궁화 위성

1989년 3월 정보통신부에서 국내 통신방송위성서비스의 수요조사를 실시한 후 그해 8월 10일 국무회의에서 “통신 · 방송위성사업추진위원회” 규정을 의결하여 대통령령 제 12788호로 공포하였다.

1989년 12월에는 우리나라 위성사업에 대한 종합추진계획이 확정되었으며 1995년 4월에 발사를 목표로 추진되었다. 위성의 명칭은 무궁화호(영문명칭 : KOREA SAT)로 최종 결정하였다.

1990년 12월 무궁화위성의 설계기준을 제정하고 이듬해인 1991년 5월에 국제입찰을 공고하였으며 12월에 무궁화위성 제작업체로 미국의 제너럴일렉트릭(GE)사를 선정하였고 국내 협력업체로는 LG가 참여토록 하였다.

따라서 1992년초부터 1994년말까지 위성설계와 제작이 이루어지고 지상장비의 개발과 건설이 완료되면 1995년 4월 무궁화호를 발사하여 그해 10월부터 위성운영을 시작할 예정이었으나 위성체 발사에 관련된 사항들이 순조롭지 못해 여러번의 발사연기를 거쳐 1995년 8월 5일 미국발사기지인 플로리다주 케이프커너베럴 우주센터에서 무궁화 1호가 발사되었다.

그러나 발사로켓 차질로 예정보다 3주일 이상 늦은 8월 30일 정지궤도에 들어간 무궁화 1호 위성은 정지궤도진입을 위해 위성자세 교정용연료의 과다소모로 인해 예정된 수명이 10년보다 반 이상 줄어든 4년 4개월로(1999년 12)단축되었으며, 위성체제작과 발사비용을 1억 3천 90만달러가 소요된 무궁화 1호 위성을 한국통신은 주 보험회사인 영국의 로이드신디케이트 등으로부터 전액을 보상받았고 보상액의 38%인 3천 9백 50만 달러에 재구입하였다.

통신 · 방송 겸용위성인 무궁화 1호는 그동안 각종시험을 거쳐 2월 5일 한국마사회 과천 경마장의 경마장면을 전국에 중계함으로써 위성방송시험에 성공했다. 따라서 그동안 한국통신에서 인텔샛을 임대해 사용해온 각종 국내 위성서비스를 무궁화 1호 위성으로 전환할 수 있게 되었다. 무궁화 1호 위성의 정상적인 가동으로 3월초부터 국내 위성서비스를 모두 맡아서 전담하게 되었다.

무궁화 2호 위성은 당초 무궁화 1호 위성의 예비기능을 위해 1995년 10월경 발사할 계획이었으나, 무궁화 1호 위성의 수명단축으로 인해 서둘러 발사된 것으로 1996년 1월 14일 무궁화 1호 위성발사 기지인 케이프 커너베럴 발사기지에서 성공적으로 발사하였는데 수명은 약 10년 10개월 정도로 예정되어 있다. 따라서 무궁화위성은 통신, 방송복합위성 2기를 1995년 8월(주위성)과 1996년 1월(예비위성)에 발사하여 본격적인 국내위성통신, 방송서비스를 제공하게 되었다.

무궁화위성은 적도상공 약 36,000km에서 통신 및 방송중계기능을 수행하는 위성체와 위성체를 정지궤도까지 진입시켜줄 발사체를 확보하여야 하고, 위성체의 동작상태 및 궤도유지 등을 지상에서 감시, 제어할 관제소를 건설하여야 한다.

무궁화위성과 1992년 8월 발사된 과학위성인 우리별 1호를 비교하면 [그림 9-5]와 〈표 9-2〉와 같다.

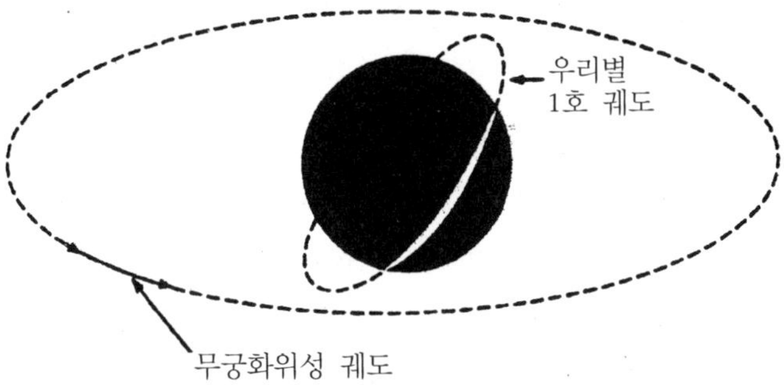

[그림 9-5] 무궁화위성과 우리별 1호의 궤도

〈표 9-2〉 무궁화위성과 우리별 1호의 비교

구 분	무궁화 위성	우리별 1호
용도	통신 · 위성 복합위성	과학 실험위성
중량	845kg급(중형)	50kg급
크기	173.6×142.2×195.6㎤	30.5×34.5×60㎤
수명	약 10년	약 5년
주파수대	SHF대(14/11GHz, 14/12 GHz)	VHF대(100MHz~500MHz)
출력	120W 3개(방송용), 14W 12개(통신용)	10W
자세유지	0.05°이내	5°이내
소비전력	약 2kW	30W
궤도유지	지상 약 36,000km 정지궤도 (동경116°)	지상 약 1,300m저궤도 (약 100분에 지구 1회전)
제공서비스	• 직접위성방송(DBS) • 고속 · 저속데이터 통신 • 비디오 중계 • 도서벽지/행정통신 등	• 음성 데이터 화상정보 교신 • 지구표면 촬영 • 우주 방사선 측정
제작기관	GE-AStro사(미국)	KIST, Surrey대학(영국)

무궁화위성을 이용하여 제공되는 서비스로는 직접위성방송(DBS), 고속전용통신, 저속전용통신(VSAT : Very Small Aperture Terminal), 비디오중계서비스와 대도시 전화국간 중계 및 도서벽지의 행정통신 등이다.

무궁화위성 서비스내용 및 중계기수를 나타내면 〈표 9-3〉과 같다

〈표 9-3〉 무궁화위성의 서비스내용

구분	서비스명	서비스대역	중계기수
방송용	직접위성방송 (DBS)	• 공영 및 민영방송 • 교육, 영화 스포츠 방송 • HDTV 등 뉴 미디어 방송	3
통신용	비디오 중계	• TV방송/CATV중계, 영상회의 전송 등	3
	국간 중계	• 주요 도시간 전화회선 중계 및 고속 데이터 회선	1
	도서벽지 행정통신	• 도서 · 산간 지역의 음성 및 데이터 회선 • 비상 · 재해복구용 회선(중요 회선), 임시전화	2
	고속전용통신	• 국가, 공공기관, 금융, 언론, 기업체 등의 고속전용회선	2
	저속전용통신 (VSAT)	• 국가, 공공기관, 금융, 언론, 기업체 등의 저속전용회선	4

연습문제

1. 위성통신의 개념과 발전과정을 간단히 써라.
2. 저궤도위성과 정지위성의 개념을 써라.
3. 정자위성의 장단점을 써라.
4. 위성통신을 분류하고 간단히 설명하여라.
5. 통신위성에서 업링크와 다운링크의 역할을 설명하여라.
6. 지구국의 송신시스템의 계통도를 그리고 간단히 설명하여라.
7. 위성중계기의 역할을 설명하여라.
8. 지구국의 수신시스템의 계통도를 그리고 간단히 설명하여라.
9. 위성통신의 장단점을 써라.
10. 다원접속방식의 종류를 들고 원리를 간단히 써라.
11. 다원접속방식의 장단점을 써라.
12. 다원접속의 회선할당면에서 종류를 들고 간단히 설명하여라.
13. 무궁화위성의 개념을 간단히 써라.
14. 무궁화위성의 서비스내용을 써라.
15. 우리별 1호의 개념을 간단히 써라.

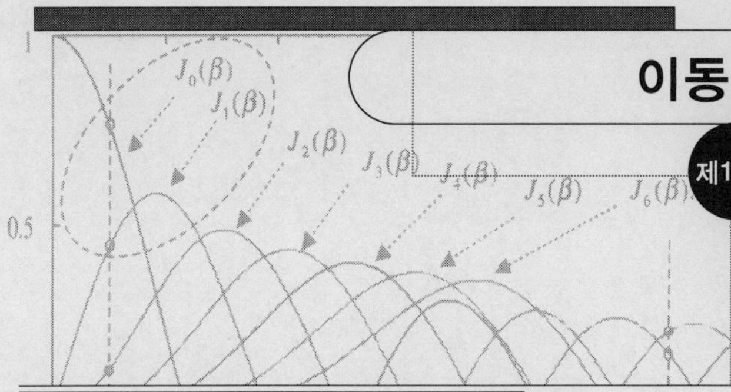

이동통신

제10장

10-1 이동통신의 개요

1. 이동통신의 분류

통신의 궁극적인 목표인 언제, 어디서나, 누구와도 정보의 교환이 가능한 이동통신시스템은 1990년대에 들어와서 질적인 면과 양적인 면에서 많은 변화를 일으키고 있다. 최근에는 정보화사회의 구축과 더불어 무선통신기술의 급격한 발전에 따라 이동통신의 수요가 세계적으로 급증하였으며, 양과 질적인 통신수요를 충족시키기 위해서 이동통신의 기술은 아날로그에서 디지털로 변천되고 있다.

이동통신은 이동체의 사용장소에 따라 **육상이동통신**, **해상이동통신**, **항공이동통신** 등이 있고, 용도에 따라서는 **공중사업용**과 **자영통신용** 등으로 구분할 수 있으며 국내에서 서비스되고 있는 이동통신을 분류하면 [그림 10-1]과 같다.

- 이동통신
  - 공중사업용
    - 육상이동통신
      - 이동전화(차량전화, 휴대전화)
      - 이동무선공중전화(열차, 고속버스, 유람선 등)
      - 무선호출
      - 코드 없는 전화
    - 해상이동통신
      - 선박전화
      - 해상위성통신
      - 항만무선통신
    - 항공이동통신
      - 항공기공중전화
      - 공항무선전화
  - 자영통신용
    - 주파수공용통신
    - 개인무선전화 및 구내이동통신
    - 아마추어무선
    - 기타 재해, 복지용 이동무선

[그리 10-1] 이동통신의 분류

2. 이동통신의 특징

이동통신의 내용은 음성뿐만 아니라 신호, 데이터 및 화상정보 등 범위가 다양하며 이동통신의 특징은 다음과 같다.

① 시간과 공간의 제약을 초월하여 즉각적인 통신접근이 가능하다.
② 무선통신방식이므로 전파자원을 효율적으로 공유할 수 있다.
③ 유선통신방식에 비해 케이블의 설치 및 유지보수 비용이 적고 설치소요 기간이 짧아 경제적이다.

위와 같은 좋은 장점에 반하여 다음과 같은 단점도 있다.

① 주파수스펙트럼이 한정적이다.
② 복잡한 기술을 요한다.
③ 사적인 정보의 보안보증이 요구된다.
④ 작은 휴대기기에 전력이 공급되어야 한다.
⑤ 신호의 질이 날씨 등의 주위환경에 민감하다.

3. 이동통신의 주파수스펙트럼

장파(LF), 중파(MF), 단파(HF)로 가시권을 벗어난 원거리까지 전파하므로 선박, 항공기, 육상의 어느 통신에도 사용되고 있지만 사용될 수 있는 주파수가 한정되어 있고, 혼신이 많아 양호한 통신을 기대하기가 어렵다는 점 때문에 점차 이동통신에 사용되는 주파수대는 VHF 이상으로 바뀌고 있다.

VHF 이상의 주요한 이동용 주파수대는 54~68[MHz]대, 142~170[MHz]대, 335.4~470[MHz], 800~900[MHz]대가 육상이동 및 해상이동업무에, 118~142[MHz]대가 항공이동업무에 할당되어 있다. 국내 이동통신주파수의 사용현황을 나타내면 〈표 10-1〉과 같다.

〈표 10-1〉국내이동통신 주파수스펙트럼

<table>
<tr><th colspan="2">이동통신</th><th>단말기 ⇒ 기지국</th><th>기지국 ⇒ 단말기</th></tr>
<tr><td colspan="2">셀룰러 이동전화</td><td>824 ~ 849[MHz]</td><td>869 ~ 894[MHz]</td></tr>
<tr><td colspan="2">개인휴대통신(PCS)</td><td>1750 ~ 1780[MHz]</td><td>1840 ~ 1870[MHz]</td></tr>
<tr><td rowspan="2">주파수공용통신
(TRS)</td><td>전국</td><td>811 ~ 821[MHz]</td><td>856 ~ 866[MHz]</td></tr>
<tr><td>수도권</td><td>376.5 ~ 381.5[MHz]</td><td>394.5 ~ 399.5[MHz]</td></tr>
<tr><td colspan="2">무선데이터통신</td><td>896 ~ 898[MHz]</td><td>936 ~ 938[MHz]</td></tr>
<tr><td colspan="2" rowspan="2">IMT-2000</td><td>1920 ~ 1980[MHz]</td><td>2110 ~ 2170[MHz]</td></tr>
<tr><td colspan="2">ITU 표준 1885 ~ 2025[MHz], 2110 ~ 2200[MHz]</td></tr>
</table>

4. 다원접속방식

다수의 가입자들을 동시에 접속시키기 위한 기술을 **다원접속**(multiple access)이라고 한다. 다원접속방식으로는 가입자들이 주파수대역 중 각각 일부분을 할당받아 통화시간 전체에 걸쳐 사용하는 **주파수분할 다중접속**(FDMA : Frequency Division Multiple Access), 가입자가 하나의 타임슬롯을 할당받아 시스템 주파수대역 전체를 액세스하는 **광대역 시분할 다원접속**(W-TDMA : Wide Band-Time Division Multiple Access) 또는 시스템주파수대역 중 일부만을 액세스하는 **협대역 시분할 다원접속**(N-TDMA : Narrow Band-TDMA), 시스템에서 개별가입자가 고유의 **의사랜덤코드**(Pseudo Random Code)를 할당받아서 시간과 주파수영역을 액세스하는 **부호분할다원접속**(CDMA : Code Dicision Multiple Access)이 있다. FDMA는 아날로그 이동통신시스템, TDMA와 CDMA는 디지털 이동통신시스템에서 사용되고 있다. 각 방식별 장단점을 비교하면 〈표 10-2〉와 같다.

〈표 10-2〉 다원접속방식의 비교

방식	장 점	단 점
FDMA	① 송수신기가 각각 독립적으로 동작하므로 고신뢰도를 갖는다. ② 다른 이동국과의 충돌을 피하기 위한 동기 기술이 필요하지 않다.	① 기지국 장치가 크다. ② 기지국 장치의 전력소모가 크다. ③ 스펙트럼 효율 및 용량이 낮다.
TDMA	① 기지국 장치에서 안테나 공용장치가 필요없다. ② 기지국 송신기의 상호변조가 없다. ③ 기지국 및 이동국을 소형화할 수 있다. ④ 스펙트럼 효율이 매우 좋다(FDMA에 비하여 3~6배 정도).	① 기지국에서 항상 방사를 해야 한다. ② 다른 이동국 송신신호와의 간섭을 피하기 위한 동기기술이 필요하다. ③ 등화기가 필요하다.
CDMA	① 가입자 수용용량이 크다(FDMA에 비하여 19배 정도). ② 채널 불용시에 방사하지 않는다. ③ 다경로 페이딩을 극복할 수 있다.	① 넓은 주파수대역폭을 필요로 한다. ② 고속코드처리를 요한다. ③ 전력제어 및 동기기술이 필요하다. ④ 장치가 복잡하다.

5. 이동통신의 발전단계

이동통신의 발전단계를 제1, 제2, 제2.5 및 제 3세로 구분한다면 다음과 같이 나눌 수 있다.

1) 제1세대 이동통신

아날로그방식을 기반으로 하는 시스템으로서 AMPS(Advanced Mobile Phone Service) 등의 아날로그셀룰러(Cellular), CT-1(Cordless Telephone-1)급의 가정용 코드레스 전화, 무선호출(paging) 등이 포함된다.

2) 제2세대 이동통신

제1세대 이동통신에서 기본적인 음성서비스에 비음성서비스를 제공하기 위하여 디지털방식을 기반으로 하는 시스템으로서 TDMA 계열인 유럽의 GSM

(Global System for Mobile Communication)일본의 PDC(Personal Digital Cellular), 미국의 D-AMPS(Digital)과 CDMA방식의 디지털 셀룰러와 코드레스 전화계열인 CT-2, DECT(Digital European Cordless Telephone), PHP (Personal Handy Phone) 등이 있다.

3) 제2.5세대 이동통신

제2세대 이동통신에 적용된 기술과 비교해서 큰 차이가 없는 기술을 이용하는 이동통신으로서 서비스의 보편화를 위해서 사업적인 측면에서 개인의 통신 수준을 강조하는 이동통신으로서 PCS(Personal Communication Service)가 대표적이다.

4) 제3세대 이동통신

사용자가 이용하는 서비스를 다양화할 수 있도록 데이터 전송률을 기존의 디지털셀룰러나 PCS에 비해서 수백 배 늘려 멀티미디어통신이 가능한 차세대 이동통신으로서 FPLMTS(Future Public Land Mobile Telecommunication System), UPT(Universal Personal Telecommunication), UNTS(Universional Mobile Telecommunication System) 등이 있으며 FPLMTS는 IMT(International Mobile Telecommunication)-2000으로 바뀌어 개발이 진행 중이다. 한편, 3세대 IMT-2000을 이어서 4세대인 MBS(Mobile Broadband System)가 진행중이다. IMT-2000의 전송속도가 2[Mbps] 정도이나 MBS는 150[Mbps]의 전송속도를 갖는다.

10-2 이동통신의 무선환경

1. 전파의 감쇠특성

전파의 전파특성은 주위의 지형, 대기의 환경에 따라서 변화할 뿐만 아니라, 환경의 변화에 따라 시시각각으로 변화한다. 안테나에서 방사하는 전파의 에너지는 거리가 멀어질수록 공간안에서 방사상으로 전파하므로 거리의 자승에 비례하며 감쇠한다. 실제에는 주위의 건물 등에 의해 자승보다 더 큰 율로 감쇠한다.

즉, 전파의 전파(propagation)에 영향을 미치는 물체 등이 존재하지 않는 자유공간에서의 전파의 전파손실은 식 (10.1)과 같이 주어진다.

$$L = 20\log\left(\frac{4\pi r}{\lambda}\right)^2 \qquad (10\text{-}1)$$

여기서 λ는 사용주파수의 파장, r는 송·수신점 사이의 거리이다.

그러나 지상에서는 건물 등에 의한 전파의 반사가 발생하므로 전파는 새로운 정수 a에 따라 급격히 감쇠한다. 도시내에서의 전계강도를 나타내는 매우 간편한 실험식은 식 (10.2)와 같이 주어진다.

$$E = Ar^{-a} \ [\mu V/m] \qquad (10.2)$$

여기서 거리 r는 1~2[km]이고, 계수 A는 주파수, 기지국 안테나의 실효고와 이동국의 안테나에 의해 결정되며, 지수 a의 값은 전파경로상에 존재하는 건물의 상황과 기지국안테나의 높이에 의해 결정된다. 일반 도시내에서 a의 값은 1.5~2이다.

2. 페이딩

수신전계강도가 둘 이상의 경로를 달리하는 전파간의 간섭 또는 전파경로의 상태변화 등에 의해서 시간적으로 물결같이 변동하는 현상을 페이딩(fading)이라고 한다. 또한 이동국의 움직임에 따라 기지국에서 수신하는 수신신호레벨의 변동이 생기는 데 이를 다중경로(multipath)에 의한 **페이딩**(fading)이라고 한다. 이동통신환경 하에서는 다음과 같은 페이딩이 발생한다.

① **느린 페이딩**(slow fading) : 긴 구간동안 평균 수신신호가 느린 변화(long term fading)로 지형, 주변 건물, 나무 등에 의하여 발생하며 log normal(정규분포)을 따른다.

② **빠른 페이딩**(fast fading) : 짧은 구간동안 발생하는 수신신호의 세기의 빠른 변화(short term fading)로 수신기 주변 100λ 이내에 있는 건물 등의 반사체에 의해 발생하는 다중 경로에 의한 페이딩으로 rayleigh 분포를 따른다. 주로 이동전화의 macro cell에서 따른다.

③ **라이시안 페이딩**(Rician fading) : 직접파와 반사파가 동시에 존재할 경우 발생하며 직접파가 없는 경우 rayleigh와 동일하다. 위성통신이나 micro-cell에서 발생한다.

이동통신에서 통신품질을 떨어트리는 주요한 원인이 페이딩이고, 이 페이딩 변화폭이 매우 크기 때문에 다중경로 감쇠를 최소화하는 다이버시티(diversity)를 사용하여 통화품질을 개선할 수 있다.

3. 지연확산

이동통신채널을 통하여 디지털신호를 수신할 때는 전파경로의 길이가 다른 다중경로 전파현상 때문에, 각 경로를 따른 신호가 수신기에 동시에 도달되지 않는다. 이렇게 한 신호가 여러 경로를 통하여 수신시간 지연이 달라지는 현상을 **지연확산**(delay spread)이라고 한다. 이 도달시간의 차이가 수신 데이터를 **심볼간간섭**(ISI : Inter-Symbol Interference)을 일으켜 수신기가 데이터를 정확하게 복원하는 것을 어렵게 만든다. 또한 여러 경로를 통하여 수신된 신호들은 시간영역에서 확산되므로 **주파수선택적**(frequency selective)이다.

즉, 주파수가 다른 두 신호가 동일한 다중경로로 수신되었어도 각기 파장에 대한 상대적인 크기들이 다르기 때문에 그 페이딩특성이 같지 않다. 상관관계가 거의 없는 페이등을 갖는 주파수간격을 **coherence 대역폭**이라 하며, 도심지에서는 대략 100~300[kHz] 정도이다. 그러므로 송신신호의 점유대역폭이 coherence 대역폭을 넘게 되면, **주파수선택적페이딩**이 문제가 된다. coherence 대역폭과 지연확산은 반비례하며, 도심지에서의 지연확산이 대략 3~10[μs] 정도이므로 등화기를 쓰지 않는다면 전송속도가 제한된다.

4. 도플러확산

다중경로 전파현상과 이동체의 움직임 때문에 이동통신채널을 통하여 디지털신호를 수신할 때는 전파경로의 입사각이 다른 신호가 수신기에 도달된다. 이렇게 한 신호가 여러 입사각을 통하여 수신됨로 수신신호주파수가 변하는 현상을 **도플러확산**(doppler spread)이라고 한다.

또한 여러 경로를 통하여 다른 입사각도로 수신된 신호들은 주파수영역에서 확산되므로 **시간선택적페이딩**(fading time selective)이라고도 한다. 도플러확산에 의한 주파수 변화를 **도플러편이**(doppler shift)라고 하는데, 이 도플러편이는 이동체의 속도에 비례한다. 예를 들면 2000[MHz]에서 시속 100[km]로 달리는 경우의 도플러편이는 대략 185[Hz]에 퍼져 있게 된다. 도플러편이는 이동체가 사용하는 반송파의 주파수에도 비례하므로 복잡한 신호처리기법을 사용하지 않으면 이동체의 최대이동속도가 제한된다.

5. 음영현상

이동통신채널을 통하여 디지털신호를 수신할 때는 이동국이 기지국의 주변으로 이동할 때 전파경로가 큰 건물이나 언덕 등에 의하여 가려지기 때문에 일

시적으로 수신전계강도의 변화가 발생하게 된다. **음영현상**(shadowing)은 이렇게 장애물에 의하여 발생하는 페이딩으로써 느린 페이딩률을 가지기 때문에 **느린 페이딩**(slow fading)이라고 부른다. 따라서 이동통신시스템을 설계할 때는 지형의 변화도 고려해야 한다.

6. 인접채널간섭 및 동일채널간섭

이동통신시스템에서는 인접채널에서 작동 중인 이동체간의 송신기와 수신기의 상대적인 위치가 가까워지면 간섭이 일어날 수 있다. 이렇게 이동국의 이동에 따라 인접채널송신기로부터 발생하는 간섭을 **인접채널간섭**(ACI : Adjacent Channel Interference)이라고 한다.

이러한 인접채널간섭은 가급적 인접한 셀들이 사용하는 반송파주파수 차이가 많이 나도록 셀을 설계하여야 하며 수신기의 선택도가 아주 높아야 한다. 이동통신시스템에서는 인접채널간섭 외에도 같은 셀 내에서 주파수가 재사용되므로 수신기의 선택도에 상관없이 간섭이 일어날 수 있다. 이러한 간섭을 **동일채널간섭**(CCI : Co-Channel Interference)이라고 한다. 이러한 동일채널간섭은 셀룰러이동통신 시스템의 용량을 결정하는 중요한 요인이 되므로 지향성을 가진 안테나들을 여러 개 사용하는 섹터화(sectorization)로 해결하고 있다.

10-3 셀룰러이동전화 및 PCS

초기의 이동통신으로 개발된 차량서비스는 **광역방식**(broad zone system)으로 [그림 10-2(a)]와 같이 하나의 공정국으로 넓은 서비스지역을 커버하였으나, **셀룰러이동전화**(cellular mobile telephone)방식은 [그림 10-2(b)]와 같이 서비스지역을 여러 개의 **셀**(cell)로 나누어 셀마다 인접한 셀과는 다른 주파수가 할당된 하나의 무선기지국(셀기지국)을 설치하여 동일한 주파수를 재사용할 수 있도록 하는 방식이다.

이 방식은 가입자가 하나의 셀에서 인접한 다른 셀로 이동하면서도 통화를 계속적으로 할 수 있게 하는 **핸드오프**(hand off) 또는 **핸드오버**(hand over) 기능을 제공하여야 하며, 사용자가 가입등록한 시스템 외의 다른 시스템이 관리하는 서비스영역에서도 정상적인 서비스를 가능하게 해주는 **로밍**(roaming)기능도 제공하여야 한다.

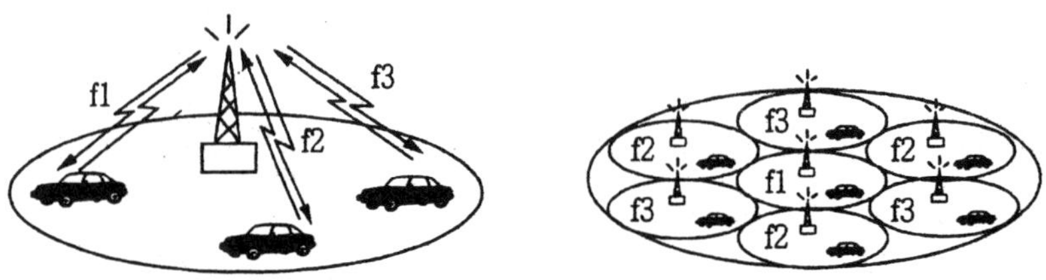

[그림 10-2] 광역방식과 셀룰러 방식

동일한 주파수를 재사용하는 반복지역수 N셀을 **크러스터**(cluster)라 한다. 지금 사용가능한 복신(duplex)채널의 총수가 S인 셀룰러시스템이 있다고 하자. 그리고 각 셀의 채널수를 K라 하면 한 무선채널의 총수는

$$S = KN \tag{10.3}$$

여기서 계수 N은 크러스터크기(cluster size)라 부른다.

셀룰러 이동전화시스템은 [그림 10-3]과 같이 이동국(MS : Mobile Station), 기지국(BS : Base Station), 이동전화교환국(MSC : Mobile Switching Center 또는 MTSO : Mobile Telephone Switching Office) 등으로 구성되어 있다.

이동국(차량 또는 휴대용 이동전화단말기)은 무선송수신기, 안테나 및 제어장치로 구성되어 있으며 기지국은 단말기와 이동전화교환국을 연결하는 기능을 갖고 있는 기지국 무선송수신기, 안테나, 제어장치, 데이터 터미널 및 전원장치 등으로 구성되어 있다. 이동전화교환국은 각 기지국에서 발·착신되는 호를 처리하고, 모든 기지국이 효율적으로 운용될 수 있도록 하는 중앙통제기

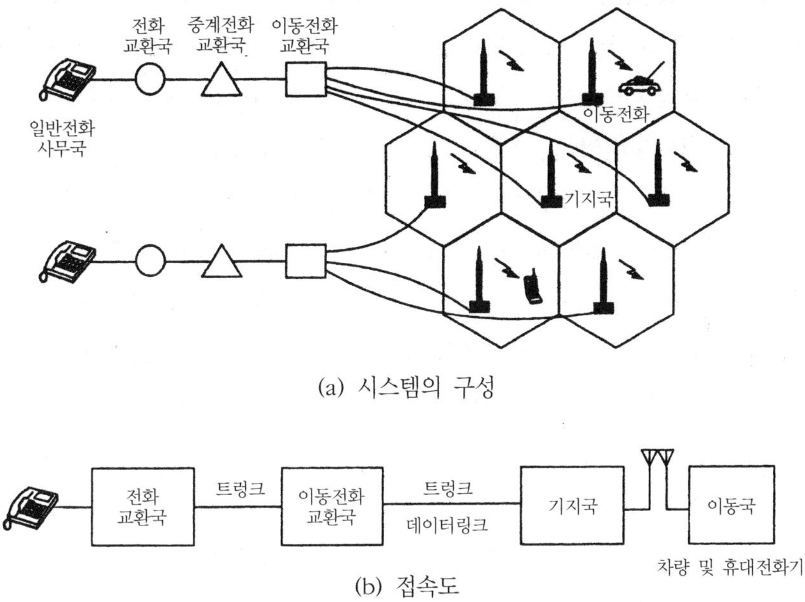

[그림 10-3] 셀룰러 시스템의 구성 및 접속도

능과 함께 공중전화망의 교환기와도 연결할 수 있는 기능을 갖고 있다. 이러한 이동전화교환국은 제어부, 통화로부 및 주변기기로 구성되어 있으며 통화가 완료된 호에 대한 과금자료 수집기능도 있다.

셀룰러이동전화방식은 사용하는 정보의 종류에 따라 아날로그셀룰러방식과 디지털셀룰러방식으로 나눌 수 있으며, 각 방식마다 서로 다른 다중접속기술을 사용하고 있다. 다중접속은 통신을 하고자 하는 여러 명의 사용자들이 하나의 물리적인 전송매체를 이용하여 통화할 때, 다른 통화자에게는 서로 간섭을 주지 않고 자신의 정보를 전달하는 기술이다. 즉, 하나의 물리적인 전송매체를 다수의 논리적인 전송로로 나누어서 사용함으로써 한정된 주파수자원을 효율적으로 사용하는 기술이다.

셀룰러이동통신에서 많이 사용되는 다중접속기술로는 시간을 공유하면서 주파수대역을 나누어서 사용하는 **주파수분할다중접속**(FDMA : Frequency Division Multiple Access) 기술과 주파수대역을 공유하면서 시간을 나누어서 사용하는 **시간분할다중접속**(TDMA : Time Division Multiple Access)기술 그리고 시간과 주파수 대역을 공유하면서 사용자 부호를 나누어서 사용하는 **부호분할다중접속**(CDMA : Code Division Multiple Access) 기술 등이 있다.

아날로그셀룰러방식은 아날로그신호인 음성정보를 디지털화하지 않고 그대로 사용한 방식으로서 주로 주파수분할다중접속기술을 사용하고 있다. 아날로그셀룰러방식은 AMPS(Advanced Mobile Phone System)방식(미국, 한국), TACS(Total Access Communication System)방식(영국), NMT(Nordic Mobile Telephone)방식(북유럽), NTT방식(일본) 등이 서비스되고 있다.

그러나 한정되어 있는 주파수자원을 효율적으로 사용하여 가입자용량을 늘리고, 정보미디어의 고속화, 고품질화, 도청방지 등을 추구하기 위해 **디지털셀룰러방식**이 등장하게 되었다. 디지털셀룰러방식은 아날로그 신호인 음성정보를 디지털화하여 사용하는 방식으로서 주로 시간분할다중접속기술과 부호분할다중접속기술을 사용하고 있다.

〈표 10-3〉에서 보는 바와 같이 **디지털셀룰러시스템**(DCS : Digital Cellular System)은 800[MHz] 대역을 사용하며 여러 가지가 개발되었다.

〈표 10-3〉 디지털셀룰러 시스템의 비교

<table>
<tr><th colspan="2" rowspan="2">구 분</th><th>CDMA</th><th colspan="3">TDMA</th></tr>
<tr><th>DCS/PCS</th><th>GSM/DCS1800</th><th>DAMPS
(IS-54/
IS-136)</th><th>PDC</th></tr>
<tr><td rowspan="5">기
술</td><td>주파수</td><td>800[MHz]
1.8[GHz]</td><td>900[MHz]/
1.8[GHz]</td><td>800[MHz]/
1.9[GHz]</td><td>800[MHz]/
1.5[GHz]</td></tr>
<tr><td>음질</td><td>보통(8[kbps])/
우수(13[kbps])</td><td>보통(13[kbps])/
(13[kbps])</td><td>보통(8[kbps])/
우수(8[kbps])</td><td>다소열세
(6.7[kbps])</td></tr>
<tr><td>통화보안성</td><td>우 수</td><td>보 통</td><td>보 통</td><td>보 통</td></tr>
<tr><td>아날로그
호환성</td><td>없 음</td><td>없 음</td><td>있 음</td><td>없 음</td></tr>
<tr><td>가입자 용량</td><td>아날로그 대비
8배</td><td>아날로그 대비
3배</td><td>아날로그 대비
3배</td><td>아날로그 대비
3배</td></tr>
</table>

시간분할다중접속 기술을 사용하는 방식으로는 DAMPS(Digital Advanced Mobile Phone System)방식(미국), GSM(Global System for Mobile Communications)방식(유럽), PDC(Personal Digital Cellular)방식(일본) 등이 서비스되고 있으며, 부호분할다중접속기술을 사용하는 방식으로는 CDMA방식(미국, 한국) 등이 서비스되고 있다.

디지털셀룰러시스템의 서비스를 더욱 발전시킨 시스템이 **개인휴대통신시스템**(PCS : Personal Communication Service)이다. 개인휴대통신시스템은 〈표 11-3〉에서 보는 바와 같이 800[MHz]주파수대역 대신 1800[MHz] 대역을 사용하며, 기존의 셀(macro cell)보다 크기가 작은 셀을 사용하여 전력소모를 줄이고 가입자 용량을 키울 수 있게 하였다. 다중접속기술로는 기존의 디지털 셀룰러시스템을 개선한 시간분할다중접속기술을 사용하는 방식과 부호분할다중접속기술을 사용하는 방식 등이 서비스되고 있다. 셀룰러이동전화와 PCS를 상호 비교하면 〈표 10-4〉와 같다.

〈표 10-4〉 셀룰러와 psc의 비교

구 분	셀룰러	PCS
주파수대	800[MHz]	1.8[GHz]
통화지역	전 국	전 국
변조방식	AMPS/CDMA	CDMA
셀 반경	1~20[km]	0.5~5[km]
셀 종류	매크로셀	마이크로셀
가입자/셀	4,600	2,800
음성부호화	8[kbps]	13[kbps]
데이터전송속도	9.6[kbps]	14.4[kbps]
단말기 출력	1[mW]~600[mW]	1[mW]~200[mW]
페이징 방식	3 단계 페이징	단일 페이징

10-4 주파수공용 통신

주파수공용 통신은 업무용이동통신의 하나이다. 미국, 일본에서는 MCA(Multi Channel Acces)로, 유럽에서는 TRS(Trunked Radio System)라고 부르고 사용한다. 자동차전화와 마찬가지로 800[MHz]대가 할당되어 있기는 하지만, 자동차전화와 비교하여 이용요금이 월등히 싸고 사무실과 사용자가 온라인으로 연락이 취해지는 등 사업의 생산성향상과 합리화에 큰 역할을 하고 있다. 하지만 공중망과의 접속이 안되는 단점이 있다. 또한 자동차전화가 작은 지역(small zone)방식인 것에 비해 1개의 제어국으로 반경 30~50[km]를 사용 가능하게 하는 큰 지역(big zone)방식을 이용하고 있으므로 무선중계 역할을 하는 공동이용의 제어와 사용자 사업소측 설치의 지령국, 이동국으로 구성되어 이용하는 사업자간에 주파수를 고용할 수 있는 특징을 가지고 있다.

보통 TRS시스템은 통화용으로 15채널을 제어용으로 1채널로 구성되며 [그림 10-4]와 같은 구성으로 순차적으로 빈 채널을 선택하여 통화접속을 하여 같은 가입자군(A)간 또는 다른 가입자군(B)간을 지령국, 제어국을 통하여 접속하고 있다.

주파수공용통신의 전국사업자로서 한국 TRS(주)와 아남텔레콤 등 지역사업자가 선정되었고, 97년 하반기부터 디지털방식의 서비스가 제공되고 있다. 한국 TRS에서는 디지털방식의 TDMA 방식을 사용하여 서비스를 하고 있고, 아남텔레콤에서 FHMA(Frequency Hopping Multiple Access)방식인 TDMA와 주파수대역확산 방식을 결합한 독특한 프로토콜을 사용하여 서비스하고 있다.

일반적으로 한국에서의 주파수대역은 800[MHz]대역을 사용하다가 가입자의 증가의 수요를 대처하기 위해 380[MHz] 대역의 10[MHz]를 추가로 할당하여 사용 중이다.

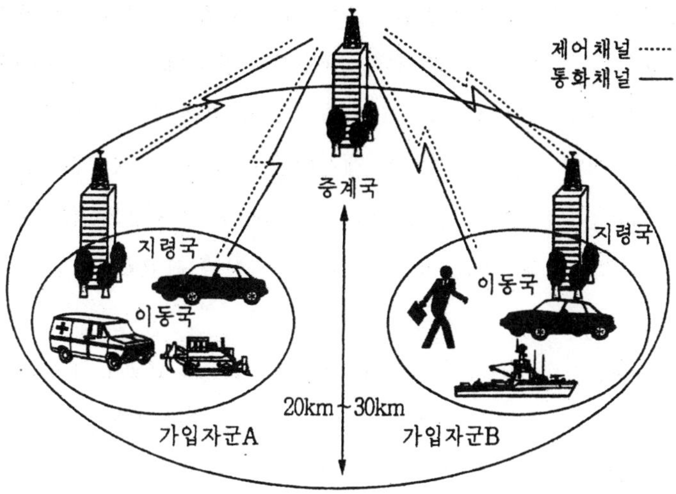

[그림 10-4] TRS의 구성

10-5 IMT-2000

IMT(International Mobile Telecommunication)-200은 ITU(International Telecommunication Union : 국제전기통신연합)에서 표준화한 차세대이동통신시스템의 명칭이다. 2000이라는 숫자는 2000년의 사용화(당초목표)를 의미한다.

이전에는 FPLMTS(Future Public Land Mobile Telecommunication System : 미래 공중육상이동통신시스템)이라는 이름으로 사용된 호칭이다. IMT-2000/FPLMTS는 휴대전화, 위성을 이용한 이동통신, 무선 LAN 등, 모든 시스템을 포함한 형태이다. 즉, IMT-2000은 기존의 유선 및 이동전화의 제반서비스는 물론 이동 중 고속데이터 및 영상전송서비스 등을 제공하게 될 것이다.

IMT-2000의 주요목표 중 하나인 국제로밍(roaming), 즉 전세계 어디서나 하나의 단말기로 서비스를 제공받기 위해서는 국제표준화가 필요하며, 이를 위해 ITU를 중심으로 세계 각국이 IMT-2000의 표준화에 힘을 기울이고 있다. ITU는 ITU-R(구 CCIR)에서부터 미래이동통신에 관한 연구과제를 채택하여 1985년부터 본격적인 표준제정작업을 개시하였고, 1992년 세계전파통신주관청회의(WARC-92)에서 세계적 공통대역의 주파수로 1.8~2.2[GHz]대 중에서 230[MHz]의 대역을 선택하고, 2002년 서비스개시를 목표로 국제표준화를 추진하고 있다.

유럽은 유럽전기통신표준화기구(ETSI : Universal Mobile Telecommunication System)를 중심으로 하여 현재 제공되고 있는 이동전화 GSM을 UMTS(IMT-2000)로의 진화를 추진하고 있다. UMTS란 셀룰러, 코드리스 전화, 무선가입자망, 무선 LAN 등을 하나로 통합한 시스템이다. 미국도 표준화기구 TIA(Telecommunications Industry Association : 미국전기통신공업회)를 중심으로 IMT-2000을 추진하고 있다.

국내에서는 1996년 IMT-2000 기술개발 기본계획을 확정하고, 정부와 주요통신사업자 및 장비제조업체 등 민간업체가 공동출연하여 전자통신연구원(ETRI)을 주관연구기관으로 하는 차세대이동통신기술개발협의회를 구성하여, IMT-2000연구개발을 추진 중이다.

IMT-2000이 실현될 2000년대의 서비스는 거리 곳곳에 설치된 소형기지국을 통해 전화와 쌍방향무성호출은 물론, PDA(Personal Digital Assistance : 차세대의 개인편이를 통해 언제, 어디서나 업무를 볼 수 있는 이른 바 이동사무실(mobile office)시대가 열리게 될 것이며, 또한 도심의 대형빌딩 내부에서는 편리하고 값싼 구내용단말기로도 사용할 수가 있으며 현재의 무선 LAN에 버금가는 전송속도로 각종의 인터넷서비스를 제공받을 수가 있게 될 것이다.

IMT-2000은 사막이나 해상, 공중 등의 지역에 대해서는 저궤도주회위성(LEO : Low Earth Dobit)의 위성서비스와 겸용단말기 등을 통하여 상호보완적 관계로 발전될 것으로 전망되고 있다.

이상으로 이동통신시스템의 발전과정을 계통도로 나타내면 [그림 10-5]와 같다.

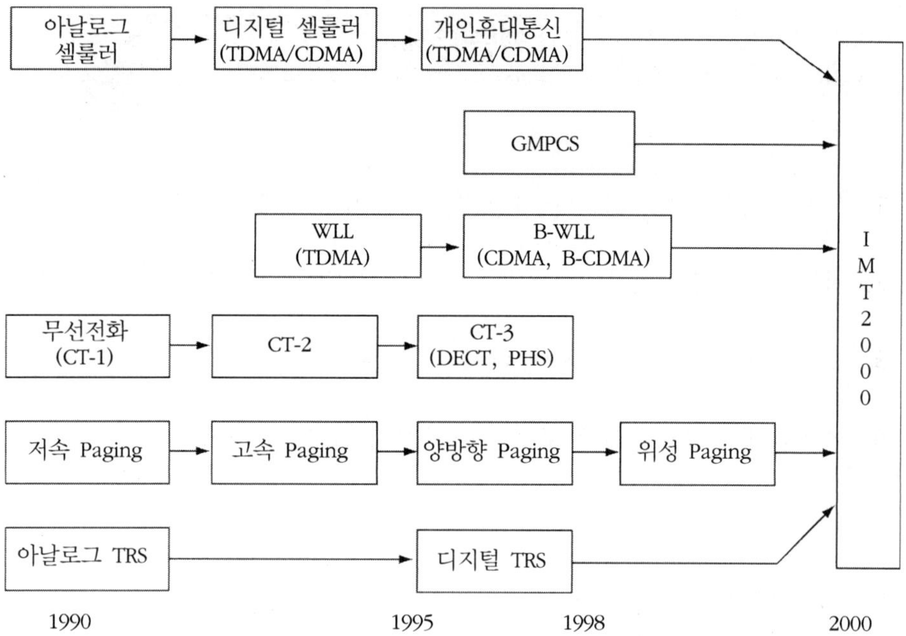

[그림 10-5] 이동통신의 발전과정

연습문제

1. 이동통신을 공중사업용과 자영통신용에 따라 분류하여라.

2. 이동통신의 장단점을 써라.

3. 이동통신의 다원접속방식의 예를 들고 서로 비교하여라.

4. 이동통신의 발전단계를 구분하고 통신의 예를 들어라.

5. 전파의 감쇠특성을 설명하여라.

6. 페이딩(fading)에 대해서 설명하여라.

7. 지역확산과 도플러확산에 대하여 설명하여라.

8. 이동통신에서 광역방식과 셀룰러방식의 차이점을 설명하여라.

9. 셀룰러이동전화의 원리에 대해서 써라.

10. 아날로그 셀룰러방식과 디지털셀룰러방식의 예를 들어라.

11. 셀룰러이동전화의 시스템구성에 대해서 써라.

12. PCS와 셀룰러이동전화의 차이점을 써라.

13. 주파수공용통신(TRS)에 대해서 설명하여라.

14. 국내에서 서비스하고 있는 TRS의 서비스회사와 서비스종류를 써라.

15. IMT-2000에 대해서 설명하여라.

16. IMT-2000까지의 발전과정을 RP계통도로 나타내어라.

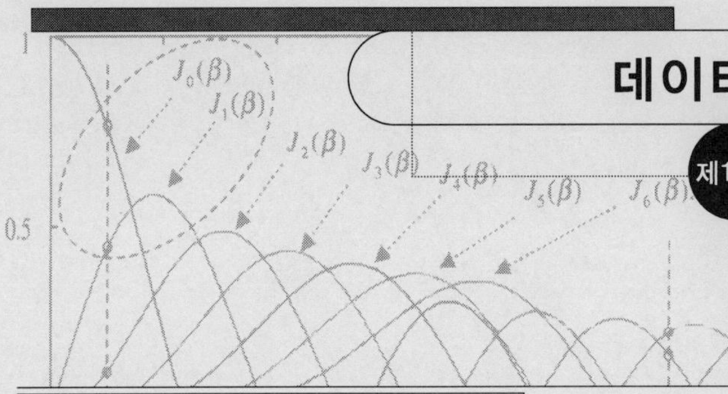

데이터통신

제11장

11-1 데이터통신의 개요

1. 데이터통신의 정의

CCITT(Consultative Committee on International Telegraphy and Telephony : 국제전신전화자문위원회), 현재는 ITU-T의 정의에 의하면 **데이터전송**(data transmission)이란 '기계에 의해 처리되거나 처리된 정보의 전송'이라고 정의되어 있으며, **데이터처리**(data processing)란 '컴퓨터에 의한 정보의 처리'라고 정의되어 있다.

따라서 **데이터통신**(data communication)이란 먼거리에 떨어져 있는 단말장치를 컴퓨터에 접속하는 전기통신기술과 컴퓨터의 데이터처리기술을 결합한 것이라고 말할 수 있다.

즉, 인간과 기계 혹은 기계와 기계 사이에 데이터전송과 데이터처리를 유기적으로 결합하여 어떤 목적이나 기능을 수행하여 정보를 전달하는 것을 데이터통신이라고 말할 수 있다.

2. 데이터통신의 발전과정

데이터통신의 원조는 1958년에 미국에서 개발된 **반자동반공**(SAGE : Semi-Automatic Ground Environment) **시스템**이라고 말할 수 있다. 이 SAGE시스템탄생의 배경에는 제2차 세계대전후의 미 · 소(현 독립국가연합(CIS))대립에 의한 국제정치의 긴장-냉전이 중요한 역할을 했다. 미국은 1949년 세계에서 2번째 핵보유국이 된 소련에 대항하기 위하여 북미대륙의 방공조직강화가 필요했었다. 그래서 약 9년의 세월과 막대한 국가예산을 들여 관제소에 있는 컴퓨터와 대공레이더망 및 정찰기 등의 조기경계망을 통신회선으로 연결하여 레이더와 정찰기로부터 보내오는 시시각각의 정보를 관제소의 컴퓨터에 입력하여

분석처리한 후 요격부대에 출동명령 및 목표에 대한 정보, 요격방법 등의 정보를 시시각각 제공함으로써, 종래의 수동식보다 훨씬 안전하고 확실한 방공시스템을 만들어 놓았다. 이것이 SAGE 시스템이다.

SAGE 시스템의 개발을 계기로 데이터전송과 데이터처리의 결합은 급속히 진보하였으며, 이 SAGE 시스템은 브라운관에 표시되는 목표정보를 보면서 인간(오퍼레이터)이 컴퓨터에게 시시각각으로 지시를 하는 인간과 컴퓨터와의 **대화형시스템**(man-machine interactive system)의 원형인 점에서도 중요한 의미를 갖고 있다.

한편, 상업적인 분야에서도 이 SAGE 시스템의 기술적인 성과에 힘입어 미국항공회사(Amercan airline)의 **좌석예약시스템**(SABRE : Semi-Automatic Business Research Environment)이 1961년에 발표되고 1964년에 완성되어 민간에 파급되어 데이터통신은 더욱 급속히 발전하였다.

1960년대에는 컴퓨터시스템의 자원을 다수의 이용자가 공동으로 이용하기 위한 **시분할시스템**(TSS : Time Sharing System)의 개발을 비롯하여 MIT의 CTSS(Compatible Time Sharing System)가 1963년에 완성되었다. 이 CTSS의 경험으로부터 시스템이 커지면 커질수록 시스템에 유입되는 정보량이 증가하여 공동이용자가 얻는 이익이 커지게 된다는 것이 증명되어, MIT에서는 CTSS보다 더 큰 규모의 TSS를 목표로 해서 MULTICS(MULTiplex of Information and Computing Service)의 연구개발을 진행하여 1968년에 가동하였다.

1960년대 후반부터 1970년대에 걸쳐서 데이터통신은 하나의 전환기를 맞이하게 된다. 그 주요 원인은 자원의 공용, 부하의 분산 등을 목적으로한 컴퓨터간 접속실현에 대한 욕구와 통신회선비의 절감에 대한 욕구이다. 미국 국방성에서는 이러한 배경으로부터 ARPA(Advanced Research Project Agency) **네트워크**를 세계최초의 패킷(packet)교환망으로 개발하였다. 1971년 ARPA 네트워크가 발표된 이후 전용 패킷망이나 공중 패킷망의 개발이 급속히 추진되어 컴퓨터네트워크 시대로 돌입한 것이다. 최근에는 컴퓨터 제작회사들이 컴퓨터간의 접속을 용이하게 하기위해 독자의 **네트워크아키텍처**(network architecture)를 발표하고 있지만 앞으로는 공중 패킷망측의 아키텍처와 결합, 통일화가 시도되어 컴퓨터 유틸리티(utility)시대가 올 것이다.

한편, 한국에서는 원격지에서 온라인시스템을 데이터통신의 시발점으로 본다면 1972년 외환은행의 본점과 지점간에 전용회선으로 개통된 온라인시스템이 그 효시가 된다. 그 후 1973년에 한국과학기술연구소(KIST)에서 전용회선을 이용하여 데이터통신을 시작하였다.

그리고 1989년에 전기통신법이 전면 개정될 때 데이터통신의 이용에 관한 데이터통신관계법규가 제정됨으로써 비로소 법제화되었고, 국내통신사업에 경쟁원리를 도입하여 민간기업이 부가 통신사업에 진출할 수 있도록 하였으며, 1990년에는 통신사업 구조조정을 통해 정보통신시장에 본격적인 경쟁체제가 구축되었다.

3. 데이터통신시스템의 기본구성

데이터통신은 원격지에서 발생한 데이터를 전기통신시설을 이용해서 컴퓨터를 보내어 필요한 처리를 하는 것으로 데이터통신시스템은 기본적으로 [그림 11-1]과 같은 기기들로 구성되어 있지만 일괄처리시스템에 비하면 다수의 특수한 기기들로 구성되어 있다.

데이터통신시스템을 역할에 따라 분류하면 데이터처리계와 데이터전송계르 구분할 수 있다.

데이터처리계의 역할은 원격지에서 보내온 데이터를 처리하는 것이며, 하드웨어로는 중앙처리장치, 주변장치들로 구성되어 있으므로 일반적인 일괄처리시스템과는 큰 차이가 있다.

또한, **데이터전송계**의 역할은 발생한 데이터를 단말장치로부터 센터까지 운반하거나 혹은 처리된 결과를 단말장치까지 보내는 것이다. 하드웨어로는 단말장치, 통신회선, 전송기기들로 구성된다.

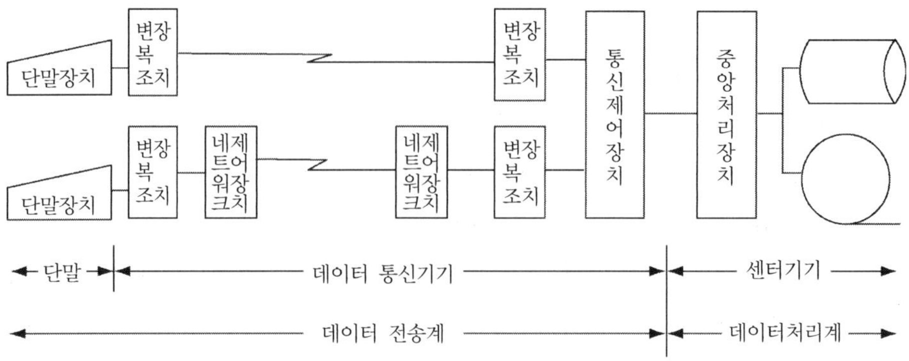

[그림 11-1] 데이터통신시스템의 기본구성

4. 데이터통신의 기능

1) 거리와 시간의 극복

오프라인(off-line)시스템에서는 컴퓨터의 처리능력이 어느 정도 커지게 되면 데이터의 발생장소와 컴퓨터센터가 떨어져 있으므로 데이터의 입력에서부터 출력까지는 많은 시간이 소요되어 시간적인 손실이 크다.

데이터통신 시스템에서는 컴퓨터센터로부터 먼 거리에 떨어져 있는 단말장치에서 컴퓨터를 이용하는 경우라도, 입력데이터가 발생하는 즉시 단말장치로부터 데이터가 입력되면 즉시 처리결과를 얻을 수 있다.

2) 대형컴퓨터의 공동이용

대형컴퓨터가 갖고 있는 고도의 서비스기능을 여러 개의 단말장치에서 공동이용함으로써 이용자는 경제적인 컴퓨터사용을 가능케 하였다. 이 경우 이용자는 혼자서 값비싼 컴퓨터를 독점해서 사용하는 것과 같은 효과를 가지게 된다.

3) 대용량파일의 공동이용

데이터통신시스템에서는 컴퓨터센터의 외부기억장치에 대용량의 정보를 집중축적시키며, 그 내용은 항상 최신의 상태로 유지관리가 되기 때문에 먼 거리에 떨어져 있는 단말장치에서도 정확한 정보를 신속하게 얻을 수 있다. 또 파일내용을 조직화, 표준화하면 다른 시스템에서도 활용할 수 있으므로 파일자원의 유효적절한 이용, 개발・보수 비용의 절감 등 많은 효과가 기대된다.

11-2 데이터 교환방식

1. 통신망구성

통신망은 컴퓨터와 단말기, 컴퓨터와 컴퓨터, 단말기와 단말기간을 통신회선을 이용하여 공간적으로 구성한 것으로서 [그림 11-2]와 같이 5가지 유형이 있다.

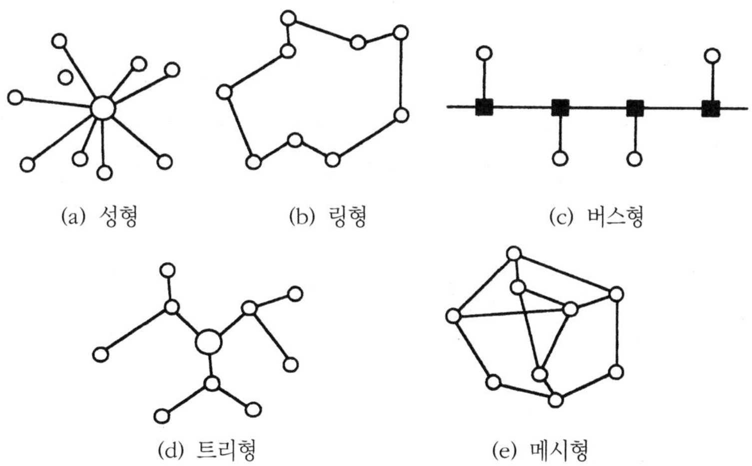

(a) 성형 (b) 링형 (c) 버스형

(d) 트리형 (e) 메시형

[그림 11-2] 통신망의 종류

1) 성 형

성(star)형을 기본으로 한 통신망의 대표적인 예로는 전화통신망과 사설전화교환망(PABX)이 있다. 성형의 형태는 중앙에 컴퓨터 또는 전송제어장치, 교환기가 있고, 그 주위에 분산된 단말기들을 연결시킨 형태이다. 컴퓨터와 모든 단말기는 별개의 통신회선을 이용하여 연결되므로 통신회선이 대단히 많이 필요하며, 모든 통신제어는 컴퓨터에 의하여 수행된다.

2) 링 형

링(ring)형 또는 **루프(loop)형**은 링형 통신망에서 직접 또는 중계기를 통하여 컴퓨터와 단말기들을 서로 이웃하는 것끼리만 연결시킨 형태로서, 데이터 전송은 제어용컴퓨터의 폴링(polling)에 의한 방법과 토큰(token)에 의한 데이터 전송 및 선택(selection) 수신에 의하여 수행된다.

3) 버스형

버스(bus)형 또는 **분기(branch)형**은 1개의 통신회선에 여러 대의 단말기를 접속하는 방식으로서 이 방식은 전송형태가 방송모드(broadcasting mode)인 것이 특징이다.

컴퓨터와 단말기 또는 단말기간의 데이터전송은 집중제어형에서는 제어용컴퓨터의 폴링과 단말기의 선택(selection)에 의하여 수행된다. 또한 분산제어형에서 각 단말기는 데이터의 맨 앞에 수신측단말기의 식별번호를 부여하여 데이터를 전송한다.

버스형통신망은 방송모드이므로 버스상의 모든 단말기가 데이터를 수신할 수 있으나, 송신된 데이터의 맨 앞의 단말기 식별번호에 의해 해당되는 단말기만이 수신하게 된다.

4) 트리형

트리(tree)형 통신망은 중앙에 컴퓨터가 있고 일정 지역 단말기까지는 하나의 통신회선으로 연결시키며, 이웃한 단말기는 일정지역내에 설치된 중간단말기로부터 다시 연결되는 형태이다.

이 통신망은 성형보다는 통신회선이 많이 필요하지 않으며, 일정지역에 설치된 중간단말기를 컴퓨터로 대치시키면 분산처리시스템(distributed data processing system : DDP)이 된다.

5) 메시형

메시(mesh)형 통신망구성은 공중통신망(PSTN)과 공중데이터통신망(PSDN) 등과 같은 광대역통신망(WAN)에 많이 이용되며, 모든 단말기와 단말기를 통신회선으로 연결시킨 형태로서 가장 많은 통신회선이 필요하게 된다. 통신회선의 장애시는 다른 경로를 통하여 데이터전송을 수행할 수 있다는 장점이 있다.

2. 회선교환방식

1) 음성교환용 회선교환방식

이 방식은 기존의 음성을 위한 네트워크의 교환기를 이용하는 방법으로 기존의 음성용 네트워크가 광범위하게 설치되어 있으므로 가장 손쉽게 이용할 수 있으며 저속의 간단한 응용에는 매우 효과적이다. 그러나 본래 음성중심으로 설계되었기 때문에 데이터통신을 위해서는 전혀 융통성이 없고 비교적 오류율이 높다. 실제로 종전의 스트로저방식, EMD방식, 크로스바방식 등의 교환기가 사용되며 음성교환기도 컴퓨터를 이용한 방식이 이용되기 시작하여 미국의 경우 벨시스템의 ESS No. 1, No 1A 등이 대량으로 설치, 운영되고 있다. 그러나 역시 데이터전용의 교환기에 비해 연결 접속시간이 오래 걸리며 고속통신이 어렵고 속도나 코드의 변환 등의 기능을 수행할 수 없으며 상대방이 통화중인 경우에 다른 대책이 없다.

교환회선을 이용하여 데이터를 전송하기 위해서는 음향결합기, 변복조기 등이 필요하고 그 외에도 자동응답기, 자동호출기, 데이터액세스어레인지먼트(data access arrangement) 등의 기기가 필요하다.

2) 고속접속데이터 전용회선 교환방식

고속접속데이터 전용회선 교환방식은 시분할교환기술과 전송기술을 이용하는 것으로 기존의 음성용 회선교환방식과 마찬가지로 발신단말기와 수신단말기 사이에 고속, 고품질의 통신회선을 설정하여 데이터전송을 행하는 것이다. 매번 통신때마다 다른 회선이 선택되고 통신중의 전송제어에 대하여는 특별히 따로 규정되지 않고 있으므로 비교적 길이가 길고 통신밀도가 높은 데이터통신에 유리하며 디지털팩시밀리에도 이용이 가능하다. 미국의 경우에는 DATRAN(Data Transmission Company) 서비스가 데이터전용회선 교환방식을 이용한 서비스로 제공되었으나 후에 SPCC(Southern Pacific Communications Company)가 이 서비스를 계승하여 DATA DIAL I, II로 서비스를 계속하고 있다. 벨시스템에서 제공한 DSDS(dataphone switched digital service)도 데이터전송을 위한 디지털회선 교환서비스이다. 이 서비스는 서비스되는 지역이 한정되어 있고 통신속도도 56[kbps] 뿐이다. 일본도 1979년부터 DDE(Digital Data Exchange)라는 이름으로 서비스되고 있다. [그림 11-3]에는 데이터전용회선 교환방식의 개념도가 나타나 있다.

여기서 사용되는 전송로는 PCM 전송기술로 개발된 디지털전송로이고 시분할다중화방법으로 여러 속도의 데이터를 다중화하여 전송한다. 교환기는 최신의 반도체기술을 이용한 시분할교환기로서 데이터를 다중화하여 디지털신호 그대로 교환한다. 수용하는 단말기의 종류에는 비동기식단말기와 동기식단말기가 있는데 동기식단말기는 송신데이터의 각 비트가 네트워크 내를 전송교환되는 비트와 1대 1로 대응하여 효율적인 고속데이터전송이 가능하다.

이 방식은 또한 접속시간이 매우 짧아 1초 이내이며 200[bps]에서 1200[bps]까지의 비도기식단말기, 그리고 2400[bps]에서 48[kbps]까지의 동기식단말기의 이용이 가능하다.

디지털전송방식을 택하고 있기 때문에 변복조기 대신에 DSU(Digital Service Unit)가 사용된다. 동기식단말기인 경우 X.21에 의해 DTE, DCE간의 접속이 이루어진다.

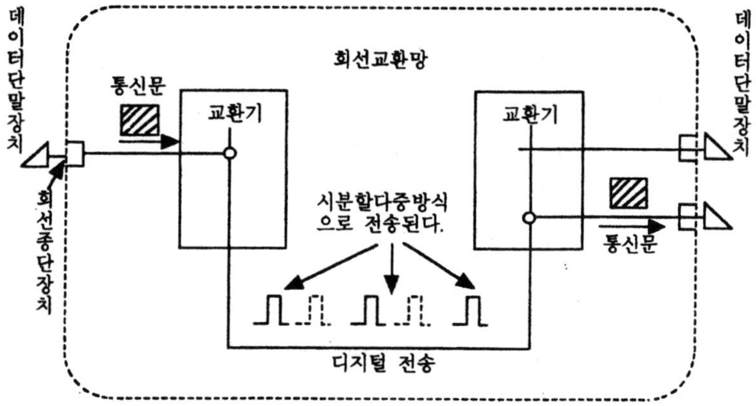

[그림 11-3] 전용회선의 교환방식

3. 메시지 교환방식

메시지교환은 기존의 음성교환시스템이 호출자와 피호출자를 직접 실제 선로를 통해 연결해 주는데 반해 교환기가 일단 호출자의 메시지를 받았다가 피호출자에게 보내주는 방식이다. 이러한 방식은 축적후전달(store and forward) 방식이라고 부르기도 하며 교환기는 하나의 컴퓨터가 된다. 메시지교환은 본래 전신시스템에서처럼 일방적인 메시지의 전달이 주목적이기 때문에 빠른 응답시간이 요구되는 응용에는 적합하지 못하다.

전송되는 메시지는 추후 검색을 일정 시간동안 자기디스크 등의 보조기억장치에 보관해 둔다. 컴퓨터가 교환업무를 담당하고 메시지를 축정하는 기능이 있기 때문에 회선교환 방식에 비해 다음과 같은 몇 가지 장점을 지니고 있다.

① 메시지를 축적한 후 전송이 가능하기 때문에 전송로를 효율적으로 이용할 수 있어 같은 양의 데이터를 전송해야 하는 경우 회선교환방식보다 적은 비용으로 네트워크설계가 가능하다.

② 호출자와 피호출자가 동시에 운영 상태에 있지 않아도 된다. 피호출자가 다른 단말기와 교신중이거나 고장 등의 상태 때문에 메시지를 수신할 수

없는 상태일 때에는 메시지를 교환기가 수신하여 두었다가 수신자가 수신 가능한 상태일 때 전송하여 줄 수 있다.

③ 데이터전송량이 폭주하는 경우에도 축적기능을 이용해 회선교환시스템에서 발생하는 교환시스템의 혼란상태를 피할 수 있다.

④ 같은 내용의 메시지를 동시에 여러 곳의 단말기로 보낼 수 있는 방송기능이 가능하다.

⑤ 이용자의 형편에 따라 우선순위전송이 가능하다.

⑥ 메시지의 분실을 방지하기 위해 번호를 부여하거나 전송날짜, 시간 등을 메시지에 추가하여 전송할 수 있다.

⑦ 코드와 속도가 서로 다른 단말기끼리도 메시지 교환이 가능하다.

⑧ 고장이 난 단말기로 가는 메시지를 교환기가 보관하거나 지정된 다른 단말기로 전송하여 줄 수 있다.

⑨ 비행기좌석예약정보 등의 메시지전송을 위해 많이 사용된다.

4. 패킷교환방식

패킷은 전송 혹은 다중화의 목적으로 메시지를 정해진 크기의 비트수로 나눈 다음 정해진 형식으로 만들어진 데이터블록이다. 전형적인 패킷의 형태가 [그림 11-4]에 나타나 있다.

다시 말하면 패킷은 데이터가 들어 있는 편지봉투로 생각할 수 있는데 편지봉투에는 목적지주소 등 여러 가지 제어정보가 적혀 있다. 전송 중에 편지봉투 속에 들어 있는 데이터는 전혀 손상됨이 없이 안전하게 전송되어야 함은 물론이다. 실제 한 패킷은 그 크기가 ARPANET, TELENET인 경우 1024비트이며 실제 데이터의 앞쪽에 메시지의 시작을 알리는 “패킷 시작(start)” 등과 [그림 11-4]에서 보는 것과 같은 64비트의 헤더 정보가 오게 되고, 뒤쪽에는 메시지의 끝임을 알리는 “메시지 끝(end)”과 오류의 제어를 위한 오류 감지 비트가 24개 오게 되어 있다.

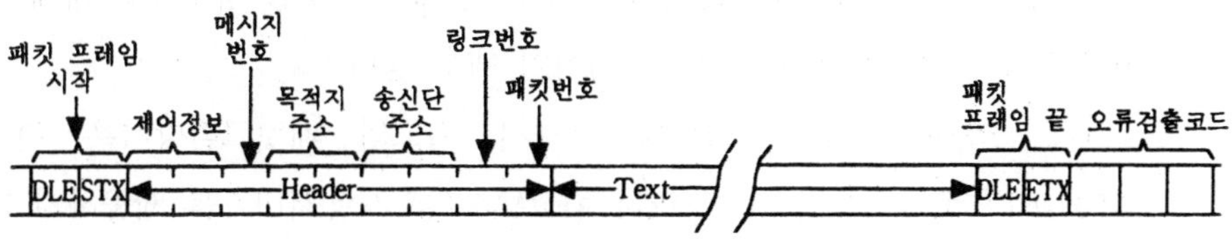

[그림 11-4] 전형적인 패킷형태

패킷교환이란 이러한 패킷형태로 만들어진 데이터를 주로 미니 컴퓨터로 마들어지는 패킷교환기가 목적지주소에 따라 적당한 통신경로를 선택하여 보내어주는 교환방식이다. 컴퓨터가 교환기의 역할을 수행하는 점에서는 메시지교환의 경우와 비슷하나 메시지교환의 경우처럼 교환기가 메시지를 축적하지는 않는다. 따라서 빠른 응답시간이 요구되는 응용에도 사용이 가능하다. [그림 11-5]에는 패킷교환의 개념도를 보였다.

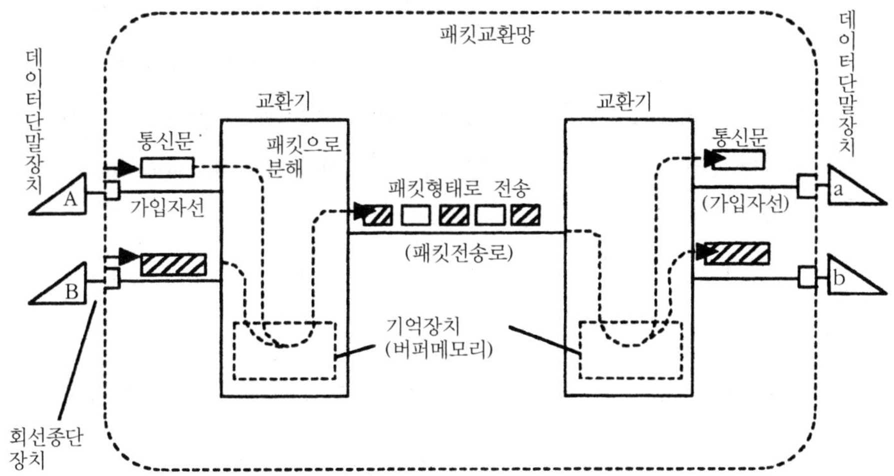

[그림 11-5] 패킷교환방식의 개념도

메시지교환의 경우와 비슷하게 속도와 코드가 서로 다른 기기끼리는 물론 통신프로토콜이 서로 다른 기기인 경우에도 가장 융통성이 큰 교환방식이다.

경로변경방식에 따라 교환기통신회선 등의 장애가 발생할 경우에도 대체 경로를 선택할 수 있어 네트워크의 신뢰성이 매우 높다.

가장 진보된 개념의 교환방식으로서 최초의 패킷교환방식은 미국의 ARPANET으로 볼 수 있다. 그러나 ARPANET은 사용서비스를 제공하지 않는다.

국내의 경우에는 1984년도부터 패킷교환방식이 서비스되고 있다.

패킷교환에서 사용 가능한 속도는 비동기식은 200[bps]에서 1200[bps], 그리고 동기식은 2400[bps]에서 4800[bps]까지이다.

11-3 에러제어방식

통신회선을 통해서 데이터의 송・수신을 하는 경우, 통신회선상에서 전기적인 잡음 혹은 순간적인 절단 등의 원인에 의해 송신측에서 송출한 정보가 수신측에 제대로 전송되지 않는 것을 **전송에러**(transmission error)라고 한다. 이러한 에러를 검출하여 정정하는 것을 **전송에러제어**(transmission error control)라고 한다.

전송에러가 발생했을 때, 그 에러의 성질은 다음과 같이 2가지로 분류하고 있다.

① **랜덤에러**(random error) : 이것은 개개의 비트에 대해서 통계적으로 발생하는 에러를 말한다.

② **집단에러**(burst error) : 이것은 2회 혹은 그 이상의 에러가 연속해서 발생하는 에러를 말한다.

에러제어방식에는 여러 가지가 있으나 이 절에서는 수직패리티 검사방식, 수평패리티 검사방식, 그룹계수 검사방식 및 순환중복 검사방식에 대하여 알아본다.

1. 수직패리티 검사방식

수직패리티 검사방식(vertical parity check)은 전송하는 각 부호마다 1비트의 여분비트를 수직방향으로 부가하는 방법이다. 이 여분비트를 부가할 때에 1개의 부호내에서 이 여분비트를 포함해서 "1" 비트의 개수가 홀수, 혹은 짝수개가 되도록 약속해 놓고 수신측에서는 각 부호마다 "1" 비트의 개수를 조사해서 홀수개인가 혹은 짝수개인가를 검사하는 방법이다. 이 각 부호마다 부가되는 여분비트를 **패리티비트**(parity bit)라고 한다.

검사를 홀수개로 하는 것을 **홀수패리티 검사**, 짝수개로 하는 것을 짝수패리티 검사라고 부르며, 비동기식통신에서는 짝수패리티, 동기식통신에서는 홀수패리티검사가 사용된다.

이 방식의 약점은 1문자 중에 짝수개의 비트가 바뀌는 경우(짝수패리티검사인 경우)는 검사할 수 없는 것이다. 그래서 일반적으로 다른 에러검출부호와 병용해서 사용하는 것이 보통이다([그림 11-6] 참조).

수직패리티	0	0	0	1	1	0	1	1	0
b7	1	1	0	0	0	0	0	0	0
b6	0	0	1	1	0	1	1	0	1
b5	1	0	0	0	0	0	0	0	1
b4	1	0	0	0	0	1	0	0	1
b3	0	1	0	0	1	0	1	1	1
b2	0	0	0	1	0	1	0	0	0
b1	0	0	1	1	0	0	1	1	0

1문자

홀수패리티의 경우
0 : 비트 오프(bit off)
1 : 비트 온(bit on)

[그림 11-6] 그 수직패리티 검사방식

2. 수평패리티 검사방식

수평패리티 검사방식(horizontal parity check)은 데이터전송의 전송단위로 되는 블록마다 전송블록내의 문자열을 수평방향으로 각각 수평패리티(짝수 패리티)를 1개씩 부가하고, 그것에 1비트씩 수직패리티를 조합시켜서 1문자의 여분부호를 구성하는 방식이다. 일반적으로 이 여분부호를 **블록검사문자**(BCC : Block Check Character)라고 부른다. 현재, 베이직전송 제어절차에서는 이 검사방식을 많이 사용하고 있다.

또한, 이 방식의 약점은 짝수개의 비트가 바뀌는 경우는 에러를 검출할 수가 없는 것이다([그림 11-7] 참조).

수직패리티	0	0	0	1	1	0	1	1	0	0
b7	1	1	0	0	0	0	0	0	0	0
b6	0	0	1	1	0	1	1	0	1	1
b5	1	1	1	1	1	0	1	0	0	0
b4	1	0	0	0	0	1	0	0	1	1
b3	0	1	0	0	1	0	1	1	1	1
b2	0	0	0	1	0	1	0	0	0	0
b1	0	0	1	1	0	0	1	1	0	0

짝수패리티의 경우
0 : 비트 오프(bit off)
1 : 비트 온(bit on)

1문자 ← → 수평 패리티

[그림 11-7] 수평패리티 검사방식

3. 그룹계수 검사방식

그룹계수 검사방식(group count check)은 수평패리티검사를 보다 강화한 방식으로, 블록 다음에 검사부호로서 블록내의 데이터(비트)를 수평방향으로 각각 가산(2진 연산)한 결과를 부가해서 송신하며, 수신측에서는 송신시에 한 것과 같은 계산을 하며, 그 결과와 송신된 검사부호의 내용을 비교해서 에러를 검출한다. 대개의 경우 가산결과의 아래 2자리를 검사용부호로 해 놓고, 이 검사부호를 **블록 검사순서**(BCS : Block Check Sequence)라고 부른다.

또한, 이 방식에서는 짝수개의 비트에 대해서는 대응할 수 있지만, 2자리의 검사 부호로 하면 4배수개의 에러는 검출이 불가능하다([그림 11-8] 참조).

	블록									검사부호(BCS)	
수직패리티	0	0	0	1	1	0	1	1	0	0	0
b7	1	1	0	0	0	0	0	0	0	0	1
b6	0	0	1	1	0	1	1	0	1	1	0
b5	1	1	1	1	1	0	1	0	0	0	1
b4	1	0	0	0	0	1	0	0	1	1	1
b3	0	1	0	0	1	0	1	1	1	1	0
b2	0	0	0	1	0	1	0	0	0	0	1
b1	0	0	1	1	0	0	1	1	0	0	0
										2^0	2^1

【예】 b5의 수평 방향의 계산

비트 ON의 수는 6이고 이것을 2진수 가산하면

1+1+1+1+1+1=110으로 되어 아래 2자리의 값을 검사부호로 한다.

↓

10(검사부호)

[그림 11-8] 그룹계수 검사방식

4. 순환중복 검사방식

순환중복 검사방식(CRC : Cyclic Redundancy Check)은 지금까지의 검사방식 중에서 제일 우수한 에러제어방식으로 데이터가 연속해서 변하는 집단에러도 검출할 수가 있다.

HDLC **전송제어절차**에서는 이 방식으로 작성된 16비트의 **검사부호**(CRC부호)를 프레임 중의 **프레임검사순서**(FCS : Frame Check Sequence)를 사용하여 에러제어를 하고 있다.

이 **순환중복검사**(CRC)**방식**의 원리를 [그림 11-9]에 나타냈다.

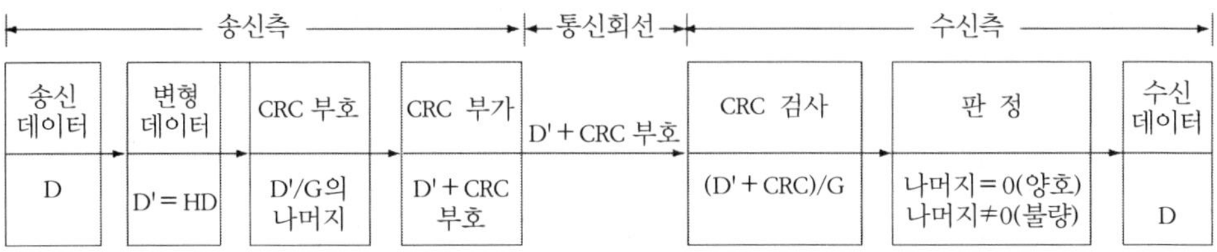

D : 송신데이터, D' : 변형데이터, H : G의 최고차 항, CRC부호 : D'/G의 나머지

[그림 11-9] 순환중복 검사방식의 원리

이제, 이 방식에 의한 계산과정에 대해서 알아보자.

1) 송신데이터를 다항식으로 표현한다.

예를 들면, 0110001이라는 데이터를 송신한다고 했을 때

0	1	1	0	0	0	1	
	↓	↓			↓		
X^6	X^5	X^4	X^3	X^2	X^1	X^0	—— X^5+X^4+1

의 경우, X^5+X^4+1 형태의 다항식으로 표시된다. 이 식을 D라고 하고 이들에 대해서, 사전에 결정된 다항식(생성 다항식) G의 최고차의 항과 D의 식을 곱한다.

$$G = X^6 + X^2 + 1$$

$$\begin{aligned} D' &= D \times X \\ &= (X^5 + X^4 + 1) \times X^6 \\ &= X^{11} + X^{10} + X^6 \end{aligned}$$

2) 변형된 데이터에 대한 CRC부호를 작성한다.

변형데이터 D'를 생성다항식으로 나누어, 그 나머지를 CRC부호로 한다. 이 경우에는 모듈로-2(modulo-2)의 특수한 연산인 (0−0=0 1−1=0, 0−1=1, 1−0=1)을 사용해서 구한다.

$$
\begin{aligned}
CRC &= (D'/G) \\
&= (X^{11}+X^{10}+X^{6})/(X^{6}+X^{2}+1) \\
&= X^{5}+X^{4}+X
\end{aligned}
$$

나머지···$X^5+X^4+X^3+X^1$

$$
\begin{array}{r|l}
X^{6}+X^{2}+1 & X^{11}+X^{10}\qquad\qquad +X^{6} \\
 & X^{11}+\qquad\qquad +X^{7}\quad +X^{5} \\
\hline
 & \qquad X^{10}\qquad +X^{7}+X^{6}+X^{5} \\
 & \qquad X^{10}\qquad\quad +X^{6}\quad +X^{4} \\
\hline
 & \qquad\qquad\quad X^{7}\quad +X^{5}+X^{4} \\
 & \qquad\qquad\quad X^{7}\qquad\quad +X^{3}\quad +X^{1} \\
\hline
 & \qquad\qquad\qquad X^{5}+X^{4}+X^{3}\quad +X^{1}
\end{array}
$$

3) 변형데이터에 CRC부호를 부가한 것을 데이터를 하여 송신하다.

$$
\begin{aligned}
\text{송신데이터} &= D'+CRC \\
&= (X^{11}+X^{10}+X^{6})+(X^{5}+X^{4}+X^{3}+X^{1}) \\
&= X^{11}+X^{10}+X^{6}+X^{5}+X^{4}+X^{3}+X^{1}
\end{aligned}
$$

4) 수신측은 수신데이터를 검사하여 에러를 검출한다.

수신측은 수신데이터(D'+CRC)를 생성다항식 G로 나눈다. 그 결과 나머지가 0인 경우에 수신데이터가 정상이라고 인식한다.

$$(D'+CRC)/G = (X^{11}+X^{10}+X^{6}+X^{5}+X^{4}+X^{3}+X^{1})/(X^{6}+X^{2}+1)$$

$$= X^5 + X^4 + X^1 + \cdots\cdots \underline{나머지 = 0}$$

HDLC 전송제어절차에서는 주로 **프레임검사순서**(FCS : Frame Check Sequence)용의 **생성다항식**으로 ITR-T권고로 다음 식을 사용하고 있다.

$$G = X^{16} + X^{12} + X^5 + 1$$

11-4 OSI 참조모델의 개념

컴퓨터와 단말기 등에서 수행되는 통신제어기능은 실질적인 통신회선의 제어에서부터 업무처리의 종류에 의존하는 기능까지 여러 종류가 있다. 이 때문에 프로토콜을 규정할 때 통신제어기능을 여러 개의 계층으로 구분하여 각 계층마다 독립적인 프로토콜을 설계하는 기법이 일반적으로 사용되고 있다. 이러한 기법은 통신기능을 7계층으로 분류하여 각 계층마다의 기능적인 정의에 적합한 표준화된 서비스정의와 프로토콜을 규정하게 되는데 그 사양을 OSI(Open System Interconnection : 개방시스템간 상호접속) **참조 모델** 또는 OSI 7레벨계층(layer)이라고 한다.

OSI 참조모델은 OSI개방시스템이라고도 하며, ISO 및 ITU-T가 협력하여 개발을 추진한 국제표준의 통신망구조로서 가장 큰 특징은 정보처리의 입장을 대표하는 ISO와 통신을 대표하는 ITU-T의 양자가 통신망에 관계되는 공통적인 논리구조를 정하여, 이것에 따라 각종 표준프로토콜을 체계적으로 개발하고 있다것이다. 이 때문에 OSI참조모델은 컴퓨터들이 공통망(common network)의 형태로 연결되어 있다면 서로 다른제조회사와 기관에서 독립적으로 개발되어 구성된 제품과 통신망의 상호접속을 용이하게 할 뿐만 아니라 고도정보통신망 구축에 유효한 표준으로서 적용되고 있다.

1. OSI 참조모델의 목적

OSI 참조모델은 시스템간의 상호접속을 목적으로 하는 각종 프로토콜에 대한 표준을 개발하기 위한 공통기반을 제공하는 것과 기존표준과의 관계 및 앞으로 개발되는 표준과의 관계를 명확히 하는 것을 목적으로 하고 있다. 그리고 이에 추가하여 앞으로 ISO가 표준화하려는 분야를 표시하고, 모든 관련된 표준들의 일관성을 유지하기 위하여 공통적으로 참조될 수 있도록 하는 것을 목적으로 하고 있다. OSI 참조모델의 목적으로 다음의 3가지로 집약할 수 있다.

① 시스템상호간을 접속하기 위한 개념을 규정한다.
② OSI규격을 개발하기 위한 범위를 정한다.
③ 관련규격의 적합성을 조정하기 위한 공동적인 기반을 제공한다.

OSI 참조모델은 각 계층의 프로토콜의 표준화를 생산적이며 서로 독립적으로 수행할 수 있도록 통신의 개념과 그 기능에 대한 기준을 설정해 주는 것으로서, 통신시스템을 설계하는데 있어서 통신소프트웨어 등의 내장을 위한 사양이나 적합성을 규정하기 위한 것은 아니다.

2. OSI 참조모델의 기본개념

OSI 참조모델에서는 특정 시스템에 대한 프로토콜의 의존도를 줄이고, 장래의 기술진보에 따른 프로토콜의 확장성 등을 고려하여 보편적인 개념과 용어를 사용하여 컴퓨터통신망의 논리구조를 규정하고 있다. 이 개념과 용어에 따라 OSI 참조모델은 통신회선 등의 물리적인 매체에 결합된 하나 이상 복수개의 개방형시스템이 통신망상에서 특정한 업무를 분산하여 수행하기 위한 시스템간의 협동동작(cooperation)에 대하여 규정하고 있으며, 이 협동동작에는 프로세스간의 통신, 데이터의 기억, 프로세스 및 자원의 관리, 안전보호 및 프로그램의 지원 등이 있다.

개방형시스템은 [그림 11-10]과 같이 통신회선과 같은 물리매체상에서 표준적인 프로토콜로서 상호간에 수행하고 있는 복수개의 컴퓨터, 소프트웨어, 주변기기, 단말기의 운용자로 구성된다. 즉, 한 대의 컴퓨터와 단말기 및 그들이 복합된 컴퓨터통신망 또는 다른 시스템에 대하여 OSI에서 규정하는 프로토콜을 이용하여 통신을 수행하는 것을 가능하게 하는 컴퓨터통신망들이 하나의 시스템이 된다.

[그림 11-10]은 개방형시스템간에서의 통신기본요소를 표시하고 있으며, OSI 참조모델은 시스템 간의 접속을 논리적으로 모델화하기 위하여 다음과 같은 4가지의 기본요소를 정의하고 있다.

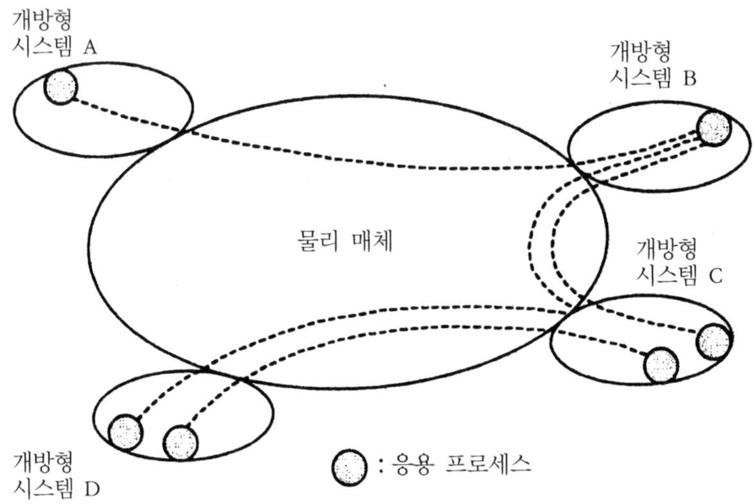

[그림 11-10] 개방형시스템간의 상호접속의 개념

1) 개방형시스템(open system)

컴퓨터, 통신제어장치, 단말기제어장치, 단말기 등과 같이 응용프로세스간에 통신을 수행할 수 있도록 통신기능을 제공하는 것이다.

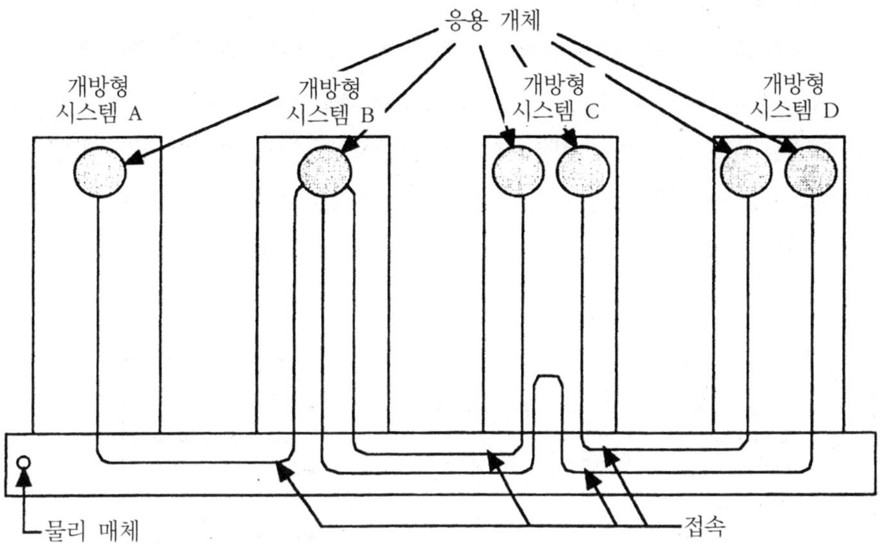

[그림 11-11] OSI 구성의 기본요소

2) 응용개체(application entity)

각각의 물리적시스템상에서 동작하는 업무프로그램과 시스템운영관리 프로그램, 단말기운용자 등의 응용시스템상의 요소로서 모델화한 것이다.

3) 접속(connection)

응용개체간을 연결하는 논리적인 통신회선이다. 그러므로 일반적으로 개방형시스템 내의 응용프로세스가 다른 개방형시스템의 응용프로세스와 통신을 수행하는 경우에는 개체간에 접속을 설정하고, 그 접속상에서 데이터교환을 수행할 필요가 있으며 이러한 형태의 데이터전송을 접속형데이터전송(connection oriented data transmission)이라고 한다.

4) 물리매체(physical media)

통신회선, 채널 등과 같이 시스템간에 정보를 교환할 수 있도록 해주는 전기적인 통신매체이다.

개방형시스템은 단지 하나의 물리장치 또는 서로 결합된 여러 개의 장치들의 복합체로 볼 수 있다. 예를 들어, 컴퓨터통신망 장치는 반드시 개방형시스템으로 동작할 필요는 없으며, 다른 개방형시스템과 통신할 필요가 있는 경우에는 각각의 물리장치기능을 개방형시스템표준기능으로 변환해주면 된다.

이와 같은 OSI 참조모델의 7계층을 [그림 11-12]에 나타냈다.

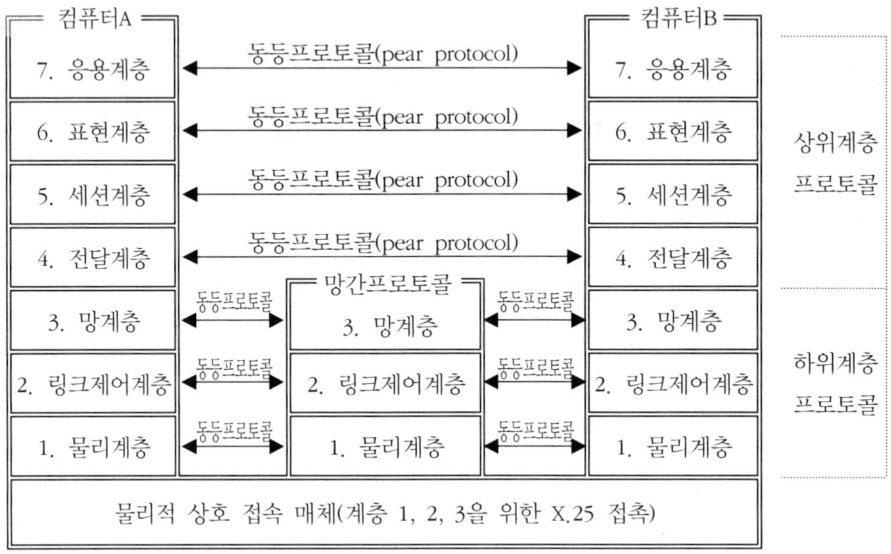

[그림 11-12] OSI 참조모델

11-5 근거리통신망(LAN)의 개념

고도정보화사회로 발전함에 따라 사회의 정보처리요구가 다양화되고 컴퓨터와 통신기술의 비약적인 발전으로 출현한 LAN(Local Area Network : 근거리통신망)은 이제 보편화된 정보통신망이 되었으며 사용자에게 매우 다양하고 질높은 서비스를 제공하기에 이르렀다.

일반적으로 LAN은 하나의 빌딩이나 공장 내, 혹은 학교와 같이 수 개의 빌딩으로 이루어진 일정한 영역 내에 분산된 다양한 데이터통신장비를 상호연결하여 여러 가지 서비스를 제공하는 정보통신망으로서, 약 10[km]이내의 거리에서 100[Mbps] 이내의 빠른 속도로 데이터전송이 수행되는 시스템을 말한다. 예를 들어, 대학캠퍼스 내에 분산된 빌딩 군(群)이나 한 개의 빌딩 내에 분산된 여러 사무실의 컴퓨터를 상호연결하여 서로의 정보를 효율적으로 교환하기 위해 LAN을 사용할 수도 있다. 다시 말하면 LAN은 한정된 지역내 분산된 컴퓨터통신장비를 상호연결하여 정보자원을 서로 공유(resource sharing)하여 단일기관에 의해 운영되므로 **사설데이터통신망**(private data network)이라고도 한다.

LAN은 전송매체로서 보통 우리가 전화에 사용하는 케이블, 동축케이블 등을 이용하고 있으며 단말기와의 통신보다는 주로 컴퓨터간의 통신에 중점을 두고 있다. 또한 전송매체, 망의 구조, 사용하는 프로토콜의 종류에 따라 달라지지만, 일반적으로 공중데이터통신망과 다른 점은 다음과 같다.

첫째, LAN은 공중데이터망에 비해 지역적인 범위가 한정되어 있기 때문에 컴퓨터통신장비 사이의 물리적인 연결경로가 상대적으로 짧으며 따라서 고속의 통신속도를 가질 수 있다는 점이 가장 큰 특징이다. 일반적으로 통신속도가 높아짐에 따라 요구되는 전송대역폭은 비례하여 넓어지므로 광대역의 전송매체를 사용하여 LAN을 구성하게 되면 고속의 통신이 가능하므로 많은 통신 양을 제공할 수 있고 다수의 사용자가 단일 매체를 이용하여 전송지연(trnasition delay) 없이도 정보를 교환할 수 있다.

둘째, LAN은 동일 사무실, 빌딩, 공장, 캠퍼스 등과 같이 단일 기관 소유영역에 설치되어 있기 때문에 여러 가지 행정적인 제약을 받지 않고 다양한 망구성이 가능하다.

셋째, 동축케이블이나 광섬유케이블과 같이 전송특성이 좋은 매체를 사용하고 또한 전송거리고 짧기 때문에 오류율이 매우 낮아 신뢰성이 있는 정보 뿐만 아니라 다중화 기술을 응용하여 음성, 비디오, 화상정보 등 여러 가지 다양한 정보를 하나의 망을 통해 전송할 수 있으므로 종합적인 정보처리능력을 가진다.

최근에는 음성 및 화상정보 등의 통신서비스를 통합한 멀티미디어와 종합정소통신망에 대한 유구가 높아짐으로써 더욱 많은 발전이 이루어지고 있다.

11-6 종합정보통신망(ISDN)의 개념

컴퓨터와 데이터통신기술의 발달과 더불어 스위칭, 디지털전송장비, 소프트웨어제어와 디지털신호처리기술 등의 고도의 정보처리기술이 데이터, 음성, 그리고 영상 등의 다양한 서비스의 전송에 응용됨에 따라 모든 형태의 데이터를 전송하고 처리할 수 있는 통합시스템의 개발로 그 방향이 전환되고 있다. 즉, 기존의 전기통신망인 PSTN(Public Switched Telephone Network)에서 PCM(Pulse Code Modulation)을 이용한 음성의 디지털전송과 디지털스위칭기술이 도입되면서 공중전기통신망은 형태가 ISDN 구축의 사전 단계인 IDN(Integrated Digital Network)으로 전환되고 있으면 다음 단계로 가입자와 망간의 접근이 아날로그형태인 IDN에서 디지털로 변환되면서 음성과 비음성 서비스를 통합한 방법으로 처리하게 되는 ISDN(Integrated Services Digital Network)의 개념이 등장하게 되었다.

이로 인해 도처에 설치 운용되고 있는 정보통신망에서 새로운 형태의 서비스제공에 대한 전기가 마련되고 있다. 그것은 바로 ISDN이 지닌 표준 접근 인터페이스와 통합된 채널구조에 의해서 가능한 전송능력, 그리고 그 유연성에 기인한다.

즉, 고도로 발달된 정보 통신기술, 디지털전송, 디지털스위칭, 공통선신호처리(common channel signaling), 소프트웨어 제어능력, 그리고 자동운영 시스템(automated operation system)등에 의해서, 그리고 많은 이용자의 요구에 의해서 정보망형태가 ISDN으로 전환되고 있는 것이다. 이것은 국부비디오서비스(local video service)에서 광대역데이터 등의 다양한 서비스영역에 대한 이용자 요구라든지, 도처에 산재해 있는 어느 망 단자에서라도 물릴 수 있는 휴대가능하고 상호호환적인 기능을 가진 보편화된 인터페이스를 갖는 이용자 장치에 대한 이용자 요구상항을 ISDN은 만족시켜야 함을 의미하는 것이다.

그러나 다양한 서비스에 대해서 망연결(network connection) 기능을 지니고 있는 ISDN에 의해서 제공할 수 있는 서비스특성에 대한 장점으로서는

① PCM전송에 의한 고품질의 음성서비스
② 신뢰성 있는 고속의 비음성(non-voice)서비스
③ D채널 신호체계에 의한 링크설정시간과 다양한 보조기능의 제공
④ 다른 종류의 서비스 집적화

등을 들 수 있다. 이것은 ISDN 자체 노드 내에서 여러 가지 형태의 전송 모드에 대한 연결(예를 들면 패킷교환 또는 회선교환 연결)을 가입자에게 제공할 수 있음을 의미하는 반면에 그 ISDN에 연결되어 있는 어떠한 가입자의 단말장치에서도 그러한 망 연결을 단일 인터페이스를 통하여서 이용할 수 있도록 하는 접근 기능이 설치되어야 함을 의미한다. 현재 공중전기통신망을 통해서 제공되는 서비스는 그 종류에 따라서 전화기 또는 접근 인터페이스 기능을 지니고 있는 장비로서 각각 운용되고 있다.

11-7 광대역 종합정보통신망(B-ISDN)의 개념

현재 ISDN을 이용하는 사용자가 기본 인터페이스나 1차군 인터페이스로 ISDN에 접근해 서비스를 받는 것은 최대전송속도 1.5[Mbps]까지가 한도이다. 이러한 ISDN을 **협대역 종합정보통신망**(Narrow Band ISDN)이라 부른다. 이러

한 ISDN을 광대역서비스로 화장시킨 것이 **광대역 종합정보통신망**(Broad Band ISDN)이다. 즉, 기존의 전화망, 데이터망, 방송망 등 별도의 서비스별로 구성되어 있는 통신망을 단일망으로 초고속화하여 다양한 서비스를 통합한 광대역 가입자에 제공하며, 광섬유케이블을 기초로 전송속도 50[Mbps]에서 150[Mbps]까지 처리된다. 이러한 B-ISDN에 대한 연구가 이미 개시되고 있는데, 그 이유는

① 정보가 더욱 발전하여 ISDN의 속도보다 빠른 통신수요가 필요하다.
② 화상정보와 고속데이터정보는 회선교환보다 패킷교환에 적합하다. 그러나 종래의 공중패킷교환방식에서 고속광대역의 통신용으로 설계되어 있지 않으므로 새로운 통신 및 교환방식이 필요하다.
③ 광섬유선으로도 현재의 전화용 동축케이블보다 더 월등한 고속전송이 가능해질 것이다.

이와 같은 B-ISDN의 구성기술은 다음과 같다.

1) ATM 교환기술

모든 데이터를 53바이트의 고정된 길이의 셀을 단위로 해서 통신망에 전송, 교환하는 것이 ATM(Asynchronous Transfer Mode : 비동기전송 모드)의 기본적인 생각이다.

데이터의 종류가 음성, 영상, 컴퓨터데이터 등 어떤 것이라 해도 48바이트로 분할한다. 분할한 다음 5바이트를 헤더로 부가해서 ATM셀로 부르는 53바이트의 고정길이 셀로 수행한다. 헤더에는 수신인의 정보 등이 기록되어 있다.

ATM은 원래 전기통신분야에서 규정된 기술로 통신망 중에서의 고속처리가 가능하다. 또한 모든 미디어가 단일기술로 취급될 수 있기 때문에 전송로를 효과적으로 이용하고, 통신망관리를 매우 간단하게 할 수 있다. CCITT(현재 ITU-T)가 장래의 B-ISDN의 기본기술로 86년에 ATM방식을 채용해 표준화가 진행되고 있다.

2) 전송망기술

교환망간 전송로는 2.5[Gbps], 10[Gbps]급 광전산망으로 구성되어 전송된다. 가입자신호전달 및 망운영과 유지보수기능이 있다. 그리고 가입자간 전송로는 140[Mbps]와 155.52[Mbps]급의 2종류를 상정하여 광전송로로 단국교환기와 인터페이스의 접속기능이 있다.

3) 단말기술

단말기술로는 디지털 TV급 단말, HDTV(High Defintion Television : 고선명도 TV)급 단말, 멀티미디어단말기가 사용된다. 또한, 종점간(end-point)도 현재의 TV, 터미널의 개념이 아닌 아날로그가 디지털화될 것이며 동화상까지 처리할 수 있는 단말기가 가능할 것이다.

연습문제

1. 데이터통신의 정의를 써라.

2. 데이터통신의 발전과정을 간단히 설명하여라.

3. 데이터통신시스템의 기본구성의 계통도를 그리고 간략히 설명하여라.

4. 통신망의 종류를 들고 간단히 설명하여라.

5. 데이터통신의 회선교환방식의 종류를 들고 간단히 설명하여라.

6. 에러제어방식의 종류를 들고 서로 비교하여라.

7. 그룹계수 검사방식에 대해서 써라.

8. 순환중복 검사방식에 대해서 써라.

9. OSI 참조모델의 개념에 대해서 간략히 써라.

10. OSI 참조모델의 4가지 기본요소를 정의하여라.

11. OSI 참조모델의 7계층을 그림으로 나타내어라.

12. ISDN의 개념에 대해서 써라.

13. ISDN의 특성에 대한 장점을 써라.

14. B-ISDN의 개념에 대해서 써라

15. B-ISDN의 개발이 필요한 이유를 써라.

16. B-ISDN의 구성기술 3가지를 들고 간단히 설명하여라.

부 록

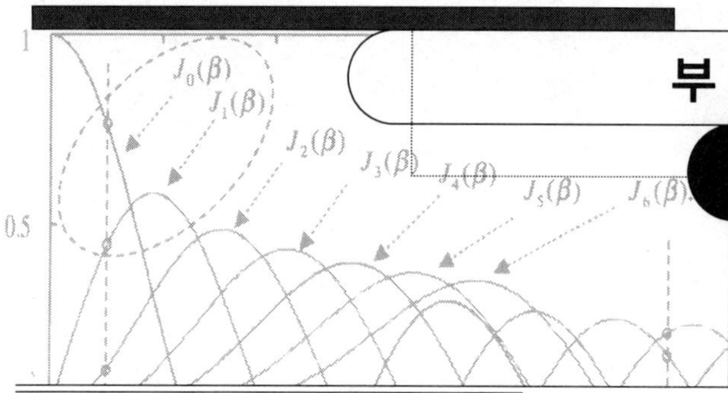

1. 지 수
2. 대 수
3. 삼각함수
4. 미분의 공식
5. 적분의 공식
6. 상수근사값
7. 그리스 문자

1. 지 수

$a^m \times a_n = a^{m+n}$ $\quad a^m \div a^n = a^{m-n}$ $\quad (a^m)^n = a^{mn}$

$a^n = a^{1/n}$ $\quad a^{m/n} = {}^n\sqrt{a^m}$ $\quad (ab)^n = a^n b^n$

$a^0 = 1(a \neq 0)$

2. 대 수

$y = \log_a x(x = a^y)$ $\quad \log_a a = 1$ $\quad \log_a 1 = 0(a\rangle\ 0,\ a \neq 1)$

$\log_{10} x = \log x$ $\quad \log_c x = 1\text{n}x(e = 2.71828...)$

$\log_a(xy) = \log_a x + \log_b y$ $\quad \log_a\left(\frac{x}{y}\right) = \log_a x - \log_a y$

$\log_a x^n = n\log_a x$ $\quad \log_a {}^n\sqrt{x} = \frac{1}{n}\log_a x$ $\quad \log_e x = \frac{1}{2.3026}\log_{10} x$

3. 삼각함수

$$\sin^2 x + \cos^2 x = 1$$

$$\sin(x \pm y) = \sin x \cos y \pm \cos x \sin y$$

$$\cos(x \pm y) = \cos x \cos y \mp \sin x \sin y$$

$$\tan(x \pm y) = \frac{\tan x \pm \tan y}{1 \mp \tan x \tan y}$$

$$\sin x \pm \sin y = 2\sin y\frac{x \pm y}{2}\cos\frac{x \mp y}{2}$$

$$\cos x \pm \cos y = 2\cos\frac{x+y}{2}\cos\frac{x-y}{2}$$

$$\cos x - \cos y = -2\sin\frac{x+y}{2}\sin\frac{x-y}{2}$$

$$\sin 2x = 2\sin x \cos x,\ \tan 2x = \frac{2\tan x}{1 - \tan^2 x}$$

$$\cos 2x = \cos^2 x - \sin^2 x = 1 - 2\sin^2 x = 2\cos^2 x - 1$$

$$\sin^2\frac{x}{2}=\frac{1-\cos x}{2},\ \sin^2 x=\frac{1}{2}(1-\cos 2x)$$

$$\cos^2\frac{x}{2}=\frac{1+\cos x}{2},\ \cos^2 x=\frac{1}{2}(1+\cos 2x)$$

$$\tan^2\frac{x}{2}=\frac{1+\cos x}{1+\cos x},\ \tan^2 x=\frac{1-\cos 2x}{1+\cos 2x}$$

$$\sin x\cos y=\frac{1}{2}\{\sin(x+y)+\sin(x-y)\}$$

$$\sin x\sin y=\frac{1}{2}\{\cos(x-y)-\cos(x+y)\}$$

$$\cos x\cos y=\frac{1}{2}\{\cos(x+y)+\cos(x-y)\}$$

$$a\sin\theta+b\cos\theta=\sqrt{a^2+b^2}\,\sin\left(\theta+\tan^{-1}\frac{b}{a}\right)$$

4. 미분의 공식

주어진 함수 ⟶	도함수
① C(상수)	0
② x^n	nx^{n-1}
③ $\sin x$	$\cos x$
④ $\cos x$	$-\sin x$
⑤ $\tan x$	$\sec^2 x$
⑥ $\sec x$	$\sec x\tan x$
⑦ $\mathrm{cosec}\,x$	$-\mathrm{cosec}\,x\cot x$
⑧ $\cot x$	$-\mathrm{cosec}^2 x$
⑨ e^x	e^x
⑩ a^x	$a^x\ln a$
⑪ $\ln x$	$\frac{1}{x}$
⑫ $\log_a x$	$\frac{1}{x}\cdot\frac{1}{\ln a}$
⑬ $f(x)\pm g(x)$	$f'(x)\pm g'(x)$

⑭ $f(x)\cdot g(x)$	$f'(x)g(x)+f(x)g'(x)$
⑮ $\dfrac{f(x)}{g(x)}$	$\dfrac{f(x)g(x)-f(x)g'(x)}{\{g(x)\}^2}$

5. 적분의 공식

주어진 함수 ⟶	원시함수
① C(상수)	Cx
② x^n	$\dfrac{1}{n+1}x^{n+1}$
③ $x^{-1}=\dfrac{1}{x}$	$\ln x$
④ e^x	e^x
⑤ a^x	$\dfrac{a^x}{\ln a}$
⑥ $\sin x$	$-\cos x$
⑦ $\cos x$	$\sin x$
⑧ $\tan x$	$-\ln\lvert\cos x\rvert$
⑨ $\cot x$	$\ln\lvert\sin x\rvert$
⑩ $\sec^2 x$	$\tan x$
⑪ $\mathrm{cosec}^2 x$	$-\cot x$
⑫ $\sec x\tan x$	$\sec x$
⑬ $\mathrm{cosec}\,x\cot x$	$-\mathrm{cosec}\,x$

6. 상수 근사값

1. $\pi=3.14159265\ldots\ldots \fallingdotseq 3.1416$

   $\left(\dfrac{1}{\pi}=0.31830989\ldots\ldots \fallingdotseq 0.3183\right)$

2. $\sqrt{2}=1.4142136\ldots\ldots \fallingdotseq 1.414$

   $\left(\dfrac{1}{\sqrt{2}}=0.7071068\ldots\ldots \fallingdotseq 0.707\right)$

3. $\sqrt{3}=1.7320508\ldots\ldots \fallingdotseq 1.732$

$$\left(\frac{1}{\sqrt{3}} = 0.5723503 \ldots\ldots \fallingdotseq 0.572\right)$$

4. $e = \lim_{x \to 0}(1+x)^{\frac{1}{x}} = 2.7182818 \ldots\ldots \fallingdotseq 2.718$

5. $\log_{10}2 = \log 2 = 0.3010299 \ldots\ldots \fallingdotseq 0.3010$

6. $\log_{10}3 = \log 3 = 0.4771212 \ldots\ldots \fallingdotseq 0.4771$

7. $\log_{10}e = \log e = 0.4342944 \ldots\ldots \fallingdotseq 0.4343$

8. $\log_e 2 = \ln 2 = 0.6931471 \ldots\ldots \fallingdotseq 0.6931$

9. $\log_e 3 = \ln 3 = 1.0986122 \ldots\ldots \fallingdotseq 1.0986$

10. $\log_e 10 = \ln 10 = 2.3025850 \ldots\ldots \fallingdotseq 2.3026$

7. 그리스 문자

문 자		명 칭		문 자		명 칭	
A	α	alpha	알파	N	ν	nu	뉴
B	β	beta	베타	Ξ	ξ	xi	크사이
Γ	γ	gamma	감마	O	o	omicron	오미크론
Δ	δ	delta	델타	Π	π	pi	파이
E	ϵ	epsilon	입실론	P	ρ	rho	로
Z	ζ	zeta	제타	Σ	σ	sigma	시그마
H	η	eta	에타	T	τ	tau	타우
Θ	θ	theta	세타	Y	υ	upsilon	윕실론
I	ι	iota	이오타	Φ	ϕ	phi	파이
K	κ	kappa	카파	X	χ	chi	카이
Λ	λ	lambda	람다	Ψ	ψ	psi	프사이
M	μ	mu	뮤	Ω	ω	omega	오메가

• 찾아보기 •

통신공학 기초

2015년 2월 20일 2판 2쇄 발행

저 자 이 수 일

발행인 남 승 우

발행처 도서출판 상尚 학學 당堂

서울시 동작구 사당로9가길 6(사당동)

TEL : 02) 595-1692~4

FAX : 02) 595-1394

E-mail : namdoo6@unitel.co.kr

신고 : 2-155호 (1968. 11. 29)

정가 18,000원

ISBN ISBN 89-85437-28-3 93560

〈디자인〉 편집 엄해숙 / 표지 토틀컴